高职高专院校规划教材

主　编　姚克俭
副主编　王茗倩　刘春洁　苏丽红
主　审　孔祥华　安　然

高等数学

Advanced Mathematics

哈尔滨工业大学出版社

内容简介

本书根据高等职业技术教育课程改革的需要,在教育部《高职高专教育高等数学课程教学基本要求》的基础之上修订而成。

考虑到高职高专层次的特点,作者认真研究了与各专业主干课程有关的高等数学的教学内容,注重以应用为目的,以必需、够用为原则,精心选择教学内容。其主要内容有:基础模块——极限与连续,导数与微分,不定积分与定积分,多元函数微积分;应用模块——导数应用,微分方程,定积分的应用,数项级数,MATLAB 数学软件基础等。

该教材可作为高职高专工科及管理类各专业的通用教材,也可以作为高职本科各专业的试用教材,同时还可以作为相关工程技术人员的参考用书。

图书在版编目(CIP)数据

高等数学/姚克俭主编. —哈尔滨:哈尔滨工业大学出版社,2010.6(2016.7 重印)
ISBN 978-7-5603-3047-1

Ⅰ.①高… Ⅱ.①姚… Ⅲ.①高等数学-高等学校-教材 Ⅳ.①O13

中国版本图书馆 CIP 数据核字(2010)第 130361 号

策划编辑	赵文斌 杜 燕
责任编辑	刘 瑶
出版发行	哈尔滨工业大学出版社
社 址	哈尔滨市南岗区复华四道街 10 号 邮编 150006
传 真	0451-86414749
网 址	http://hitpress.hit.edu.cn
印 刷	哈尔滨市工大节能印刷厂
开 本	787mm×1092mm 1/16 印张 15.25 字数 355 千字
版 次	2009 年 7 月第 1 版 2016 年 7 月第 2 次印刷
书 号	ISBN 978-7-5603-3047-1
定 价	28.00 元

(如因印装质量问题影响阅读,我社负责调换)

前　言

本书根据教育部的相关要求，结合现代高等职业技术教育的办学理念，充分考虑到高职高专学生的特点以及不同专业课程的需要，在高等职业技术课程改革要求下，编写而成。

本教材是黑龙江建筑职业技术学院近几年课程体系改革实验的结晶，充分吸取了数学教学改革的科研成果，体现教学内容的实用性，结合各专业的特点，将专业案例引入教学之中，利用高等数学解决专业实际问题，激发学生学习的积极性与主动性。本书引入高等数学应用软件 MATLAB 的使用方法，大大地提高了学生的计算速度，极大地提高了学生高等数学应用能力的培养与训练。

本书由黑龙江建筑职业技术学院副教授姚克俭担任主编，王茗倩、刘春洁、苏丽红担任副主编。本书共 10 章：第 8 章、第 9 章、附录 A 由姚克俭编写；第 2 章、第 6 章、第 7 章由王茗倩编写；第 1 章、第 4 章由刘春洁编写；第 3 章由安然编写；第 5 章、第 10 章、附录 B 由苏丽红编写。全书由孔祥华、安然担任主审，由姚克俭、孔祥华修改定稿。本书的编写和出版得到了黑龙江建筑职业技术学院领导的大力支持。王富彬教授对本书的编写提出了宝贵意见。对此我们一并表示衷心的感谢！

由于作者水平有限，书中难免存在疏漏和不妥之处，敬请读者批评指正。

编者
2010 年 6 月

目 录

第1章 函数极限及连续 ·· 1
  1.1 函数 ·· 1
  1.2 极限的概念 ·· 9
  1.3 极限的运算法则 ··· 12
  1.4 无穷小量 ·· 17
  1.5 函数的连续性 ·· 19
  习题 ·· 22

第2章 导数与微分 ··· 24
  2.1 导数的概念 ··· 24
  2.2 导数的基本公式与运算法则 ····································· 30
  2.3 隐函数的导数及参数方程所确定的函数的导数 ············ 34
  2.4 高阶导数 ·· 37
  2.5 函数的微分 ··· 38
  习题 ·· 44

第3章 导数的应用 ··· 48
  3.1 微分中值定理及洛比达法则 ······································ 48
  3.2 导数在判断函数单调性的应用 ··································· 57
  3.3 导数在求函数极值中的应用 ······································ 60
  3.4 导数在最值中的应用 ··· 65
  3.5 曲线的凹凸性及其拐点 ·· 71
  3.6 曲率 ·· 78
  习题 ·· 84

第4章 不定积分 ·· 87
  4.1 不定积分的概念和性质 ·· 87
  4.2 换元积分法 ··· 92
  4.3 分部积分法 ··· 97
  习题 ·· 99

第5章 微分方程 ·· 102
  5.1 微分方程的基本概念 ··· 102
  5.2 一阶微分方程 ·· 104
  5.3 可降阶的二阶微分方程 ·· 109
  5.4 二阶常系数非齐次线性微分方程 ······························· 110
  习题 ·· 115

第6章 定积分 ... 117
- 6.1 定积分的概念和性质 ... 117
- 6.2 微积分的基本公式 ... 122
- 6.3 定积分的换元法 ... 125
- 6.4 定积分的分部积分法 ... 128
- 6.5 反常积分 ... 129
- 习题 ... 132

第7章 定积分的应用 ... 134
- 7.1 定积分的微元法 ... 134
- 7.2 定积分在几何方面的应用 ... 136
- 7.3 平面曲线的弧长 ... 139
- 7.4 定积分在物理方面的应用 ... 141
- 习题 ... 142

第8章 空间解析几何 ... 144
- 8.1 向量及其运算 ... 144
- 8.2 空间直角坐标系及向量的坐标表示 ... 147
- 8.3 向量的数量积与向量积 ... 152
- 8.4 平面及其方程 ... 157
- 8.5 空间直线及其方程 ... 161
- 8.6 几种常见的空间曲面 ... 164
- 习题 ... 168

第9章 多元函数微积分学 ... 170
- 9.1 二元函数 ... 170
- 9.2 偏导数 ... 174
- 9.3 全微分 ... 179
- 9.4 复合函数与隐函数的微分法 ... 181
- 9.5 二元函数的极值 ... 186
- 9.6 二重积分的概念与性质 ... 188
- 9.7 二重积分的计算 ... 191
- 习题 ... 194

第10章 无穷级数 ... 197
- 10.1 数项级数 ... 197
- 10.2 数项级数敛散性判别方法 ... 200
- 10.3 幂级数 ... 204
- 10.4 函数的幂级数展开 ... 207
- 习题 ... 210

附录A MATLAB基础知识 ... 212

附录B 积分公式 ... 229

第1章 函数极限与连续

函数是近代数学的基本概念之一."高等数学"就是以函数为主要研究对象的一门课程.下面将在中学代数关于函数知识的基础上进一步讨论函数,对函数进行较系统的复习和深入的探讨.极限是贯穿"高等数学"始终的一个重要概念,它是这门课程的基本推理工具.连续则是函数的一个重要性态,连续函数是高等数学研究的主要对象.本章将介绍函数、极限以及连续函数的基本知识,为以后的学习奠定基础.

1.1 函　　数

1.1.1 函数的概念

1.函数

【定义 1.1】 设 D 为一个非空实数集合,若存在确定的对应法则 f,使得对于数集 D 中的任意一个数 x,根据 f 都有唯一确定的实数 y 与之对应,则称 f 是定义在集合 D 上的函数.

其中 D 称为函数 f 的定义域,x 称为自变量,y 称为因变量.如果对于自变量 x 的某个确定的值 x_0,因变量 y 能够得到一个确定的值,那么就称函数 f 在 x_0 处有定义,其因变量的值或函数 f 的函数值记为

$$y\mid_{x=x_0} \quad \text{或} \quad f(x)\mid_{x=x_0} \quad \text{或} \quad f(x_0)$$

实数集合 $B = \{y \mid y = f(x), x \in D\}$ 称为函数 f 的值域.这里的 $f(x)$ 是函数 f 在 x 的函数值,$f(x)$ 与 f 二者并不相同,但是,人们往往通过函数值研究函数,因此通常也称 $f(x)$ 是 x 的函数,或者说 y 是 x 的函数.本书也将采用这种习惯的叙述方式.

不难看出,函数是由定义域与对应法则所确定的,因此,对于两个函数来说,当且仅当它们的定义域和对应的法则都分别相同时,才表示同一函数,而与自变量及因变量用什么字母表示无关.例如,函数 $y = f(x)$ 可以用 $y = f(\theta)$ 来表示.

正因如此,在给出一个函数时,一般都应标明其定义域,也就是自变量取值的允许范围.这是由所讨论的问题的实际意义确定的.凡未标明实际意义的函数,其定义域是使该式子有意义的自变量的取值范围.例如,$y = x^2$ 的定义域为 $(-\infty, +\infty)$.人们通常用不等式、区间或集合形式表示定义域.其中有一种不等式,以后会经常遇到,即满足不等式

$$\mid x - x_0 \mid < \delta, \quad \delta > 0$$

的一切 x,称为点 x_0 的 δ 邻域,记作 $U(x_0, \delta)$.它的几何意义为:以 x_0 为中心、δ 为半径的开区间 $(x_0 - \delta, x_0 + \delta)$,即 $x_0 - \delta < x < x_0 + \delta$.

对于不等式 $0 < \mid x - x_0 \mid < \delta$ 称为点 x_0 的 δ 的空心邻域,记作 $U(\hat{x}_0, \delta)$.

对于在同一问题中所遇到的不同函数,应该采用不同的记号,如 $f(x),\varphi(x),F(x)$, $\Phi(x)$ 等.

有时会遇到给定 x 值,对应的 y 值有多个情况,为了叙述方便称之为多值函数.而符合上述定义的函数称为单值函数.对于多值的情形,可以限制 y 的值域使其变为单值再进行研究.例如,$y = \arcsin x$,则可以限制 $y \in \left[-\frac{\pi}{2}, \frac{\pi}{2}\right]$,而使它转化为单值函数 $y = \arcsin x$,从而对 $y = \arcsin x$ 进行研究,了解 $y = \arcsin x$ 的性态.

【例1】 求下列函数的定义域.

(1) $y = x^2 - 2x + 3$;

(2) $y = \sqrt{x+3} - \dfrac{1}{x^2 - 1}$;

(3) $y = \dfrac{1}{\ln(1-x)}$;

(4) $y = \sqrt{x^2 - 4} + \arcsin \dfrac{x}{2}$.

解 (1) 函数 $y = x^2 - 2x + 3$ 为多项式函数,当 x 取任何实数时,y 都有唯一确定的值与之对应,故所求函数的定义域为 $(-\infty, +\infty)$.

(2) 若使 $\sqrt{x+3}$ 有意义,需 $x + 3 \geq 0$,即 $x \geq -3$;若使 $\dfrac{1}{x^2 - 1}$ 有意义,需 $x^2 - 1 \neq 0$,即 $x \neq \pm 1$,所以函数的定义域为 $(-3, -1) \cup (-1, 1) \cup (1, +\infty)$.

(3) 若使 $\dfrac{1}{\ln(1-x)}$ 有意义,需 $1 - x > 0$ 且 $\ln(1-x) \neq 0$,即 $x < 1$ 且 $x \neq 0$,所以函数的定义域为 $(-\infty, 0) \cup (0, 1)$.

(4) 若使 $\sqrt{x^2 - 4}$ 有意义,需 $x^2 - 4 \geq 0$,即 $x \geq 2$ 或 $x \leq -2$;若使 $\arcsin \dfrac{x}{2}$ 有意义,需 $\left|\dfrac{x}{2}\right| \leq 1$,即 $-2 \leq x \leq 2$,所以函数的定义域为 $\{x \mid x = \pm 2\}$.

【例2】 设有容积为 10 m^3 的无盖圆柱形桶,其底用铜制造,侧壁用铁制造,已知铜价是铁价的 5 倍,试建立做此桶所需的费用 y 与桶的底面半径 r 之间的函数关系.

解 设铁价为 k,铜价为 $5k$,所需费用为 y,桶的体积为 V,侧壁高为 h.

由容积与底面半径及高的关系,有 $V = \pi r^2 h$,则 $h = \dfrac{V}{\pi r^2}$,侧面积为 $2\pi r h = 2\pi r \dfrac{V}{\pi r^2} = \dfrac{2V}{r}$,又知 $V = 10 \text{ m}^3$,得侧面积为 $\dfrac{20}{r}$,故所需费用与桶的底面半径 r 之间的函数关系为 $y = \dfrac{20k}{r} + 5\pi r^2 k$.

1.1.2　函数的表示方法

函数 $y(x)$ 的具体表达方式是不尽相同的,这就产生了函数的不同表示法.函数的表示通常有 3 种:公式法、表格法和图示法.

(1) 以数学式子表示函数的方法叫做函数的公式法.例 2 中的函数是以公式表示的.公式法的优点是便于理论推导和计算.

(2) 以表格形式表示函数的方法叫做函数的表格法,如三角函数、对数函数、企业历年产值的表格等.表格法的优点是所求的函数容易查得.

(3) 以图形表示函数的方法叫做函数的图示法.这种方法在工程技术上应用较普遍.图示法的优点是直观形象,可以看到函数的变化趋势.

1.1.3 函数的几种特性

1. 有界性

设有函数 $y = f(x), x \in D, x \subseteq D$. 若 $\exists M > 0$,使 $\forall x \in X$,有 $|f(x)| \leq M$,则称 $y = f(x)$ 在 X 上有界. 若这样的 M 不存在(即对充分大的 $M > 0$,都 $\exists x_1 \in X$,使 $|f(x_1)| > M$),则称 $f(x)$ 在 X 上无界.

若 $X = D$,则称 $y = f(x)$ 为有界函数.有界函数在几何上可以用两条平行线(平行于 x 轴)夹住. 如 $y = \sin x$ 在 $(-\infty, +\infty)$ 内有界;$f(x) = \dfrac{1}{x}$ 在 $(1,2)$ 内有界,但在 $(0,1)$ 内无界,由此可知,有界与区间有关.

2. 单调性

设有函数 $y = f(x), x \in D, I \subseteq D$. 对 $\forall x_1 < x_2 \in I$,若有 $f(x_1) < f(x_2)$,则称 $y = f(x)$ 在 I 上单调递增;若有 $f(x_1) > f(x_2)$,则称 $y = f(x)$ 在 I 上单调递减.

注意:单调性与区间有关. 如 $y = x^2$ 在 $(-\infty, +\infty)$ 内非单调,但在 $(0, +\infty)$ 内单调递增,在 $(-\infty, 0)$ 内单调递减.

【例3】 证明:$y = x^3$ 在 $(-\infty, +\infty)$ 内单调递增.

证明 $\forall x_1 < x_2 \in (-\infty, +\infty), x_2^3 - x_1^3 = (x_2 - x_1)(x_2^2 + x_1 x_2 + x_1^2)$,当 x_1, x_2 同号时,右边二因子均正数,故 $x_2^3 > x_1^3$;当 x_1, x_2 异号时,$x_1^3 < 0, x_2^3 > 0$,故 $x_2^3 > x_1^3$. 故对 $\forall x_1 < x_2 \in (-\infty, +\infty)$,有 $x_1^3 < x_2^3$. 所以 $f(x)$ 在 $(-\infty, +\infty)$ 内单调递增.

【例4】 讨论函数 $f(x) = \sqrt{1 - x^2}$ 的单调性.

解 该函数的定义域为 $\{x \mid -1 \leq x \leq 1\}$. 在 $[-1, 1]$ 上任取 x_1, x_2,且 $x_1 < x_2$,则
$$f(x_1) = \sqrt{1 - x_1^2}, \quad f(x_2) = \sqrt{1 - x_2^2}$$
则
$$f(x_1) - f(x_2) = \sqrt{1 - x_1^2} - \sqrt{1 - x_2^2} = \frac{(1 - x_1^2) - (1 - x_2^2)}{\sqrt{1 - x_1^2} + \sqrt{1 - x_2^2}} = \frac{x_2^2 - x_1^2}{\sqrt{1 - x_1^2} + \sqrt{1 - x_2^2}} = \frac{(x_2 + x_1)(x_2 - x_1)}{\sqrt{1 - x_1^2} + \sqrt{1 - x_2^2}}$$

因为 $x_1 < x_2$,所以 $x_2 - x_1 > 0$.另外,恒有 $\sqrt{1 - x_1^2} + \sqrt{1 - x_2^2} > 0$,所以若 $-1 \leq x_1 < x_2 \leq 0$,则 $x_1 + x_2 < 0$,从而 $f(x_1) - f(x_2) < 0, f(x_1) < f(x_2)$.若 $0 \leq x_1 < x_2 \leq 1$,则 $x_1 + x_2 > 0$,从而 $f(x_1) - f(x_2) > 0, f(x_1) > f(x_2)$,所以在 $[-1, 0]$ 上 $f(x)$ 为增函数,在 $[0, 1]$ 上 $f(x)$ 为减函数.

3. 奇偶性

设有函数 $f(x), D = (-l, l)$. 若对 $\forall x \in D$,有 $f(-x) = f(x)$,则称 $f(x)$ 为偶函数.

若对 $\forall x \in D$,有 $f(-x) = -f(x)$,则称 $f(x)$ 为奇函数.不满足上述两条的为非奇非偶函数.

例如,$f(x) = x^2$ 是偶函数,$f(x) = x^3$ 为奇函数.$f(x) = x^2 + x$ 是非奇非偶函数.

注意:奇函数的图形对称于原点,偶函数的图形对称于 y 轴.函数为奇函数或偶函数时,其定义域必定是关于原点对称的.

【例 5】 讨论下述函数的奇偶性.

(1) $f(x) = \dfrac{\sqrt{16^x + 1} + 2^x}{2^x}$;

(2) $f(x) = (x - 1)\sqrt{\dfrac{1+x}{1-x}}$;

(3) $f(x) = \sqrt{x^2 - 1}\sqrt{1 - x^2}$;

(4) $f(x) = \begin{cases} x^2 + x, & x < 0 \\ x - x^2, & x > 0 \end{cases}$.

解 (1) 函数的定义域为 **R**.由于

$$f(-x) = \dfrac{\sqrt{16^{-x}+1} + 2^{-x}}{2^{-x}} = 2^x\sqrt{\dfrac{1}{16^x} + 1} + 1 =$$

$$2^x \dfrac{\sqrt{1 + 16^x}}{4^x} + 1 = \dfrac{\sqrt{16^x + 1} + 2^x}{2^x} = f(x)$$

所以 $f(x)$ 为偶函数.

(2) 由于 $\begin{cases} 1 - x \neq 0 \\ \dfrac{1+x}{1-x} \geqslant 0 \end{cases}$,所以函数的定义域为 $-1 \leqslant x < 1$,是关于原点的非对称区间,所以此函数为非奇非偶函数.

(3) 由于 $\begin{cases} x^2 - 1 \geqslant 0 \\ 1 - x^2 \geqslant 0 \end{cases} \Rightarrow \begin{cases} x \geqslant 1 \text{ 或 } x \leqslant -1 \\ -1 \leqslant x \leqslant 1 \end{cases}$,所以函数的定义域为 $x = \pm 1$,则

$$f(-x) = \sqrt{x^2 - 1}\sqrt{1 - x^2} = f(x)$$

且

$$f(\pm 1) = 0$$

所以此函数为既奇且偶函数.

(4) 显然函数的定义域关于原点对称.

当 $x > 0$ 时,$-x < 0$,则

$$f(-x) = x^2 - x = -(x - x^2)$$

当 $x < 0$ 时,$-x > 0$,则

$$f(-x) = -x - x^2 = -(x^2 + x)$$

即

$$f(-x) = -f(x)$$

所以此函数为奇函数.

4.周期性

设有函数 $y = f(x), x \in D$.若 $\exists l \neq 0$,使 $f(x + l) = f(x)(x, x \pm l \in D)$,则称 $f(x)$

为周期函数,l 为周期.(注:本书周期函数的周期均指最小正周期.)

例如,$y = \sin x$,$y = \cos x$ 的周期都为 2π;$y = \cos 4x$ 的周期为 $\dfrac{\pi}{2}$.

1.1.4　初等函数

1. 基本初等函数

(1) 常数函数:$y = C$(C 为常数).

(2) 幂函数.

1) 形如 $y = x^a$ 的函数,其中 a 为常数.

2) 幂函数的定义域、值域和几何特性根据 a 的取值而定. a 的取值见表 1.1.

表 1.1

$y = x^a$	$y = x^2$	$y = x^{-2} = \dfrac{1}{x^2}$	$y = x^{\frac{1}{2}} = \sqrt{x}$	$y = x^3$
D_f	$x \in \mathbf{R}$	$x \neq 0$	$x \geqslant 0$	$x \in \mathbf{R}$
D_R	$y \geqslant 0$	$y > 0$	$y \geqslant 0$	$y \in \mathbf{R}$
几何特性	偶函数	偶函数	单调增	奇函数,单调增

3) 运算法则.

① $x^{-a} = \dfrac{1}{x^a}$;

② $x^{\frac{b}{a}} = \sqrt[a]{x^b}$;

③ $x^a x^b = x^{a+b}$.

其中 a,b 均为正整数.

(3) 指数函数.

1) 形如 $y = a^x$($a > 0$ 且 $a \neq 1$).

2) $x \in \mathbf{R}$,$y > 0$.

3) 当 $x = 0$ 时,$y = 1$,则图象一定过点 $(0,1)$.

4) 几何特性. 当 $0 < a < 1$ 时,函数单调递减;当 $a > 1$ 时,函数单调递增.

5) 曲线无限接近 x 轴,但不与 x 轴相交,见图 1.1.

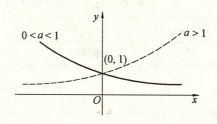

图 1.1

(4) 对数函数.

1) 形如 $y = \log_a x (a > 0$ 且 $a \neq 1)$.

2) $x > 0, y \in \mathbf{R}$.

3) 当 $x = 1$ 时, $y = 0$, 则图象一定过点 $(1, 0)$.

4) 几何特性. 当 $0 < a < 1$ 时, 函数单调递减; 当 $a > 1$ 时, 函数单调递增.

5) 曲线无限接近 y 轴, 但不与 y 轴相交, 见图 1.2.

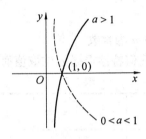

图 1.2

6) 两种特殊的对数.

① 当 $a = 10$ 时, $y = \log_{10} x = \lg x$ (常用对数).

② 当 $a = e$ 时, $y = \log_e x = \ln x$ (自然对数, $e \approx 2.718$).

7) 运算法则.

① $\log_a xy = \log_a x + \log_a y$;

② $\log_a \dfrac{x}{y} = \log_a x - \log_a y$;

③ $\log_a x^y = y \log_a x$;

④ $a^{\log_a x} = x$.

(5) 三角函数.

$y = \sin x, y = \cos x, y = \tan x, y = \cot x$ 的特性见表 1.2. $\sin x, \cos x, \tan x, \cot x$ 的图象见图 1.3.

表 1.2

	$\sin x$	$\cos x$	$\tan x$	$\cot x$
D_f	$x \in \mathbf{R}$	$x \in \mathbf{R}$	$x \neq k\pi \pm \dfrac{\pi}{2}$ (90° 的奇数倍)	$x \neq k\pi$ (90° 的偶数倍)
D_R	$-1 \leq y \leq 1$	$-1 \leq y \leq 1$	$y \in \mathbf{R}$	$y \in \mathbf{R}$
单调性	无	无	单调增	单调减
有界性	有	有	无	无
奇偶性	奇	偶	奇	奇
周期性	2π	2π	π	π

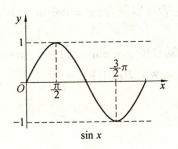
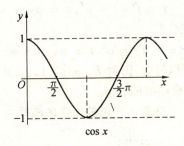
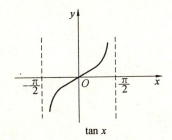
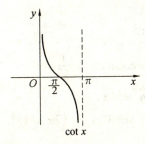

图 1.3

1) 常用公式.

$$\sec x = \frac{1}{\cos x} \qquad \csc x = \frac{1}{\sin x}$$

$$\tan x = \frac{\sin x}{\cos x} \qquad \cot x = \frac{\cos x}{\sin x}$$

$$\sin^2 x + \cos^2 x = 1 \qquad 1 + \tan^2 x = \sec^2 x$$

$$1 + \cot^2 x = \csc^2 x \qquad \sin 2x = 2\sin x \cos x$$

$$\cos 2x = \cos^2 x - \sin^2 x = 2\cos^2 x - 1 = 1 - 2\sin^2 x$$

$$\sin^2 \frac{x}{2} = \frac{1 - \cos x}{2} \qquad \cos^2 \frac{x}{2} = \frac{1 + \cos x}{2}$$

2) 两种特殊的三角形式求周期.

① $y = A\sin(\omega x + \theta)$, $T = \dfrac{2\pi}{|\omega|}$.

② $y = |\sin x|$, $T = \pi$.

通过以上 5 种基本函数有限次地加、减、乘、除、乘方、开方、复合,就构成了初等函数.

2. 复合函数

(1) 复合函数的定义.

【引例】 设 $y = f(u) = \sqrt{u}$,而 $u = 1 - x^2$,则 $y = \sqrt{1 - x^2}$. 故该函数由 $y = f(u) = \sqrt{u}$ 和 $u = 1 - x^2$ 复合而成.

【定义 1.2】 设 $y = f(u)$,定义域为 D_1. $u = \varphi(x)$,定义域为 D_2. $W_2 = \{u \mid u = \varphi(x), x \in D_2\}$. 若 $D_1 \cap W_2 \neq \varnothing$,则称由 x 经过 u 到 y 的函数,$y = f[\varphi(x)]$ 是由 $y = f(u)$,$u = \varphi(x)$ 复合而成的函数,u 称为中间变量.

注意:交集非空是检验两个函数能否复合的根据.另外,复合过程也可以为多次复合.

【例6】 $y = f(u) = u^2, u = \varphi(x) = \sin x$ 是否可以复合? $y = \arcsin u, u = 2 + x^2$ 是否可以复合?

解 $y = f(u) = u^2, u = \varphi(x) = \sin x$,可以复合成 $y = \sin^2 x$,而 $y = \arcsin u, u = 2 + x^2$ 不可以复合,因为 $D_1 = [-1,1], W_2 = [2, +\infty), D_1 \cap W_2 = \varnothing$.

(2) 复合函数的分解.

【例7】 分解下列函数为简单函数.

(1) $y = \operatorname{arccot} \dfrac{1}{x^2}$;

(2) $y = \log_a \sqrt{x}$;

(3) $y = 5^{\sin(2x+1)^2}$.

解 (1) $y = \operatorname{arccot} u, u = \dfrac{1}{x^2}$.

(2) $y = \log_a u, u = \sqrt{x}$.

(3) $y = 5^u, u = \sin V, V = (2x+1)^2$.

3. 分段函数

用几个式子来表示一个函数称为分段函数.

例如,$f(x) = \begin{cases} 1, & x > 0 \\ x, & x \leq 0 \end{cases}$ 的定义域为 $(-\infty, +\infty)$;$y = |x| = \begin{cases} x, & x \geq 0 \\ -x, & x < 0 \end{cases}$ 的定义域为 $(-\infty, +\infty)$.

【例8】 求函数 $y = \operatorname{sgn} x = \begin{cases} 1, & x > 0 \\ 0, & x = 0 \\ -1, & x < 0 \end{cases}$ 的定义域.

解 定义域 $D_f = (-\infty, +\infty)$,值域 $D_R = \{-1, 0, 1\}$.

【例9】 $y = [x]$,表示不超过 x 的最大整数.

如:$[\sqrt{2}] = 1, [\pi] = 3, [-1] = -1, [-3.5] = -4$. 定义域 $D_f = (-\infty, +\infty)$,值域 $D_R = \mathbf{Z}$.

4. 初等函数

由基本初等函数经过有限次运算和有限次复合而成的,并且可以用一个式子表示的函数叫做初等函数,如 $y = \sqrt{1-x^2}, y = \sqrt{\cot \dfrac{x}{2}}$ 等.

初等函数是用一个表达式表示的函数. 分段函数不是初等函数. 显然,基本初等函数是初等函数的特殊情况.

【例10】 试求由函数 $y = u^3, u = \tan x$ 复合而成的函数.

解 将 $u = \tan x$ 代入 $y = u^3$ 中,即得所求复合函数 $y = \tan^3 x$.

有时,一个复合函数可能由 3 个或更多的函数复合而成. 例如,由函数 $y = 2^u, u = \sin v$ 和 $v = x^2 + 1$ 可以复合成函数 $y = 2^{\sin(x^2+1)}$,其中 u 和 v 都是中间变量.

【例11】 指出下列复合函数的复合过程.

(1) $y = \cos^2 x$;

(2) $y = \sqrt{\cot \dfrac{x}{2}}$;

(3) $y = e^{\sin\sqrt{x-1}}$.

解 (1) $y = u^2, u = \cos x$.

(2) $y = \sqrt{u}, u = \cot v, v = \dfrac{x}{2}$.

(3) $y = e^u, u = \sin v, v = \sqrt{w}, w = x - 1$.

1.2 极限的概念

1.2.1 数列的极限

【定义 1.3】 设函数 $u_n = f(n)$,其中 n 为正整数,那么按其自变量 n 增大的顺序排列的一串数 $f(1), f(2), f(3), \cdots, f(n), \cdots$ 称为数列,记作 $\{u_n\}$ 或数列 u_n.

数列的有界性、单调性等定义与函数的相应定义基本一致. 即若存在一个常数 M ($M > 0$),使得 $|u_n| \leqslant M (n = 1, 2, \cdots)$ 恒成立,或存在两个数 M 和 m,使得 $m \leqslant u_n \leqslant M$ (M 称为上界, m 称为下界),则称数列 u_n 为有界数列,或称数列有界;若数列 u_n 满足 $u_n \leqslant u_{n+1} (n = 1, 2, \cdots)$ 或 $u_n \geqslant u_{n+1} (n = 1, 2, \cdots)$,则分别称 $\{u_n\}$ 为单调递增数列或单调递减数列,这两种数列统称为单调数列.

例如

$$\{u_n\}: 2, \frac{3}{2}, \frac{4}{3}, \cdots, 1 + \frac{1}{n}, \cdots \tag{1.1}$$

为单调递减数列.

$$\{u_n\}: 0, \frac{1}{2}, \frac{2}{3}, \frac{3}{4}, \cdots, 1 - \frac{1}{n}, \cdots \tag{1.2}$$

为单调递增数列.

$$\{u_n\}: 1, 2, 1, \frac{3}{2}, 1, \cdots, 1 + \frac{1 + (-1)^n}{n}, \cdots \tag{1.3}$$

是有界数列,但不是单调数列.

数列变化趋势问题是本节所研究的问题. 数列(1.1)、(1.2)、(1.3)都有一种共同的现象,即当 n 无限变大时,它们都无限地接近于1,这就是极限现象. 显然,数列 u_n 无限地接近于1,可用数列 u_n 与1之差的绝对值可以任意小来描述. 如果用符号 ε 表示任意小的正数,那么就可用 $|u_n - 1| < \varepsilon$ 表示. 于是,数列 u_n 的极限现象可表述为:当 n 无限变大时,就有 $|u_n - 1| < \varepsilon$.

一般的,当 n 无限变大时,数列 u_n 无限接近于一个常数 A 的极限现象可定义如下

$$\lim_{n \to \infty} u_n = A$$

或当 $n \to \infty$ 时

$$u_n \to A$$

数列(1.1)、(1.2)、(1.3)的极限可分别表示为

$$\lim_{n\to\infty}(1-\frac{1}{n})=1$$

$$\lim_{n\to\infty}(1+\frac{1}{n})=1$$

$$\lim_{n\to\infty}(1+\frac{1+(-1)^n}{n})=1$$

说明:(1)在数列 u_n 趋向于 A 的过程中,它的变化较为复杂.例如,数列(1.1)是大于1而趋向于1;数列(1.2)是小于1,而趋向于1;而数列(1.3)是忽大于1,忽等于1,忽小于1.还可以举出其他变化的例子.这种变化的多变性如果不注意,就容易在概念上发生错误.

(2)对于 n 无限变大,也可用一个式子表示.如果记 N 为一个充分大的正整数,那么 $n>N$ 就表示 n 无限大.N 表示 n 无限变大的程度.因此 $\lim_{n\to\infty}u_n=A$ 就是指:当 $n>N$ 时,恒有 $|u_n-A|<\varepsilon$.

(3)数列极限的几何解释.如果把数列 u_n 中每一项用数轴 Ox 上一个点来表示,那么数列 u_n 趋向于 A 可解释为:存在一个充分大的正整数 N,当 $n>N$ 时,点 u_n 都落点 A 的 ε 邻域内,而不管 ε 多小,数列 u_n 都会密集在点 A 的周围.

并非所有数列都有极限,例如

数列 $u_n:1,-1,1,\cdots,(-1)^{n-1},\cdots$

数列 $u_n:1,2,3,\cdots,n,\cdots$

数列 $u_n:1,-4,9,\cdots,(-1)^{n-1}n^2,\cdots$

当 $n\to\infty$ 时,它们均不与一个常数 A 无限接近,所以这些数列没有极限,没有极限的数列称为发散数列或数列发散.

有界数列与收敛数列有什么关系?初学者容易混淆这两个概念.先看数列 $u_n=(-1)^{n-1}$,它是有界的,但是发散的,所以有界数列不一定是收敛的.反之是否成立呢?我们有下述定理.

【定理 1.1】 若数列收敛,则数列有界.

证明略.

说明:显然对于有限个数 $u_n(n=1,2,\cdots,N)$,其中必有一个最大值 M 和最小值 m,使 $m\leq u_n\leq M$.也就是说,对于有限个数讲一定是有界的,而对于无穷多个数就不一定有界了.数列是无穷多项的,所以数列不一定有界,但是收敛数列一定有界.为什么?可以分两步来解释:第一步,从数列第一项开始到有限项 N,共有 N 个有限项,它是有界的;第二步,从第 N 项之后,有无穷多项,由于数列 u_n 收敛,$u_n\to A$,即当 $n>N$,有 $|u_n-A|<\varepsilon$,也就是第 N 项之后均有 $A-\varepsilon<u_n<A+\varepsilon$.所以,从第 N 项之后也是有界的.于是总体来讲,收敛数列是有界的.

1.2.2 函数的极限

1. $x\to x_0$ 时,函数 $f(x)$ 的极限

先来看大家都熟悉的一个例子.当 x 无限接近于1时,函数 $f(x)=\dfrac{2(x^2-1)}{x-1}$ 趋向于

何值?显然,当 $x \neq 1$ 时,函数 $f(x) = \dfrac{2(x^2-1)}{x-1} = 2(x+1)$ 趋向于 4.这就是函数的极限.怎样描述函数的极限呢?可仿照数列的极限,用 ε 表示任意小的正数,那么当 x 无限接近于 1 时,函数 $f(x) = \dfrac{2(x^2-1)}{x-1}$ 无限接近于 4.可表示为:当 x 无限接近于 1 时,恒有 $|f(x)-4| < \varepsilon$.

一般的,当 x 无限接近于 x_0 的定义如下:

【定义 1.4】 当 x 无限接近于 x_0 时,恒有 $|f(x)-A| < \varepsilon$(ε 是任意小的正数),则称当自变量 x 趋向于 x_0 时,函数 $f(x)$ 趋向于 A,记作

$$\lim_{x \to x_0} f(x) = A$$

或当 $x \to x_0$ 时

$$f(x) \to A$$

说明:(1) 与数列极限相类似,在 $f(x)$ 趋向于 A 的过程中,可以有大于 A 的,可以有小于 A 的,也可以有等于 A 的.

(2) 从上面例子 $f(x) = \dfrac{2(x^2-1)}{x-1}$ 看到,x 是不能等于 1 的,因为当 $x = 1$,函数没有定义.一般的,当自变量 $x \to x_0$ 时,x 可以不等于 x_0.

(3) 自变量 $x \to x_0$ 也可以用不等式表示.如果用 δ 记作充分小的正数,那么 x 无限接近 x_0,可由 x_0 的 δ 空心邻域表示,即 $0 < |x - x_0| < \delta$,其中 δ 表示 x 与 x_0 接近的程度.这样,$\lim\limits_{x \to x_0} f(x) = A$ 就是指:当 $0 < |x - x_0| < \delta$ 时,恒有 $|f(x) - A| < \varepsilon$.

(4) 几何解释.$\lim\limits_{x \to x_0} f(x) = A$ 是指:当 $0 < |x - x_0| < \delta$ 时,恒有 $|f(x) - A| < \varepsilon$,即

$$A - \varepsilon < f(x) < A + \varepsilon$$

作两条直线 $y = A - \varepsilon$ 与 $y = A + \varepsilon$,不管它们之间的距离有多小,只要 x 进入 $U(\hat{x}_0, \delta)$ 内,曲线 $y = f(x)$ 就会落在这两条直线之间.

有时仅需要考虑自变量 x 大于 x_0 而趋向于 x_0(或 x 小于 x_0 而趋向于 x_0)时,函数 $f(x)$ 趋向于 A 的极限,此时称 A 是函数 $f(x)$ 的右极限(或左极限),记作

$$\lim_{x \to x_0^+} f(x) = A \quad \text{或} \quad \lim_{x \to x_0^-} f(x) = A$$

左、右极限统称为函数 $f(x)$ 的单侧极限.显然当 $x \to x_0$ 时,$f(x)$ 的极限存在的充分必要条件是:$f(x)$ 在 x_0 处的左、右极限存在且相等,即

$$\lim_{x \to x_0^+} f(x) = \lim_{x \to x_0^-} f(x) = A$$

以下是几种重要现象:

(1) 函数 $f(x)$ 在 x_0 处极限存在,但函数 $f(x)$ 在 x_0 处可以没有定义.

(2) 函数 $f(x)$ 在 x_0 处虽然有定义,且在 x_0 处有极限,但两者不相等,即

$$\lim_{x \to x_0} f(x) \neq f(x_0)$$

(3) 函数 $f(x)$ 在 x_0 处有定义,也有极限,且两者相等.

除了上述 3 种情况外,以后还会遇到其他情况,但这 3 种是主要情况.第三种情况我们

将专门研究,它是函数的连续性概念.

2. $x \to \infty$ 时,函数 $f(x)$ 的极限

$x \to \infty$ 有两种情况:①当 $x > 0$ 无限增大时,记作 $x \to +\infty$;②当 $x < 0$ 无限增大时,记作 $x \to -\infty$.

【定义 1.5】 对于函数 $y = f(x)$,若当自变量 x 绝对值无限增大(即 $|x| \to \infty$)时,函数 $y = f(x)$ 无限趋向于某一个常数 A,则称当 $x \to \infty$ 时,A 为 $f(x)$ 的极限,记作

$$\lim_{x \to \infty} f(x) = A \quad 或 \quad f(x) \to A, \quad x \to \infty$$

$\lim_{x \to \infty} f(x) = A$ 的几何意义是:随 $|x|$ 的无限增大,曲线 $y = f(x)$ 上的点与曲线 $y = A$ 无限靠近,见图 1.4.

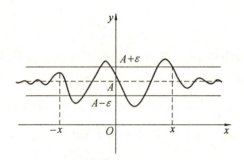

图 1.4

【例 12】 当 $x \to \infty$ 时,求函数 $f(x) = \dfrac{1}{x} - 3$ 的极限.

解 当 $x \to \infty$ 时,$\dfrac{1}{x} \to 0$,所以函数 $f(x) = \dfrac{1}{x} - 3$ 无限趋向于 -3,即 $\lim\limits_{x \to \infty} \left(\dfrac{1}{x} - 3\right) = -3$.

【例 13】 求 $\lim\limits_{x \to -\infty} e^x$.

解 因为 $x \to -\infty$,所以 $e^{-\infty} \to 0$,所以 $\lim\limits_{x \to -\infty} e^x = 0$.

【例 14】 求 $\lim\limits_{x \to -\infty} \dfrac{1}{x - 1}$.

解 当 $x \to -\infty, x - 1 \to -\infty$,所以 $\lim\limits_{x \to -\infty} \dfrac{1}{x - 1} = 0$.

1.3 极限的运算法则

本节将通过介绍极限的运算法则、两个重要极限和函数极限的有关性质,初步地给出一些求极限的方法.

1.3.1 极限的四则运算

【定理 1.2】 若函数 $y = f(x)$ 与 $z = g(x)$ 在 $x \to x_0$(或 $x \to \infty$)时都存在极限,则它们的和、差、积、商(当分母的极限不为零时)在 $x \to x_0$(或 $x \to \infty$)时也存在极限,且

$$\lim[f(x) \pm g(x)] = \lim f(x) \pm \lim g(x)$$
$$\lim[f(x)g(x)] = \lim f(x) \lim g(x)$$
$$\lim \frac{f(x)}{g(x)} = \frac{\lim f(x)}{\lim g(x)}, \lim g(x) \neq 0$$

极限运算法则的证明从略.

【推论1】 常数可以提到极限号前,即
$$\lim cf(x) = c \lim f(x)$$

【推论2】 若 $\lim f(x) = A$,且 m 为自然数,则
$$\lim[f(x)]^m = [\lim f(x)]^m = A^m$$

特殊地,有
$$\lim_{x \to x_0} x^m = (\lim_{x \to x_0} x)^m = x_0^m$$

【定理1.3】 设函数 $y = f[\varphi(x)]$ 由函数 $y = f(u), u = \varphi(x)$ 复合而成.若 $\lim_{x \to x_0} \varphi(x) = u_0$,且在 x_0 的一个邻域内(除 x_0 外)有 $\varphi(x) \neq u_0$,又有 $\lim_{u \to u_0} f(u) = A$,则
$$\lim_{x \to x_0} f[\varphi(x)] = \lim_{u \to u_0} f(u) = A$$

证明略.可以采用做变量替换的方法计算复合函数的极限.

【例15】 求 $\lim_{x \to 1}(x^2 + 6x - 3)$.

解 $\lim_{x \to 1}(x^2 + 6x - 3) = \lim_{x \to 1} x^2 + \lim_{x \to 1} 6x - \lim_{x \to 1} 3 = 1^2 + 6 - 3 = 4$.

几种常见极限的求法:

1. 多项式函数在 x_0 处的极限等于该函数在 x_0 处的函数值

【例16】 求 $\lim_{x \to -1} \frac{4x^2 - 3x + 1}{2x^2 - 6x + 4}$.

解 $\lim_{x \to -1} \frac{4x^2 - 3x + 1}{2x^2 - 6x + 4} = \frac{\lim_{x \to -1}(4x^2 - 3x + 1)}{\lim_{x \to -1}(2x^2 - 6x + 4)} = \frac{4(-1)^2 - 3(-1) + 1}{2(-1)^2 - 6(-1) + 4} = \frac{8}{12} = \frac{2}{3}$.

【例17】 求 $\lim_{x \to 2}[(3x^2 + 3)(4x^4 + 6)]$.

解 $\lim_{x \to 2}[(3x^2 + 3)(4x^4 + 6)] = \lim_{x \to 2}(3x^2 + 3) \lim_{x \to 2}(4x^4 + 6) = 15 \times 70 = 1\ 050$.

2. $\dfrac{A(x)}{0}$ 型

先求其倒数的极限,然后将值倒过来,就是该函数的极限.

【例18】 求 $\lim_{x \to 1} \frac{x^2 - 3}{x^2 - 5x + 4}$.

解 $\lim_{x \to 1} \frac{x^2 - 5x + 4}{x^2 - 3} = \frac{\lim_{x \to 1}(x^2 - 5x + 4)}{\lim_{x \to 1}(x^2 - 3)} = \frac{0}{-2} = 0$,即 $\lim_{x \to 1} \frac{x^2 - 3}{x^2 - 5x + 4} = \infty$.

3. "$\dfrac{0}{0}$" 型

先将分子、分母因式分解,然后消除分子、分母公共的零因式.

【例19】 求 $\lim\limits_{x\to 3}\dfrac{x-3}{x^2-9}$.

解 $\lim\limits_{x\to 3}\dfrac{x-3}{x^2-9} = \lim\limits_{x\to 3}\dfrac{x-3}{(x-3)(x+3)} = \lim\limits_{x\to 3}\dfrac{1}{x+3} = \dfrac{1}{6}$.

【例20】 求 $\lim\limits_{x\to 1}\dfrac{x^3+x^2-x-1}{x^2+3x-4}$.

解 $\lim\limits_{x\to 1}\dfrac{x^3+x^2-x-1}{x^2+3x-4} = \lim\limits_{x\to 1}\dfrac{(x-1)(x+1)^2}{(x-1)(x+4)} = \lim\limits_{x\to 1}\dfrac{(x+1)^2}{x+4} = \dfrac{4}{5}$.

4. "$\dfrac{\infty}{\infty}$"型

对于它们不能直接应用商的运算法则.对此有下面的计算方法.

【例21】 若 $a_n \neq 0, b_m \neq 0, m, n$ 为正数,试证

$$\lim_{x\to\infty}\dfrac{a_n x^n + a_{n-1} x^{n-1} + \cdots + a_1 x + a_0}{b_m x^m + b_{m-1} x^{m-1} + \cdots + b_1 x + b_0} = \begin{cases}\dfrac{a_n}{b_m}, m = n \\ 0, m > n \\ \infty, m < n\end{cases}$$

证明 分子、分母同时除以次数最高次项即可证明.

【例22】 求 $\lim\limits_{x\to\infty}\dfrac{3x^2-2x-1}{2x^3-x^2+5}$.

解 $\lim\limits_{x\to\infty}\dfrac{3x^2-2x-1}{2x^3-x^2+5} = \lim\limits_{x\to\infty}\dfrac{\dfrac{3}{x}-\dfrac{2}{x^2}-\dfrac{1}{x^3}}{2-\dfrac{1}{x}+\dfrac{5}{x^3}} = 0$.

【例23】 求 $\lim\limits_{x\to\infty}\dfrac{3x^3-3x^2+3x+1}{4x^2-4x+2}$.

解 $\lim\limits_{x\to\infty}\dfrac{3x^3-3x^2+3x+1}{4x^2-4x+2} = \lim\limits_{x\to\infty}\dfrac{3-\dfrac{3}{x}+\dfrac{3}{x^2}+\dfrac{1}{x^3}}{\dfrac{4}{x}-\dfrac{4}{x^2}+\dfrac{2}{x^3}} = \infty$.

【例24】 求 $\lim\limits_{x\to\infty}\dfrac{5x^3-4x^2+3x+2}{4x^3-5x^2+3x+4}$.

解 $\lim\limits_{x\to\infty}\dfrac{5x^3-4x^2+3x+2}{4x^3-5x^2+3x+4} = \lim\limits_{x\to\infty}\dfrac{5-\dfrac{4}{x}+\dfrac{3}{x^2}+\dfrac{2}{x^3}}{4-\dfrac{5}{x}+\dfrac{3}{x^2}+\dfrac{4}{x^3}} = \dfrac{5}{4}$.

5.复合函数求极限

复合函数求极限的方法是从里到外取极限.

【例25】 求 $\lim\limits_{x\to 0}\sin 3x$.

解 令 $u = 3x$,则函数 $y = \sin 3x$ 可视为由 $y = \sin u, u = 3x$ 构成的复合函数.因为 $x \to 0, u = 3x \to 0$,且 $u \to 0$ 时,$\sin u \to 0$,所以 $\lim\limits_{x\to 0}\sin 3x = 0$.

【例26】 求 $\lim\limits_{x\to\infty} 2^{\frac{1}{x}}$.

解 令 $u = \frac{1}{x}$，因为 $\lim\limits_{x\to\infty}\frac{1}{x} = 0$，且 $\lim\limits_{u\to 0} 2^u = 1$，所以 $\lim\limits_{x\to\infty} 2^{\frac{1}{x}} = 1$。

1.3.2 两个重要极限

1. 第一重要极限：$\lim\limits_{x\to 0}\frac{\sin x}{x} = 1$

注意：函数 $\frac{\sin x}{x}$ 对于一切 $x \neq 0$ 都有定义。

在图1.5所示的单位圆中，设圆心角 $\angle AOB = x\left(0 < x < \frac{\pi}{2}\right)$，点 A 处的切线与 OB 的延长线相交于点 D，又因为 $BC \perp OA$，则

$$\sin x = CB, \quad x = \overset{\frown}{AB}, \quad \tan x = AD$$

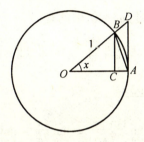

图1.5

因为

$$S_{\triangle AOB} < S_{\text{扇形}AOB} < S_{\triangle AOD}$$

所以

$$\frac{1}{2}\sin x < \frac{1}{2}x < \frac{1}{2}\tan x$$

即

$$\sin x < x < \tan x$$

不等号各边都除以 $\sin x$，有

$$1 < \frac{x}{\sin x} < \frac{1}{\cos x}$$

或

$$\cos x < \frac{\sin x}{x} < 1$$

而 $\lim\limits_{x\to 0}\cos x = 1$，由夹逼定理可知

$$\lim\limits_{x\to 0}\frac{\sin x}{x} = 1$$

因为用 $-x$ 代替 x 时，$\cos x$ 与 $\frac{\sin x}{x}$ 都不变，所以上面的不等式对于开区间 $\left(-\frac{\pi}{2}, 0\right)$ 内的一切 x 也是成立的。

这个极限十分重要，称之为第一重要极限，运用它可以推证或计算许多其他的极限。

【例27】 求 $\lim\limits_{x\to 0}\dfrac{\tan x}{x}$.

解　$\lim\limits_{x\to 0}\dfrac{\tan x}{x} = \lim\limits_{x\to 0}\left(\dfrac{\sin x}{x}\cdot\dfrac{1}{\cos x}\right) = \lim\limits_{x\to 0}\dfrac{\sin x}{x}\lim\limits_{x\to 0}\dfrac{1}{\cos x} = 1.$

这个结果可以作为公式使用.

【例28】 求 $\lim\limits_{x\to 0}\dfrac{1-\cos x}{x^2}$.

解　$\lim\limits_{x\to 0}\dfrac{1-\cos x}{x^2} = \lim\limits_{x\to 0}\dfrac{2\sin^2\dfrac{x}{2}}{x^2} = \lim\limits_{x\to 0}\dfrac{1}{2}\left(\dfrac{\sin\dfrac{x}{2}}{\dfrac{x}{2}}\right)^2 = \dfrac{1}{2}\lim\limits_{\frac{x}{2}\to 0}\left(\dfrac{\sin\dfrac{x}{2}}{\dfrac{x}{2}}\right)^2 = \dfrac{1}{2}.$

这个结果可以作为公式使用.

【例29】 求 $\lim\limits_{x\to 0}\dfrac{\sin 7x}{4x}$.

解　令 $7x = u$,当 $x\to 0$ 时,$u\to 0$,因此有
$$\lim\limits_{x\to 0}\dfrac{\sin 7x}{4x} = \lim\limits_{u\to 0}\dfrac{\sin u}{\dfrac{4}{7}u} = \dfrac{7}{4}\lim\limits_{u\to 0}\dfrac{\sin u}{u} = \dfrac{7}{4}$$

【例30】 求 $\lim\limits_{x\to 0}\dfrac{\tan 4x - \tan 3x}{7x}$.

解　原式 $= \lim\limits_{x\to 0}\dfrac{\tan 4x}{7x} - \lim\limits_{x\to 0}\dfrac{\tan 3x}{7x} = \lim\limits_{x\to 0}\dfrac{4x}{7x} - \lim\limits_{x\to 0}\dfrac{3x}{7x} = \dfrac{4}{7} - \dfrac{3}{7} = \dfrac{1}{7}.$

注意:第一重要极限的另外一种表示法为 $\lim\limits_{x\to\infty}\dfrac{\sin\dfrac{1}{x}}{\dfrac{1}{x}} = 1.$

2. 第二重要极限: $\lim\limits_{x\to\infty}\left(1+\dfrac{1}{x}\right)^x = e$

该极限也称为 1^∞ 型极限.

人们常运用这个重要极限计算一些极限,运用时关键是将所给函数向 $\left(1+\dfrac{1}{x}\right)^x$ 或 $(1+x)^{\frac{1}{x}}$ 这两种标准形式转化.

【例31】 求 $\lim\limits_{x\to\infty}\left(1+\dfrac{1}{x}\right)^{\frac{x}{2}}$.

解　因为 $\left(1+\dfrac{1}{x}\right)^{\frac{x}{2}} = \left[\left(1+\dfrac{1}{x}\right)^x\right]^{\frac{1}{2}}$,且 $\lim\limits_{x\to\infty}\left(1+\dfrac{1}{x}\right)^x = e$,所以由复合函数极限的计算方法,有

$$\lim\limits_{x\to\infty}\left(1+\dfrac{1}{x}\right)^{\frac{x}{2}} = \lim\limits_{x\to\infty}\left[\left(1+\dfrac{1}{x}\right)^x\right]^{\frac{1}{2}} = \left[\lim\limits_{x\to\infty}\left(1+\dfrac{1}{x}\right)^x\right]^{\frac{1}{2}} = e^{\frac{1}{2}}$$

【例32】 求 $\lim\limits_{x\to 0}(1-x)^{\frac{3}{x}}$.

解　令 $u = -x$,当 $x\to 0$,$u\to 0$,所以

$$\lim\limits_{x\to 0}(1-x)^{\frac{3}{x}} = \lim\limits_{u\to 0}(1+u)^{-\frac{3}{u}} = \lim\limits_{u\to 0}\dfrac{1}{[(1+u)^{\frac{1}{u}}]^3} = \dfrac{1}{e^3}$$

【例33】 求 $\lim\limits_{x\to 0}\dfrac{\ln(1+x)}{x}$.

解 $\lim\limits_{x\to 0}\dfrac{\ln(1+x)}{x} = \lim\limits_{x\to 0}\ln(1+x)^{\frac{1}{x}} = \ln[\lim\limits_{x\to 0}(1+x)^{\frac{1}{x}}] = 1.$

【例34】 求 $\lim\limits_{x\to 0}\dfrac{e^x-1}{x}$.

解 令 $u = e^x - 1$,则 $x = \ln(1+u)$. 当 $x \to 0$ 时,$u \to 0$,所以

$$\lim_{x\to 0}\frac{e^x-1}{x} = \lim_{u\to 0}\frac{u}{\ln(1+u)} = 1$$

1.4 无穷小量

1.4.1 无穷小量及其运算

【定义1.6】 若函数 $a = a(x)$ 在 x 的某种趋向下以零为极限,则函数 $a = u(x)$ 为 x 在这种趋向下的无穷小量,简称无穷小.

例如,函数 $a(x) = x - x_0$,当 $x \to x_0$ 时,$a(x) \to 0$,所以 $a(x) = x - x_0$ 是当 $x \to x_0$ 时的无穷小量. 又如,$a(x) = \dfrac{1}{2x}$ 是当 $x \to \infty$ 时的无穷小量. $a(x) = a^{-x}(a>1)$ 是当 $x \to +\infty$ 时的无穷小量.

注意:绝对值很小的常数以及负无穷大量都不是无穷小量. 但是零是无穷小量,因为它的极限为零.

【定理1.4】 若函数 $y = f(x)$ 在 $x \to x_0$(或 $x \to \infty$)时的极限为 A,则 $f(x) = A + a(x)$(简记 $y = A + a$),其中 $\lim\limits_{x\to x_0}a(x) = 0$(或 $\lim\limits_{x\to\infty}a(x) = 0$),即 $a(x)$ 为无穷小. 反之,若 $f(x) = A + a(x)$,其中 $a(x)$ 为无穷小量,即 $\lim\limits_{x\to x_0}a(x) = 0$(或 $\lim\limits_{x\to\infty}a(x) = 0$),则 A 为 $f(x)$ 的极限,即 $\lim\limits_{x\to x_0}f(x) = A$(或 $\lim\limits_{x\to\infty}f(x) = A$).

这个定理的正确性是显然的,因 $|f(x) - A| < \varepsilon$(令 $f(x) - A = a(x)$),即 $f(x) = A + a(x)$ 与 $|a(x)| < \varepsilon$ 是等价的.

【定理1.5】 有限个无穷小(当 $x \to x_0$ 或 $x \to \infty$ 时)的代数和仍然是无穷小量.

证明略.

【定理1.6】 有界函数与无穷小量的乘积是无穷小量.

证明 设函数 $f(x)$ 有界,即存在一个正常数 M,使

$$|f(x)| \leq M$$

又因为 $a(x)$ 是无穷小量,即 $|a(x)| < \varepsilon$(ε 为任意小的正数),则

$$|a(x)f(x)| = |a(x)||f(x)| < a \cdot M$$

由于 ε 是任意小的正数,因而 aM 也可以是任意小的正数,故 $a(x)f(x) \to 0$.

【推论1】 有限个无穷小量(自变量同一趋向下)之积为无穷小量.

【推论2】 常数与无穷小量之积为无穷小量.

【定理 1.7】 若 $\lim f(x) = \infty$,则 $\lim \dfrac{1}{f(x)} = 0$.反之,设 $f(x) \neq 0$,若 $\lim f(x) = 0$,则 $\lim \dfrac{1}{f(x)} = \infty$.

1.4.2 无穷小量的比较

【定义 1.7】 设 $\alpha(x)$ 和 $\beta(x)$ 为 $x \to x_0$(或 $x \to \infty$)时的两个无穷小量.若它们的比有非零极限,即

$$\lim \frac{\alpha(x)}{\beta(x)} = C$$

则称 $\alpha(x)$ 和 $\beta(x)$ 为同阶无穷小;若 $C = 1$,则称 $\alpha(x)$ 和 $\beta(x)$ 为等价无穷小量,记为 $\alpha(x) \sim \beta(x)(x \to x_0$ 或 $x \to \infty)$;若 $C = 0$,则称 $\alpha(x)$ 是 $\beta(x)$ 的高阶无穷小量,记为 $\alpha(x) = o\beta(x)$.为便于计算极限,主要研究等价无穷小量.

因为在 $x \to 0$ 时,x 与 $\sin x$,$\tan x$,$\ln(1 + x)$ 等都是无穷小量,并且

$$\lim_{x \to 0} \frac{\sin x}{x} = 1 \quad \lim_{x \to 0} \frac{\tan x}{x} = 1 \quad \lim_{x \to 0} \frac{1 - \cos x}{\frac{1}{2}x^2} = 1 \quad \lim_{x \to 0} \frac{\ln(1 + x)}{x} = 1$$

所以,当 $x \to 0$ 时,x 与 $\sin x$,x 与 $\tan x$,$\dfrac{1}{2}x^2$ 与 $(1 - \cos x)$,x 与 $\ln(1 + x)$ 都是等价无穷小量,即 $x \sim \sin x, x \sim \tan x, 1 - \cos x \sim \dfrac{x^2}{2}, \ln(1 + x) \sim x$.

【例 35】 求 $\lim\limits_{x \to 0} \dfrac{\ln(1 + x)}{e^x - 1}$.

解 当 $x \to 0$ 时,$\ln(1 + x) \sim x$,$e^x - 1 \sim x$,所以 $\lim\limits_{x \to 0} \dfrac{\ln(1 + x)}{e^x - 1} = \lim\limits_{x \to 0} \dfrac{x}{x} = 1$.

【例 36】 求 $\lim\limits_{x \to 0} \dfrac{\tan 5x}{3x}$.

解 当 $x \to 0$ 时,$\tan 5x \sim 5x$,所以 $\lim\limits_{x \to 0} \dfrac{\tan 5x}{3x} = \lim\limits_{x \to 0} \dfrac{5x}{3x} = \dfrac{5}{3}$.

注意:做等价无穷小替换时,在分子或分母为和式时,通常不能将和式中的某一项或若干项以其等价无穷小替换,而应将分子或分母整个加以替换;若分子或分母为几个因式乘积,则可将其中某个或某些因子以等价无穷小替换.简言之,因子方可以做等价无穷小量替换.

【例 37】 求 $\lim\limits_{x \to 0} \dfrac{\tan 6x}{\sin 4x}$.

解 $\lim\limits_{x \to 0} \dfrac{\tan 6x}{\sin 4x} = \lim\limits_{x \to 0} \dfrac{6x}{4x} = \dfrac{3}{2}$.

【例 38】 求 $\lim\limits_{x \to 0} \dfrac{1 - \cos x}{x^2}$.

解 $\lim\limits_{x \to 0} \dfrac{1 - \cos x}{x^2} = \lim\limits_{x \to 0} \dfrac{\frac{1}{2}x^2}{x^2} = \dfrac{1}{2}$.

【例 39】 求 $\lim\limits_{x \to 0} \dfrac{\ln(1 + 2x)}{\tan 6x}$.

解 $\lim\limits_{x \to 0} \dfrac{\ln(1+2x)}{\tan 6x} = \lim\limits_{x \to 0} \dfrac{2x}{6x} = \dfrac{1}{3}.$

1.5 函数的连续性

连续性是函数的重要性态之一,它不仅是函数研究的重要内容,也为计算极限开辟了新途径.本节将运用极限概念对它加以描述和研究,并在此基础上解决更多的极限问题.

1.5.1 连续函数的概念

【定义 1.8】 设函数 $y = f(x)$ 在 x_0 的某个邻域内有定义,且
$$\lim_{x \to x_0} f(x) = f(x_0)$$
则称函数 $y = f(x)$ 在 x_0 处连续,或称 x_0 是函数 $y = f(x)$ 的连续点.

记 $\Delta x = x - x_0$,且称之为自变量 x 的改变量或增加量. 记 $\Delta y = f(x) - f(x_0)$ 或 $\Delta y = f(x + x_0) - f(x_0)$ 称为函数 $y = f(x)$ 在 x_0 处的增量. 那么,函数 $y = f(x)$ 在 x_0 处连续也可以叙述为:

【定义 1.9】 设函数 $y = f(x)$ 在 x_0 的某个邻域内有定义,如果
$$\lim_{x \to x_0}[f(x) - f(x_0)] = 0 \quad \text{或} \quad \lim_{\Delta x \to 0}[f(x_0 + \Delta x) - f(x_0)] = 0$$
即
$$\lim_{\Delta x \to 0} \Delta y = 0$$
则称函数 $y = f(x)$ 在 x_0 处连续.

这表明,函数 $y = f(x)$ 在 x_0 处连续的直观意义是:当自变量的改变量很小时,函数相应的改变量也很小.

若函数 $y = f(x)$ 在点 x_0 处有
$$\lim_{x \to x_0^-} f(x) = f(x_0) \quad \text{或} \quad \lim_{x \to x_0^+} f(x) = f(x_0)$$
则分别称函数 $y = f(x)$ 在 x_0 处左连续或右连续. 由此可知,函数 $y = f(x)$ 在 x_0 处连续的充要条件可表示为
$$\lim_{x \to x_0^-} f(x) = f(x_0) = \lim_{x \to x_0^+} f(x)$$
即函数在某点连续的充要条件为函数 $f(x)$ 在该点处左、右连续.

若函数 $y = f(x)$ 在开区间 I 内的每个点处均连续,则称该函数在开区间 I 内连续. 若函数 $y = f(x)$ 在闭区间 $[a,b]$ 上连续,则理解为除在 (a,b) 内连续外,在左端点 a 为右连续,在右端点 b 为左连续.

注意:函数在某点连续含有 3 层意思:它在该点的一个邻域内有定义;极限存在;极限值等于该点处的函数值.

函数 $y = f(x)$ 在 x_0 处连续的几何意义是:函数 $y = f(x)$ 的图形在点 $(x_0, f(x_0))$ 处不断开.

函数 $y = f(x)$ 在 (a,b) 连续的几何意义是:函数 $y = f(x)$ 的图形在 (a,b) 内连绵不

断.

证明函数 $y = f(x)$ 在 x_0 处连续,通常是证明 $\lim_{x \to x_0} f(x) = f(x_0)$,或者证明 $\lim_{\Delta x \to 0} \Delta y = 0$,即 $\lim_{x \to x_0} [f(x) - f(x_0)] = 0$ 或 $\lim_{\Delta x \to 0} [f(x_0 + \Delta x) - f(x_0)] = 0$. 若函数 $y = f(x)$ 为分段函数,且 x_0 为分段点,一般则应通过考察它在 x_0 处左、右连续加以确定.

1.5.2 连续函数的基本性质

【定理 1.8】 若函数 $f(x)$ 和 $g(x)$ 均在 x_0 处连续,则 $f(x) + g(x), f(x) - g(x), f(x)g(x)$ 在该点均连续,又若 $g(x_0) \neq 0$,则 $\dfrac{f(x)}{g(x)}$ 在 x_0 处连续.

【定理 1.9】 设函数 $y = f(u)$ 在 u_0 处连续,函数 $u = \varphi(x)$ 在 x_0 处连续,且 $u_0 = \varphi(x_0)$,则复合函数 $f[\varphi(x)]$ 在 x_0 处连续.

【定理 1.10】 初等函数在其定义域区间内是连续的.

由定理 1.10 可知,在求初等函数定义区间内各点的极限时,只要计算它在指定点的函数值即可.

【例 40】 求 $\lim\limits_{x \to a} \arccos(\log_a x)$ $(a > 0, a \neq 1)$.

解 因为 $\arccos(\log_a x)$ 是初等函数,且 $x = a$ 为它在定义区间内的一点,所以有
$$\lim_{x \to a} \arccos(\log_a x) = \arccos(\log_a a) = \arccos 1 = 0$$

【例 41】 求 $\lim\limits_{x \to 1} \dfrac{e^{x^2-1} - \sin \dfrac{\pi x}{2}}{8x - 5}$.

解 因为 $x^2 - 1$ 与 $\dfrac{\pi}{2}x$ 在点 $x = 1$ 处连续,复合函数 e^{x^2-1} 与 $\sin \dfrac{\pi x}{2}$ 均在点 $x = 1$ 处连续.又因为当 $x = 1$ 时,$8x - 5 = 3$.故 $x = 1$ 是 $\lim\limits_{x \to 1} \dfrac{e^{x^2-1} - \sin \dfrac{\pi x}{2}}{8x - 5}$ 的连续点,所以有

$$\lim_{x \to 1} \frac{e^{x^2-1} - \sin \dfrac{\pi x}{2}}{8x - 5} = \frac{e^{1^2-1} - \sin(\dfrac{\pi}{2} \times 1)}{8 \times 1 - 5} = \frac{1 - 1}{3} = 0$$

因此,当所求函数的自变量趋于函数连续点的极限时,只要把该连续点代入函数求值即可.

1.5.3 闭区间上连续函数的性质

在区间上连续的函数具有一些重要的特性.以下定理将不加证明予以介绍.

【定理 1.11】 若函数 $y = f(x)$ 在闭区间 $[a, b]$ 上连续,则在此区间上一定能取到最大值和最小值.

【推论】 若函数 $y = f(x)$ 在闭区间上连续,则它在该区间上有界.

【定理 1.12】 若 $f(x)$ 在 $[a, b]$ 上连续,则它在 $[a, b]$ 内能取得介于其最小值和最大值之间的任何数.

【推论】 若 $f(x)$ 在 $[a, b]$ 上连续,且 $f(a)f(b) < 0$,则至少存在一个 $C \in (a, b)$,

使得 $f(C) = 0$.

【例 42】 证明:方程 $x^3 - 4x^2 + 1 = 0$ 在 $(0,1)$ 内至少有一个实根.

证明 设 $f(x) = x^3 - 4x^2 + 1$,由于它在 $[0,1]$ 上连续且 $f(0) = 1 > 0, f(1) = -2 < 0$,因此由推论可知,至少存在一点 $\zeta \in (0,1)$,使得 $f(\zeta) = 0$.这表明所给方程在 $(0,1)$ 内至少有一个实数根.

【例 43】 证明:方程 $x^4 - 2x - 5 = 0$ 至少有一个小于 2 的正根.

证明 设 $f(x) = x^4 - 2x - 5$, $f(x)$ 在 $[0,2]$ 连续,且 $f(0) = -5 < 0, f(2) = 7 > 0$,由推论得至少存在一点 $x_0 \in (0,2)$ 使 $f(x_0) = 0$,即 $x_0^4 - 2x_0 - 5 = 0$.

所以方程至少有一个小于 2 的正根.

【例 44】 证明:方程 $\sin x + 2 - x = 0$ 至少有一个不超过 3 的正根.

证明 设 $f(x) = \sin x + 2 - x$, $f(x)$ 在 $[0,3]$ 处连续. $f(0) = 2 > 0, f(3) = \sin 3 - 1 < 0$.由推论得至少存在一点 $x_0 \in (0,3)$ 使 $f(x_0) = 0$,即 $\sin x_0 + 2 - x_0 = 0$.

所以方程 $\sin x + 2 - x = 0$ 至少有一个不超过 3 的正根.

1.5.4 函数间断点及其分类

如果函数 $f(x)$ 在点 x_0 处不连续,则称 x_0 是函数 $y = f(x)$ 的间断点,也称函数在该点间断.

不难发现,间断的情况可能各不相同,为此,有必要对间断点进行分类考察.

1. 第一类间断点

若 x_0 为函数 $y = f(x)$ 的间断点,且 $\lim\limits_{x \to x_0^-} f(x)$ 和 $\lim\limits_{x \to x_0^+} f(x)$ 都存在,则称 x_0 为 $f(x)$ 的第一类间断点.

2. 第二类间断点

若 x_0 是函数 $y = f(x)$ 的间断点,且在该点至少有一个单侧极限不存在,则称 x_0 为 $f(x)$ 的第二类间断点.

【例 45】 试证明函数 $f(x) = \begin{cases} 2x + 1, x \leq 0 \\ \cos x, x > 0 \end{cases}$ 在 $x = 0$ 处连续.

证明 因为 $\lim\limits_{x \to 0^+} f(x) = \lim\limits_{x \to 0^+} \cos x = 1, \lim\limits_{x \to 0^-} f(x) = \lim\limits_{x \to 0^-} (2x + 1) = 1$,且 $f(0) = 1$,则 $\lim\limits_{x \to 0} f(x)$ 存在且 $\lim\limits_{x \to 0} f(x) = f(0) = 1$,即 $f(x)$ 在 $x = 0$ 处连续.

【例 46】 试确定函数 $f(x) = \begin{cases} x \sin \dfrac{1}{x}, x \neq 0 \\ 0, x = 0 \end{cases}$ 在 $x = 0$ 处连续.

证明 因为 $\lim\limits_{x \to 0} f(x) = \lim\limits_{x \to 0} x \sin \dfrac{1}{x} = 0 = f(0)$,所以 $f(x)$ 在 $x = 0$ 处连续.

【例 47】 证明: $x = 0$ 为函数 $f(x) = \dfrac{-x}{|x|}$ 的第一类间断点(图 1.6).

证明 因为该函数在 $x = 0$ 处没有定义,所以 $x = 0$ 是它的间断点,又因为

$$\lim_{x \to 0^-} \dfrac{-x}{|x|} = \lim_{x \to 0^-} \dfrac{-x}{-x} = 1$$

$$\lim_{x\to 0^+}\frac{-x}{|x|} = \lim_{x\to 0^+}\frac{-x}{x} = -1$$

所以 $x = 0$ 为该函数的第一类间断点.

【例 48】 证明:$x = 1$ 是 $f(x) = 2^{\frac{1}{x-1}}$ 的第二类间断点.

证明 所给函数在 $x = 1$ 处没有定义.因此,$x = 1$ 是它的间断点,又因为

$$\lim_{x\to 1^-}\frac{1}{x-1} = -\infty$$

$$\lim_{x\to 1^+}\frac{1}{x-1} = +\infty$$

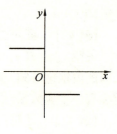

图 1.6

所以,$\lim\limits_{x\to 1^-} 2^{\frac{1}{x-1}} = 0$,$\lim\limits_{x\to 1^+} 2^{\frac{1}{x-1}} = +\infty$.因此,$x = 1$ 为所给函数的第二类间断点.

习　题

1.判断下列函数是否相同?并说明理由.

(1)$f(x) = x, g(x) = \sqrt{x^2}$

(2)$f(x) = \lg x^3, g(x) = 3\lg x$

2.求下列函数的定义域.

(1)$y = \sqrt{3x+2}$　　　　　　　　(2)$y = \sqrt{x+2} + \dfrac{1}{1-x^2}$

(3)$y = \ln x^2$　　　　　　　　　　(4)$y = \sqrt{x^2-4} + \lg(x-1)$

3.判断下列函数的奇偶性.

(1)$y = x^3 - 2x$　　　　　　　　　(2)$y = x^2(1-x^2)$

(3)$y = \tan x$　　　　　　　　　　(4)$y = x^2 + x^3 + 1$

4.指出下列复合函数的复合过程.

(1)$y = 3^{\sin x}$　　　　　　　　　　(2)$y = \sqrt[3]{5x-1}$

(3)$y = \sin^2 5x$　　　　　　　　　(4)$y = \cos\sqrt{2x+1}$

(5)$y = \ln(\sin e^{x+1})$　　　　　　　(6)$y = e^{\sin\frac{1}{x}}$

5.求出由所给函数复合而成的函数.

(1)$y = u^2, u = \sin x$　　　　　　　(2)$y = \sin u, u = 2x$

(3)$y = e^u, u = \sin v, v = x^2+1$　　(4)$y = \lg u, u = 3^v, v = \sin x$

6.指出下列复合函数的复合过程.

(1)$y = (3-x)^{50}$　　　　　　　　　(2)$y = a^{\sin(3x^2-1)}$

(3)$y = \log_a \tan(x+1)$　　　　　　(4)$y = \arccos[\ln(x^2-1)]$

7.指出下列各题中,哪些是无穷大?哪些是无穷小?

(1)$\dfrac{1+2x}{x}(x\to 0$ 时$)$　　　　　　(2)$\dfrac{1+2x}{x^2}(x\to\infty$ 时$)$

(3) $\tan x\,(x\to 0$ 时)

(4) $\dfrac{x+1}{x^2-9}\,(x\to 3$ 时)

(5) $e^{-x}\,(x\to +\infty$ 时)

(6) $2^{\frac{1}{x}}\,(x\to 0^-$ 时)

8. 求下列极限.

(1) $\lim\limits_{x\to 0} x\sin\dfrac{1}{x}$

(2) $\lim\limits_{x\to\infty}\dfrac{\cos x}{\sqrt{1+x^2}}$

(3) $\lim\limits_{x\to\infty}\dfrac{\arctan x}{x}$

(4) $\lim\limits_{n\to\infty}\dfrac{\cos n^2}{n}$

(5) $\lim\limits_{x\to 0}\dfrac{\tan 3x}{2x}$

(6) $\lim\limits_{x\to 0}\dfrac{1-\cos x}{\sin^3 x}$

(7) $\lim\limits_{x\to 0}\dfrac{\arcsin x}{x}$

(8) $\lim\limits_{x\to 0}\dfrac{e^x-1}{2x}$

9. 求下列函数的极限.

(1) $\lim\limits_{x\to 2}\dfrac{e^x+1}{x}$

(2) $\lim\limits_{x\to 1}\sqrt{x^2-2x+5}$

(3) $\lim\limits_{x\to 1}[\sin(\ln x)]$

(4) $\lim\limits_{x\to e}(x\ln x+2x)$

10. 求下列函数的极限.

(1) $\lim\limits_{x\to 0}\ln\dfrac{\sin x}{x}$

(2) $\lim\limits_{x\to\infty} e^{\frac{1}{x}}$

(3) $\lim\limits_{x\to 0}\sin[\ln(x^2+1)]$

(4) $\lim\limits_{x\to\infty}\ln(1+\dfrac{1}{x})^x$

(5) $\lim\limits_{x\to 0}(1-x)^{\frac{2}{x}}$

(6) $\lim\limits_{x\to\infty}(1+\dfrac{2}{x})^{2x}$

(7) $\lim\limits_{x\to\infty}(1-\dfrac{3}{x})^{2x-1}$

(8) $\lim\limits_{x\to\infty}(1+\dfrac{4}{x})^{3x-2}$

11. 设函数 $f(x)=\begin{cases} x, & x\le 1 \\ 6x-5, & x>1 \end{cases}$,试讨论 $f(x)$ 在 $x=1$ 处的连续性,并写出 $f(x)$ 的连续区间.

12. 设函数 $f(x)=\begin{cases} 1+e^x, & x<0 \\ x+2a, & x\ge 0 \end{cases}$,求常数 a 为何值时,函数 $f(x)$ 在 $(-\infty,+\infty)$ 内连续.

13. 讨论下列函数的连续性. 如有间断点,指出其类型.

(1) $y=\begin{cases} x+1, & 0<x\le 1 \\ 2-x, & 1<x\le 3 \end{cases}$

(2) $y=\begin{cases} 2x+1, & x<0 \\ 0, & x=0 \\ x^2-x+1, & x>0 \end{cases}$

(3) $y=\dfrac{\sin x}{x}$

(4) $y=\dfrac{3}{x-2}$

14. 证明:方程 $x^5-3x=1$ 至少有 1 个实根介于 1 和 2 之间.

15. 证明:方程 $x-2\sin x=1$ 至少有一个小于 3 的正根.

第 2 章 导数与微分

微分学是微积分的重要组成部分.它的基本概念是导数与微分,其中导数反映出函数相对于自变量变化快慢的程度,而微分则指明当自变量有微小变化时,函数大体上变化多少.

微分学是从数量关系上描述物质运动的数学工具.正如恩格斯指出:"只有微分学才能使自然科学有可能用数学来不仅仅表明状态,并且也表明过程——运动."本章主要讨论导数和微分的概念以及它们的计算方法.

2.1 导数的概念

2.1.1 引例

为了说明微分学的基本概念——导数,首先讨论两个问题:速度问题和切线问题.这两个问题在历史上都与导数概念的形成有密切的关系.

1. 直线运动的速度

设某点沿直线运动,在直线上引入原点和单位点(即表明实数 1 的点),使直线成为数轴.此外,再取定一个时刻作为测量时间的零点.设动点于时刻 t 在直线上的位置的坐标为 s(简称位置 s).这样,运动完全由某个函数

$$s = f(t)$$

所确定.最简单的情形,该动点所经过的路程与所花的时间成正比.就是说,无论取哪一段时间间隔,比值

$$\frac{\text{经过的路程}}{\text{所需的时间}} \tag{2.1}$$

总是相同的.这个比值就称为该动点的速度,并说该动点做匀速运动.如果运动不是匀速的,那么在运动的不同时间间隔内,式(2.1)会有不同的比值.因此,把式(2.1)的比值笼统地称为该动点的速度就不合适了,而需要按不同时刻来考虑.那么,这种非匀速运动的动点在某一时刻(设为 t_0)的速度应如何理解而又如何求得呢?

首先取从时刻 t_0 到 t 这样一个时间间隔,在这段时间内,动点从位置 $s_0 = f(t_0)$ 移动到 $s = f(t)$.这时由式(2.1)算得的比值

$$\frac{s - s_0}{t - t_0} = \frac{f(t) - f(t_0)}{t - t_0} \tag{2.2}$$

可以认为是动点在上述时间间隔内的平均速度.如果时间间隔选得较短,式(2.2)的比值在实践中也可用来说明动点在时刻 t_0 的速度.但对于动点在时刻 t_0 的速度的精确概念来说,这样做是不够的,而应当更确切地表示:令 $t \to t_0$,取式(2.2)的极限,如果这个极限存

在,设为 v,即
$$v = \lim_{t \to t_0} \frac{f(t) - f(t_0)}{t - t_0}$$
因此该极限值 v 称为动点在时刻 t_0 的(瞬时)速度.

2. 曲线的切线斜率

设有定义在某个区间上的函数 $y = f(x)$. 在曲线 $y = f(x)$ 上取一点 $M_0(x_0, y_0)$,其中 $y_0 = f(x_0)$. 再在曲线上另取一点 $M_1(x_1, y_1)$,其中 $y_1 = f(x_1)$. 联结 M_0 和 M_1 得割线 M_0M_1(图2.1). 当点 M_1 沿曲线趋于 M_0 时,割线 M_0M_1 的极限位置称为曲线在点 $M_0(x_0, y_0)$ 的切线.

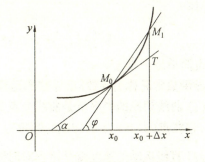

图 2.1

令 $x_1 = x_0 + \Delta x$,则 $f(x_1) = f(x_0 + \Delta x)$. 设割线 M_0M_1 的倾角为 φ,则 M_0M_1 的斜率为
$$\tan \varphi = \frac{f(x_0 + \Delta x) - f(x_0)}{\Delta x}$$

如果当 $\Delta x \to 0$ 时,$\lim\limits_{\Delta x \to 0} \dfrac{f(x_0 + \Delta x) - f(x_0)}{\Delta x}$ 存在,则此极限就是曲线在点 M_0 的切线的斜率,或简称为曲线在点 M_0 的斜率.

设切线的倾角为 α,则
$$\tan \alpha = \lim_{\Delta x \to 0} \frac{f(x_0 + \Delta x) - f(x_0)}{\Delta x}$$

在上面的讨论中,比值 $\dfrac{f(x_0 + \Delta x) - f(x_0)}{\Delta x}$ 表示函数 $y = f(x)$ 在区间 $[x_0, x_0 + \Delta x]$(或 $[x_0 + \Delta x, x_0]$)上的平均变化率. 当 $\Delta x \to 0$ 时,如果平均变化率的极限
$$\lim_{\Delta x \to 0} \frac{f(x_0 + \Delta x) - f(x_0)}{\Delta x}$$
存在,则此极限值称为函数在点 x_0 的变化率. 根据这一定义,曲线在点 M_0 的斜率也就是函数 $y = f(x)$ 在点 x_0 的变化率.

2.1.2 导数的概念

上面讨论了直线运动的速度和曲线切线的斜率. 尽管这些量的概念不同,但是如果撇开它们的具体含义,抽出它们的共同点,对函数做同样的运算,这就产生了导数的概念.

【定义 2.1】 设函数 $y = f(x)$ 在点 x_0 的某个邻域内有定义,当自变量 x 在 x_0 处取得增量 Δx(点 $x_0 + \Delta x$ 仍在该邻域内)时,相应的函数取得增量 $\Delta y = f(x_0 + \Delta x) - f(x_0)$;如果 Δy 与 Δx 之比当 $\Delta x \to 0$ 时的极限存在,则称函数 $y = f(x)$ 在点 x_0 处可导,并称这个极限值为函数 $y = f(x)$ 在点 x_0 处的导数,记为 $f'(x_0)$,即
$$f'(x_0) = \lim_{\Delta x \to 0} \frac{\Delta y}{\Delta x} = \lim_{\Delta x \to 0} \frac{f(x_0 + \Delta x) - f(x_0)}{\Delta x}$$

也可记作

$$y'\big|_{x=x_0} \quad \text{或} \quad \frac{\mathrm{d}y}{\mathrm{d}x}\bigg|_{x=x_0} \quad \text{或} \quad \frac{\mathrm{d}f(x)}{\mathrm{d}x}\bigg|_{x=x_0}$$

如果函数 $f(x)$ 在区间上每一点都有导数,则此导数也是 x 的函数,称为 $f(x)$ 的导函数,记作

$$f'(x) \quad \text{或} \quad y'(x) \quad \text{或} \quad \frac{\mathrm{d}f(x)}{\mathrm{d}x} \quad \text{或} \quad \frac{\mathrm{d}y}{\mathrm{d}x}$$

有时也简单地记作 y'.

导函数常简称为导数.求导数的运算常称为求导法或微分法.

(1) 曲线切线的斜率就是曲线上点的纵坐标对横坐标的导数.设曲线的方程为 $y = f(x)$,它在点 $(x, f(x))$ 的切线的倾角为 α,则 $\tan\alpha = f'(x)$.

(2) 直线运动的速度就是路程对时间的导数.设 $s = f(t)$,则 $v = \frac{\mathrm{d}s}{\mathrm{d}t}$.

总而言之,函数的导数就是函数对自变量的变化率.下面根据导数定义求一些简单函数的导数.

【例1】 求函数 $f(x) = C$(C 为常数) 的导数.

解 $f'(x) = \lim\limits_{\Delta x \to 0} \dfrac{f(x_0 + \Delta x) - f(x_0)}{\Delta x} = \lim\limits_{\Delta x \to 0} \dfrac{C - C}{\Delta x} = 0$

即

$$(C)' = 0$$

也就是说,常数的导数等于零.

【例2】 求函数 $f(x) = x^n$ ($n \in \mathbf{N}^*$) 在 $x = a$ 处的导数.

解 $f'(a) = \lim\limits_{x \to a} \dfrac{f(x) - f(a)}{x - a} = \lim\limits_{x \to a} \dfrac{x^n - a^n}{x - a} =$
$\lim\limits_{x \to a}(x^{n-1} + ax^{n-2} + \cdots + a^{n-1}) = na^{n-1}$

把以上结果中的 a 换成 x 得

$$f'(x) = nx^{n-1}$$

即

$$(x^n)' = nx^{n-1}$$

这就是幂函数的导数公式.

【例3】 求函数 $f(x) = \sin x$ 的导数.

解 $f'(x) = \lim\limits_{\Delta x \to 0} \dfrac{f(x + \Delta x) - f(x)}{\Delta x} =$
$\lim\limits_{\Delta x \to 0} \dfrac{\sin(x + \Delta x) - \sin x}{\Delta x} =$
$\lim\limits_{\Delta x \to 0} \dfrac{1}{\Delta x} \cdot 2\cos\left(x + \dfrac{\Delta x}{2}\right)\sin\dfrac{\Delta x}{2} =$
$\lim\limits_{\Delta x \to 0}\cos\left(x + \dfrac{\Delta x}{2}\right) \cdot \dfrac{\sin\dfrac{\Delta x}{2}}{\dfrac{\Delta x}{2}} = \cos x$

即
$$(\sin x)' = \cos x$$

这就是说,正弦函数的导数是余弦函数.

用类似的方法,可求得
$$(\cos x)' = -\sin x$$

这就是说,余弦函数的导数是负的正弦函数.

【例4】 求函数 $f(x) = a^x (a > 0, a \neq 1)$ 的导数.

解 $f'(x_0) = \lim\limits_{\Delta x \to 0} \dfrac{f(x_0 + \Delta x) - f(x_0)}{\Delta x} = \lim\limits_{\Delta x \to 0} \dfrac{a^{x_0 + \Delta x} - a^{x_0}}{\Delta x} = a^{x_0} \lim\limits_{\Delta x \to 0} \dfrac{a^{\Delta x} - 1}{\Delta x}$

令 $a^{\Delta x} - 1 = t$,则 $\Delta x = \log_a(1 + t)$. 当 $\Delta x \to 0$ 时, $t \to 0$,于是
$$\lim\limits_{\Delta x \to 0} \dfrac{a^{\Delta x} - 1}{\Delta x} = \lim\limits_{t \to 0} \dfrac{t}{\log_a(1 + t)} = \ln a$$
$$f'(x) = a^{x_0} \ln a$$

即
$$(a^x)' = a^x \ln a$$

这就是指数函数的导数公式.特殊地,当 $a = e$ 时,因 $\ln e = 1$,故有
$$(e^x)' = e^x$$

【例5】 求函数 $f(x) = \log_a x (a > 0, a \neq 1)$ 的导数.

解 $f'(x) = \lim\limits_{\Delta x \to 0} \dfrac{f(x + \Delta x) - f(x)}{\Delta x} = \lim\limits_{\Delta x \to 0} \dfrac{\log_a(x + \Delta x) - \log_a x}{\Delta x} =$

$\lim\limits_{\Delta x \to 0} \dfrac{1}{\Delta x} \log_a \dfrac{x + \Delta x}{x} = \lim\limits_{\Delta x \to 0} \dfrac{1}{x} \dfrac{x}{\Delta x} \log_a \left(1 + \dfrac{\Delta x}{x}\right) =$

$\dfrac{1}{x} \lim\limits_{\Delta x \to 0} \dfrac{\log_a \left(1 + \dfrac{\Delta x}{x}\right)}{\dfrac{\Delta x}{x}} = \dfrac{1}{x} \lim\limits_{\Delta x \to 0} \dfrac{\ln\left(1 + \dfrac{\Delta x}{x}\right)}{\dfrac{\Delta x}{x} \ln a} = \dfrac{1}{x \ln a}$

【例6】 求函数 $f(x) = |x|$ 在 $x = 0$ 处的导数.

解 $\lim\limits_{h \to 0} \dfrac{f(0 + h) - f(0)}{h} = \lim\limits_{h \to 0} \dfrac{|h| - 0}{h} = \lim\limits_{h \to 0} \dfrac{|h|}{h}$

当 $h < 0$ 时, $\dfrac{|h|}{h} = -1$,故 $\lim\limits_{h \to 0^-} \dfrac{|h|}{h} = -1$;当 $h > 0$ 时, $\dfrac{|h|}{h} = 1$,故 $\lim\limits_{h \to 0^+} \dfrac{|h|}{h} = 1$.所以, $\lim\limits_{h \to 0} \dfrac{f(0 + h) - f(0)}{h}$ 不存在,即函数 $f(x) = |x|$ 在 $x = 0$ 处不可导.

对于给出的函数 $y = f(x)$,用定义求导时,其一般步骤如下:

(1) 作出函数的增量 $\Delta y = f(x + \Delta x) - f(x)$;

(2) 作出函数的增量与自变量增量之比
$$\dfrac{\Delta y}{\Delta x} = \dfrac{f(x + \Delta x) - f(x)}{\Delta x}$$

(3) 求出当 $\Delta x \to 0$ 时 $\dfrac{\Delta y}{\Delta x}$ 的极限.

$f(x)$ 在点 x_0 处可导的充分必要条件是左、右极限

$$\lim_{\Delta x \to 0^-} \frac{f(x_0 + \Delta x) - f(x_0)}{\Delta x}, \quad \lim_{\Delta x \to 0^+} \frac{f(x_0 + \Delta x) - f(x_0)}{\Delta x}$$

都存在且相等,两个极限分别为函数 $f(x)$ 在点 x_0 处的左导数和右导数,记作

$$f_-'(x_0) = \lim_{\Delta x \to 0^-} \frac{f(x_0 + \Delta x) - f(x_0)}{\Delta x}$$

$$f_+'(x_0) = \lim_{\Delta x \to 0^+} \frac{f(x_0 + \Delta x) - f(x_0)}{\Delta x}$$

现在可以说,函数 $f(x)$ 在点 x_0 处可导的充分必要条件是左导数 $f_-'(x_0)$ 和右导数 $f_+'(x_0)$ 都存在且相等.

如果函数 $f(x)$ 在开区间 (a,b) 可导,且 $f_+'(a)$ 及 $f_-'(b)$ 都存在且相等,就可以说 $f(x)$ 在闭区间 $[a,b]$ 上可导.

2.1.3 导数的几何意义

函数 $y = f(x)$ 在点 x_0 处的导数 $f'(x_0)$ 在几何上表示曲线 $y = f(x)$ 在点 $M(x_0, f(x_0))$ 处的切线的斜率(图 2.2),即

$$f'(x_0) = \tan \alpha$$

式中, α 是切线的倾斜角.

如果 $y = f(x)$ 在点 x_0 处的导数为无穷大,这时曲线 $y = f(x)$ 的割线以垂直于 x 轴的直线 $x = x_0$ 为极限位置,即曲线 $y = f(x)$ 在点 $M(x_0, f(x_0))$ 处具有垂直于 x 轴的切线 $x = x_0$.

根据导数的几何意义并应用直线的点斜式方程,可知曲线 $y = f(x)$ 在点 $M(x_0, y_0)$ 处的切线方程为

$$y - y_0 = f'(x_0)(x - x_0)$$

过切点 $M(x_0, y_0)$ 且与切线垂直的直线叫做曲线 $y = f(x)$ 在点 M 处的法线. 如果 $f'(x_0) \neq 0$,法线的斜率为 $-\dfrac{1}{f'(x_0)}$,从而法线方程为

$$y - y_0 = -\frac{1}{f'(x_0)}(x - x_0)$$

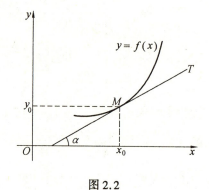

图 2.2

【例 7】 求等轴双曲线 $y = \dfrac{1}{x}$ 在点 $M\left(2, \dfrac{1}{2}\right)$ 处的切线与法线方程.

解

$$y' = -\frac{1}{x^2}$$

把 $x = 2$ 代入上式,有

$$y'|_{x=2} = -\frac{1}{2^2} = -\frac{1}{4}$$

这就是等轴双曲线 $y = \dfrac{1}{x}$ 在点 M 处的切线的斜率. 于是切线方程为

即
$$y - \frac{1}{2} = -\frac{1}{4}(x - 2)$$

$$x + 4y - 4 = 0$$

法线方程为
$$y - \frac{1}{2} = -\frac{1}{-\frac{1}{4}}(x - 2)$$

即
$$8x - 2y - 15 = 0$$

【例8】 求曲线 $y = x^{\frac{3}{2}}$ 通过点 $(0, -4)$ 的切线方程.

解 设切点为 (x_0, y_0),则切线的斜率为
$$f'(x_0) = \frac{3}{2}\sqrt{x}\bigg|_{x=x_0} = \frac{3}{2}\sqrt{x_0}$$

于是所求切线方程可设为
$$y - y_0 = \frac{3}{2}\sqrt{x_0}(x - x_0) \tag{1}$$

因为切点 (x_0, y_0) 在曲线 $y = x^{\frac{3}{2}}$ 上,故有
$$y_0 = x_0^{\frac{3}{2}} \tag{2}$$

又因为切线通过点 $(0, -4)$,故有
$$-4 - y_0 = \frac{3}{2}\sqrt{x_0}(0 - x_0) \tag{3}$$

求得式(2)、(3)组成的方程组的解为 $x_0 = 4, y_0 = 8$,代入式(1)并化简,即得所求切线方程为
$$3x - y - 4 = 0$$

2.1.4 函数可导性与连续性的关系

如果函数 $y = f(x)$ 在 x 处有导数,即
$$\lim_{\Delta x \to 0} \frac{\Delta y}{\Delta x} = f'(x)$$

根据具有极限的函数与无穷小量的关系,上式变为
$$\frac{\Delta y}{\Delta x} = f'(x) + \alpha$$

式中,α 是当 $\Delta x \to 0$ 时的无穷小量.将上式变形,有
$$\Delta y = f'(x)\Delta x + \alpha \Delta x$$

当 $\Delta x \to 0$ 时,$\Delta y \to 0$,即表明 $y = f(x)$ 在 x 处连续.于是可得:如果函数 $y = f(x)$ 在 x 处有导数,则函数在 x 处连续.

反之,函数在某点处连续,却不一定在该点有导数.例如,函数 $y = |x|$,即

$$y = \begin{cases} x, & x \geq 0 \\ -x, & x < 0 \end{cases}$$

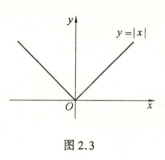

图 2.3

在 $x = 0$ 处连续(图 2.3),但是

$$\lim_{\Delta x \to 0^+} \frac{\Delta y}{\Delta x} = \lim_{\Delta x \to 0^+} \frac{|\Delta x|}{\Delta x} = \lim_{\Delta x \to 0} \frac{\Delta x}{\Delta x} = 1$$

$$\lim_{\Delta x \to 0^-} \frac{\Delta y}{\Delta x} = \lim_{\Delta x \to 0^-} \frac{|\Delta x|}{\Delta x} = \lim_{\Delta x \to 0} \frac{-\Delta x}{\Delta x} = -1$$

它表明当 $\Delta x \to 0$ 时,$\frac{\Delta y}{\Delta x}$ 的极限不存在,即 $y = |x|$ 在 $x = 0$ 处没有导数.

上述讨论表明,函数连续是函数有导数的必要条件,但不是充分条件.

2.2 导数的基本公式与运算法则

2.2.1 函数的四则运算法则

【定理 2.1】 如果函数 $u = u(x)$ 及 $v = v(x)$ 都在点 x 处具有导数,那么它们的和、差、积、商(除分母为零的点外)都在点 x 具有导数,且

(1) $[u(x) \pm v(x)]' = u'(x) \pm v'(x)$;

(2) $[u(x)v(x)]' = u'(x)v(x) + u(x)v'(x)$;

(3) $\left[\dfrac{u(x)}{v(x)}\right]' = \dfrac{u'(x)v(x) - u(x)v'(x)}{v^2(x)}, v(x) \neq 0$.

证明 (1) $[u(x) \pm v(x)]' = \lim\limits_{\Delta x \to 0} \dfrac{[u(x+\Delta x) \pm v(x+\Delta x)] - [u(x) \pm v(x)]}{\Delta x} =$

$\lim\limits_{\Delta x \to 0} \dfrac{u(x+\Delta x) - u(x)}{\Delta x} \pm \lim\limits_{\Delta x \to 0} \dfrac{v(x+\Delta x) - v(x)}{\Delta x} =$

$u'(x) \pm v'(x)$

于是法则(1)获得证明.法则(1)可简单地表示为

$$(u \pm v)' = u' \pm v'$$

(2) $[u(x)v(x)]' = \lim\limits_{\Delta x \to 0} \dfrac{u(x+\Delta x)v(x+\Delta x) - u(x)v(x)}{\Delta x} =$

$\lim\limits_{\Delta x \to 0} \left[\dfrac{u(x+\Delta x) - u(x)}{\Delta x} v(x+\Delta x) + u(x) \dfrac{v(x+\Delta x) - v(x)}{\Delta x}\right] =$

$\lim\limits_{\Delta x \to 0} \dfrac{u(x+\Delta x) - u(x)}{\Delta x} \lim\limits_{\Delta x \to 0} v(x+\Delta x) +$

$u(x) \lim\limits_{\Delta x \to 0} \dfrac{v(x+\Delta x) - v(x)}{\Delta x} =$

$u'(x)v(x) + u(x)v'(x)$

其中 $\lim\limits_{\Delta x \to 0} v(x+\Delta x) = v(x)$ 是由于 $v'(x)$ 存在,故 $v(x)$ 在点 x 处连续.于是法则(2)获得证明.法则(2)可简单地表示为

$$(uv)' = u'v + uv'$$

(3) $\left[\dfrac{u(x)}{v(x)}\right]' = \lim\limits_{\Delta x \to 0} \dfrac{\dfrac{u(x+\Delta x)}{v(x+\Delta x)} - \dfrac{u(x)}{v(x)}}{\Delta x} =$

$\lim\limits_{\Delta x \to 0} \dfrac{u(x+\Delta x)v(x) - u(x)v(x+\Delta x)}{v(x+\Delta x)v(x)\Delta x} =$

$\lim\limits_{\Delta x \to 0} \dfrac{[u(x+\Delta x)-u(x)]v(x) - u(x)[v(x+\Delta x)-v(x)]}{v(x+\Delta x)v(x)\Delta x} =$

$\lim\limits_{\Delta x \to 0} \dfrac{\dfrac{u(x+\Delta x)-u(x)}{\Delta x}v(x) - u(x)\dfrac{v(x+\Delta x)-v(x)}{\Delta x}}{v(x+\Delta x)v(x)} =$

$\dfrac{u'(x)v(x) - u(x)v'(x)}{v^2(x)}$

于是法则(3)获得证明.法则(3)可简单地表示为

$$\left(\dfrac{u}{v}\right)' = \dfrac{u'v - uv'}{v^2}$$

定理 2.1 中的法则(1)、(2) 可推广到任意有限个可导函数的情形.例如,设 $u = u(x), v = v(x), w = w(x)$ 均可导,则有

$$(u+v+w)' = u' + v' + w'$$

$$(uvw)' = [(uv)w]' = (uv)'w + (uv)w' = (u'v + uv')w + uvw' = u'vw + uv'w + uvw'$$

在法则(2)中,当 $v(x) = C$(C 为常数)时,有

$$(Cu)' = Cu'$$

【例 9】 $f(x) = x^3 + 4\cos x - \sin\dfrac{\pi}{2}$,求 $f'(x)$.

解 $f'(x) = 3x^2 - 4\sin x$.

【例 10】 $y = \tan x$,求 y'.

解 $y' = (\tan x)' = \left(\dfrac{\sin x}{\cos x}\right)' = \dfrac{(\sin x)'\cos x - \sin x(\cos x)'}{\cos^2 x} =$

$\dfrac{\cos^2 x + \sin^2 x}{\cos^2 x} = \dfrac{1}{\cos^2 x} = \sec^2 x$

即

$$(\tan x)' = \sec^2 x$$

这就是正切函数的导数公式.

【例 11】 $y = \sec x$,求 y'.

解 $y' = (\sec x)' = \left(\dfrac{1}{\cos x}\right)' = \dfrac{1'\cos x - 1\cdot(\cos x)'}{\cos^2 x} =$

$\dfrac{\sin x}{\cos^2 x} = \sec x \tan x$

即

$$(\sec x)' = \sec x \tan x$$

这就是正割函数的导数公式.

用类似方法,还可求得余切函数及余割函数的导数公式

$$(\cot x)' = -\csc^2 x$$
$$(\csc x)' = -\csc x \cot x$$

2.2.2 反函数求导法则

【定理 2.2】 如果函数 $x = f(y)$ 在区间 I 内单调、可导,且 $f'(y) \neq 0$,则它的反函数 $y = f^{-1}(x)$ 在区间 $I_x = \{x \mid x = f(y), y \in I_y\}$ 内也可导,且

$$[f^{-1}(x)]' = \frac{1}{f'(y)} \quad \text{或} \quad \frac{\mathrm{d}y}{\mathrm{d}x} = \frac{1}{\frac{\mathrm{d}x}{\mathrm{d}y}}$$

证明从略.

【例 12】 设 $x = \sin y, y \in \left[-\frac{\pi}{2}, \frac{\pi}{2}\right]$ 为直接函数,则 $y = \arcsin x$ 是它的反函数,函数 $x = \sin y$ 在开区间 $I_y = \left(-\frac{\pi}{2}, \frac{\pi}{2}\right)$ 内单调、可导,且

$$(\sin y)' = \cos y > 0$$

因此,由定理 2.2 可知,在对应区间 $I_x = (-1, 1)$ 内有

$$(\arcsin x)' = \frac{1}{(\sin y)'} = \frac{1}{\cos y}$$

但 $\cos y = \sqrt{1 - \sin^2 y} = \sqrt{1 - x^2}$(因为当 $-\frac{\pi}{2} < y < \frac{\pi}{2}$ 时,$\cos y > 0$,所以根号前只取正号),从而得出反正弦函数的导数公式

$$(\arcsin x)' = \frac{1}{\sqrt{1 - x^2}}$$

用类似的方法可得出反余弦函数、反正切函数、反余切函数的导数公式,即

$$(\arccos x)' = -\frac{1}{\sqrt{1 - x^2}}$$

$$(\arctan x)' = \frac{1}{1 + x^2}$$

$$(\mathrm{arccot}\, x)' = -\frac{1}{1 + x^2}$$

2.2.3 复合函数的求导法则

【定理 2.3】 如果 $u = g(x)$ 在点 x 可导,而 $y = f(u)$ 在点 $u = g(x)$ 可导,则复合函数 $y = f[g(x)]$ 在点 x 处可导,其导数为

$$\frac{\mathrm{d}y}{\mathrm{d}x} = f'(u)g'(x) \quad \text{或} \quad \frac{\mathrm{d}y}{\mathrm{d}x} = \frac{\mathrm{d}y}{\mathrm{d}u}\frac{\mathrm{d}u}{\mathrm{d}x}$$

证明

$$\frac{\Delta y}{\Delta x} = \frac{\Delta y}{\Delta u}\frac{\Delta u}{\Delta x}$$

当 $\Delta x \to 0$,上式两边取极限,有

$$\lim_{\Delta x \to 0} \frac{\Delta y}{\Delta x} = \lim_{\Delta x \to 0} \left(\frac{\Delta y}{\Delta u} \frac{\Delta u}{\Delta x} \right)$$

按所给的条件:$u = \varphi(x)$ 在点 x 处有导数和 $y = f(u)$ 在相应点 $u = \varphi(x)$ 处有导数,有

$$\lim_{\Delta x \to 0} \frac{\Delta u}{\Delta x} = u'_x, \quad \lim_{\Delta u \to 0} \frac{\Delta y}{\Delta u} = y'_u$$

又根据可导函数必连续有,当 $\Delta x \to 0$ 时,$\Delta u \to 0$. 于是

$$y'_x = \lim_{\Delta x \to 0} \frac{\Delta y}{\Delta x} = \lim_{\Delta x \to 0} \left(\frac{\Delta y}{\Delta u} \frac{\Delta u}{\Delta x} \right) = \lim_{\Delta u \to 0} \frac{\Delta y}{\Delta u} \lim_{\Delta x \to 0} \frac{\Delta u}{\Delta x} = y'_u u'_x$$

对复合函数的分解比较熟练后,就不必再写出中间变量,并且可以采用下列例题的方式来计算.

【例 13】 $y = \ln \sin x$,求 $\dfrac{\mathrm{d}y}{\mathrm{d}x}$.

解 $\dfrac{\mathrm{d}y}{\mathrm{d}x} = (\ln \sin x)' = \dfrac{1}{\sin x}(\sin x)' = \dfrac{\cos x}{\sin x} = \cot x.$

复合函数的求导法则可以推广到多个中间变量的情形. 现以两个中间变量为例,设 $y = f(u), u = \varphi(v), v = \psi(x)$,则

$$\frac{\mathrm{d}y}{\mathrm{d}x} = \frac{\mathrm{d}y}{\mathrm{d}u} \frac{\mathrm{d}u}{\mathrm{d}x}$$

而

$$\frac{\mathrm{d}u}{\mathrm{d}x} = \frac{\mathrm{d}u}{\mathrm{d}v} \frac{\mathrm{d}v}{\mathrm{d}x}$$

故复合函数 $y = f\{\varphi[\psi(x)]\}$ 的导数为

$$\frac{\mathrm{d}y}{\mathrm{d}x} = \frac{\mathrm{d}y}{\mathrm{d}u} \frac{\mathrm{d}u}{\mathrm{d}v} \frac{\mathrm{d}v}{\mathrm{d}x}$$

当然,这里假定上式右端所出现的导数在相应处都存在.

【例 14】 $y = \ln \cos \mathrm{e}^x$,求 $\dfrac{\mathrm{d}y}{\mathrm{d}x}$.

解 所给函数可分解为 $y = \ln u, u = \cos v, v = \mathrm{e}^x$. 因为 $\dfrac{\mathrm{d}y}{\mathrm{d}u} = \dfrac{1}{u}, \dfrac{\mathrm{d}u}{\mathrm{d}v} = -\sin v$,$\dfrac{\mathrm{d}v}{\mathrm{d}x} = \mathrm{e}^x$,故

$$\frac{\mathrm{d}y}{\mathrm{d}x} = \frac{1}{u}(-\sin v)\mathrm{e}^x = -\frac{\sin \mathrm{e}^x}{\cos \mathrm{e}^x}\mathrm{e}^x = -\mathrm{e}^x \tan \mathrm{e}^x$$

不写出中间变量,此例可写成

$$\frac{\mathrm{d}y}{\mathrm{d}x} = [\ln \cos \mathrm{e}^x]' = \frac{1}{\cos \mathrm{e}^x}(\cos \mathrm{e}^x)' = \frac{-\sin \mathrm{e}^x}{\cos \mathrm{e}^x}(\mathrm{e}^x)' = -\mathrm{e}^x \tan \mathrm{e}^x$$

【例 15】 $y = \mathrm{e}^{\sin\frac{1}{x}}$,求 y'.

解 $y' = (\mathrm{e}^{\sin\frac{1}{x}})' = \mathrm{e}^{\sin\frac{1}{x}}\left(\sin\dfrac{1}{x}\right)' = \mathrm{e}^{\sin\frac{1}{x}}\cos\dfrac{1}{x}\left(\dfrac{1}{x}\right)' = -\dfrac{1}{x^2}\mathrm{e}^{\sin\frac{1}{x}}\cos\dfrac{1}{x}.$

常数和基本初等函数的导数公式如下:

(1) $(C)' = 0$;   (2) $(x^\mu)' = \mu x^{\mu-1}$;

(3) $(\sin x)' = \cos x$;   (4) $(\cos x)' = -\sin x$;

(5) $(\tan x)' = \sec^2 x$;   (6) $(\cot x)' = -\csc^2 x$;
(7) $(\sec x)' = \sec x \tan x$;   (8) $(\csc x)' = -\csc x \cot x$;
(9) $(a^x)' = a^x \ln a$;   (10) $(e^x)' = e^x$;
(11) $(\log_a x)' = \dfrac{1}{x \ln a}$;   (12) $(\ln x)' = \dfrac{1}{x}$;
(13) $(\arcsin x)' = \dfrac{1}{\sqrt{1-x^2}}$;   (14) $(\arccos x)' = -\dfrac{1}{\sqrt{1-x^2}}$;
(15) $(\arctan x)' = \dfrac{1}{1+x^2}$;   (16) $(\mathrm{arccot}\, x)' = -\dfrac{1}{1+x^2}$.

2.3 隐函数的导数及由参数方程所确定的函数的导数

2.3.1 隐函数的导数

函数 $y = f(x)$ 表示两个变量 y 与 x 之间的对应关系,这种对应关系可以用各种不同方式表达. 前面遇到的函数,如 $y = \sin x, y = \ln x + \sqrt{1-x^2}$ 等,这种函数叫做显函数.

有些函数的表达方式却不是这样. 例如,方程
$$x + y^3 - 1 = 0$$
表示一个函数,因为当变量 x 在 $(-\infty, +\infty)$ 内取值时,变量 y 有确定的值与之对应,例如,当 $x = 0$ 时, $y = 1$;当 $x = -1$ 时, $y = \sqrt[3]{2}$,等等,这样的函数称为隐函数.

一般的,如果变量 x 和 y 满足一个方程 $F(x, y) = 0$,在一定条件下,当 x 取某区间内的任一值时,相应的总有满足这个方程的唯一的 y 值存在,那么就说方程 $F(x, y) = 0$ 在该区间内确定了一个隐函数.

下面通过具体的例子来说明隐函数求导的方法.

【例 16】 求由方程 $e^y + xy - e = 0$ 所确定的隐函数的导数.

解 方程两边分别对 x 求导数. 方程 $y = y(x)$ 左边对 x 求导得
$$\frac{d}{dx}(e^y + xy - e) = e^y \frac{dy}{dx} + y + x \frac{dy}{dx}$$
方程右边对 x 求导得
$$(0)' = 0$$
由于等式两边对 x 的导数相等,所以
$$e^y \frac{dy}{dx} + y + x \frac{dy}{dx} = 0$$
从而
$$\frac{dy}{dx} = -\frac{y}{x + e^y}, \quad x + e^y \neq 0$$
在这个结果中,分式中的 $y = y(x)$ 是由方程 $e^y + xy - e = 0$ 所确定的隐函数.

【例 17】 求由方程 $y^5 + 2y - x - 3x^7 = 0$ 所确定的隐函数在 $x = 0$ 处的导数 $\left.\dfrac{dy}{dx}\right|_{x=0}$.

解 把方程两边分别对 x 求导,由于方程两边的导数相等,所以

$$5y^4 \frac{\mathrm{d}y}{\mathrm{d}x} + 2\frac{\mathrm{d}y}{\mathrm{d}x} - 1 - 21x^6 = 0$$

由此得

$$\frac{\mathrm{d}y}{\mathrm{d}x} = \frac{1 + 21x^6}{5y^4 + 2}$$

因为当 $x = 0$ 时,从原方程得 $y = 0$,所以

$$\left.\frac{\mathrm{d}y}{\mathrm{d}x}\right|_{x=0} = \frac{1}{2}$$

在某些场合,利用所谓对数求导法求导数比用通常的方法简便些. 这种方法是先在 $y = f(x)$ 的两边取对数,然后再求出 y 的导数. 通过下面的例子来说明这种方法.

【例 18】 求 $y = x^{\sin x}(x > 0)$ 的导数.

解 这个函数是幂指函数,为了求这个函数的导数,可以先在两边取对数,得

$$\ln y = \sin x \ln x$$

上式两边对 x 求导,注意到 $y = y(x)$,得

$$\frac{1}{y}y' = \cos x \ln x + \frac{1}{x}\sin x$$

于是

$$y' = y\left(\cos x \ln x + \frac{\sin x}{x}\right) = x^{\sin x}\left(\cos x \ln x + \frac{\sin x}{x}\right)$$

【例 19】 求 $y = \sqrt{\frac{(x-1)(x-2)}{(x-3)(x-4)}}$ 的导数.

解 先在两边取对数(假定 $x > 4$),得

$$\ln y = \frac{1}{2}[\ln(x-1) + \ln(x-2) - \ln(x-3) - \ln(x-4)]$$

上式两边对 x 求导,注意到 $y = y(x)$,得

$$\frac{1}{y}y' = \frac{1}{2}\left(\frac{1}{x-1} + \frac{1}{x-2} - \frac{1}{x-3} - \frac{1}{x-4}\right)$$

于是

$$y' = \frac{y}{2}\left(\frac{1}{x-1} + \frac{1}{x-2} - \frac{1}{x-3} - \frac{1}{x-4}\right) =$$

$$\frac{1}{2}\sqrt{\frac{(x-1)(x-2)}{(x-3)(x-4)}}\left(\frac{1}{x-1} + \frac{1}{x-2} - \frac{1}{x-3} - \frac{1}{x-4}\right)$$

【例 20】 设密闭容器中盛有气体或液体,它的(绝对)温度为 T,体积为 V,所受的压强为 p,则有如下的范德瓦耳斯(Vander Waals)方程

$$\left(p + \frac{a}{V^2}\right)(V - b) = RT$$

式中,a, b, R 都是常数. 现在假定温度 T 固定,求 V 对于 p 的变化率 $\frac{\mathrm{d}V}{\mathrm{d}p}$.

解 如果要求 V 关于 p 的显式,需要解三次方程,这是较麻烦的. 现在用隐函数求导法,将已给方程两边对 p 求导得

$$\left(1 - \frac{2a}{V^3}\frac{\mathrm{d}V}{\mathrm{d}p}\right)(V-b) + \left(p + \frac{a}{V^2}\right)\frac{\mathrm{d}V}{\mathrm{d}p} = 0$$

解出 $\frac{\mathrm{d}V}{\mathrm{d}p}$ 得

$$\frac{\mathrm{d}V}{\mathrm{d}p} = \frac{V-b}{\frac{a}{V^2} - \frac{2ab}{V^3} - p} = \frac{V^3(V-b)}{aV - 2ab - pV^3}$$

2.3.2 由参数方程所确定的函数的导数

变量 x 和 y 之间的关系也可能由参数方程给出,也要像隐函数求导那样,但不是先把 y 化为 x 的显函数,而是直接从参数方程求出 y 对 x 的导数.

给出参数方程

$$\begin{cases} x = \varphi(t) \\ y = \psi(t) \end{cases} \quad (t \text{ 为参数})$$

假定这两个函数都可导,并且 $x = \varphi(t)$ 的导数不等于零.在这样的假定下,反函数 $t = g(x)$ 存在并且也具有导数.于是由参数方程所定义的函数可以把 y 看做是 x 的复合函数

$$y = \psi(t), \quad t = g(x)$$

其中 t 为中间变量.由复合函数的求导公式得

$$y' = \frac{\mathrm{d}y}{\mathrm{d}x} = \frac{\mathrm{d}y}{\mathrm{d}t}\frac{\mathrm{d}t}{\mathrm{d}x} = \psi'(t)g'(x)$$

再从反函数的求导公式得

$$g'(x) = \frac{\mathrm{d}t}{\mathrm{d}x} = \frac{1}{\frac{\mathrm{d}x}{\mathrm{d}t}} = \frac{1}{\varphi'(t)}$$

由此可得

$$y' = \frac{\psi'(t)}{\varphi'(t)}$$

这个公式也可写作

$$\frac{\mathrm{d}y}{\mathrm{d}x} = \frac{\frac{\mathrm{d}y}{\mathrm{d}t}}{\frac{\mathrm{d}x}{\mathrm{d}t}}$$

【例 21】 求摆线方程 $\begin{cases} x = a(t - \sin t) \\ y = a(1 - \cos t) \end{cases}$ 在任意点 $t(0 \leq t \leq 2\pi)$ 的导数 $\frac{\mathrm{d}y}{\mathrm{d}x}$.

解 对所给参数方程求导得

$$x'_t = a(1 - \cos t), \quad y'_t = a\sin t$$

故得

$$\frac{\mathrm{d}y}{\mathrm{d}x} = \frac{y'_t}{x'_t} = \frac{\sin t}{1 - \cos t}$$

2.4 高阶导数

由于变速直线运动的速度 $v(t)$ 是位移函数 $s(t)$ 对时间 t 的导数,即

$$v = \frac{ds}{dt} \quad \text{或} \quad v = s'$$

而加速度 a 又是速度 v 对时间 t 的变化率,即速度 v 对时间 t 的导数

$$a = \frac{dv}{dt} = \frac{d}{dt}\left(\frac{ds}{dt}\right) \quad \text{或} \quad a = (s')'$$

这种导数的导数 $\frac{d}{dt}\left(\frac{ds}{dt}\right)$ 或 $(s')'$ 叫做 s 对 t 的二阶导数,记作

$$\frac{d^2 s}{dt^2} \quad \text{或} \quad s''(t)$$

所以,直线运动的加速度就是位移函数 s 对时间 t 的二阶导数.

一般的,函数 $y = f(x)$ 的导数 $y' = f'(x)$ 仍然是 x 的函数,把 $y' = f'(x)$ 的导数叫做函数 $y = f(x)$ 的二阶导数,记作 y'' 或 $\frac{d^2 y}{dx^2}$,即

$$y'' = (y')' \quad \text{或} \quad \frac{d^2 y}{dx^2} = \frac{d}{dx}\left(\frac{dy}{dx}\right)$$

相应的,把 $y = f(x)$ 的导数 $f'(x)$ 叫做函数 $y = f(x)$ 的一阶导数.

类似地,二阶导数的导数,叫做三阶导数;三阶导数的导数叫做四阶导数 …… 一般地,$(n-1)$ 阶导数的导数叫做 n 阶导数,分别记作

$$y''', y^{(4)}, \cdots, y^{(n)}$$

或

$$\frac{d^3 y}{dx^3}, \frac{d^4 y}{dx^4}, \cdots, \frac{d^n y}{dx^n}$$

函数 $y = f(x)$ 具有 n 阶导数,也常说成函数 $f(x)$ 为 n 阶可导.如果函数 $f(x)$ 在点 x 处具有 n 阶导数,那么 $f(x)$ 在点 x 的某一邻域内必定具有一切低于 n 阶的导数.二阶及二阶以上的导数统称高阶导数.

由此可见,求高阶导数就是多次接连地求导数.所以,仍可应用前面学过的求导方法来计算高阶导数.

【例 22】 设 $y = ax + b$,求 y''.

解 $y' = a, y'' = 0$.

【例 23】 设 $s = \sin \omega t$,求 s''.

解 $s' = \omega \cos \omega t, s'' = -\omega^2 \sin \omega t$.

下面介绍几个初等函数的 n 阶导数.

【例 24】 求指数函数 $y = e^x$ 的 n 阶导数.

解 $y' = e^x, y'' = e^x, y''' = e^x, y^{(4)} = e^x$.

一般的,可得

$$y^{(m)} = e^x$$

即

$$(e^x)^{(n)} = e^x$$

【例 25】 求正弦与余弦函数的 n 阶导数.

解 $y = \sin x$

$$y' = \cos x = \sin\left(x + \frac{\pi}{2}\right)$$

$$y'' = \cos\left(x + \frac{\pi}{2}\right) = \sin\left(x + \frac{\pi}{2} + \frac{\pi}{2}\right) = \sin\left(x + 2 \cdot \frac{\pi}{2}\right)$$

$$y''' = \cos\left(x + 2 \cdot \frac{\pi}{2}\right) = \sin\left(x + 3 \cdot \frac{\pi}{2}\right)$$

$$y^{(4)} = \cos\left(x + 3 \cdot \frac{\pi}{2}\right) = \sin\left(x + 4 \cdot \frac{\pi}{2}\right)$$

一般的,可得

$$y^{(n)} = \sin\left(x + n \cdot \frac{\pi}{2}\right)$$

即

$$(\sin x)^{(n)} = \sin\left(x + n \cdot \frac{\pi}{2}\right)$$

用类似方法,可得

$$(\cos x)^{(n)} = \cos\left(x + n \cdot \frac{\pi}{2}\right)$$

【例 26】 求幂函数的 n 阶导数公式.

解 设 $y = x^\mu$(μ 是任意常数),那么

$$y' = \mu x^{\mu-1}$$

$$y'' = \mu(\mu - 1)x^{\mu-2}$$

$$y''' = \mu(\mu - 1)(\mu - 2)x^{\mu-3}$$

$$y^{(4)} = \mu(\mu - 1)(\mu - 2)(\mu - 3)x^{\mu-4}$$

一般的,可得

$$y^{(n)} = \mu(\mu - 1)(\mu - 2)\cdots(\mu - n + 1)x^{\mu-n}$$

即

$$(x^\mu)^{(n)} = \mu(\mu - 1)(\mu - 2)\cdots(\mu - n + 1)x^{\mu-n}$$

当 $\mu = n$ 时,得

$$(x^n)^{(n)} = n \cdot (n - 1) \cdot (n - 2) \cdots 3 \cdot 2 \cdot 1 = n!$$

而

$$(x^n)^{(n+1)} = 0$$

2.5 函数的微分

2.5.1 微分的定义

先分析一个具体问题. 一块正方形金属薄片受温度变化的影响,其边长由 x_0 变到 $x_0 + \Delta x$(图 2.4),问此薄片的面积改变了多少?

设此薄片的边长为 x,面积为 A,则 A 与 x 存在函数关系:$A = x^2$. 薄片受温度变化的影响时面积的改变量,可以看成是当自变量 x 自 x_0 取得增量 Δx 时,函数 $A = x^2$ 相应的增量 ΔA,即

$$\Delta A = (x_0 + \Delta x)^2 - x_0^2 = 2x_0\Delta x + (\Delta x)^2$$

从上式可以看出,ΔA 分成两部分,第一部分 $2x_0\Delta x$ 是 Δx 的线性函数,即图 2.4 中带有斜线的两个矩形面积之和,而第二部分 $(\Delta x)^2$ 在图 2.4 中是带有交叉斜线的小正方形的面积,当 $\Delta x \to 0$ 时,第二部分 $(\Delta x)^2$ 是比 Δx 高阶的无穷小,即 $(\Delta x)^2 = o(\Delta x)$. 由此可见,如果边长改变很微小,即 $|\Delta x|$ 很小时,面积的改变量 ΔA 可近似地用第一部分来代替.

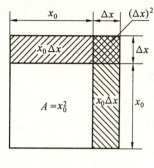

图 2.4

一般的,如果函数 $y = f(x)$ 满足一定条件,则函数的增量 Δy 可表示为

$$\Delta y = A\Delta x + o(\Delta x)$$

其中 A 是不依赖于 Δx 的常数,因此 $A\Delta x$ 是 Δx 的线性函数,且它与 Δy 之差

$$\Delta y - A\Delta x = o(\Delta x)$$

是比 Δx 高阶的无穷小,所以,当 $A \neq 0$,且 $|\Delta x|$ 很小时,就可以近似地用 $A\Delta x$ 来代替 Δy.

【**定义** 2.2】 设函数 $y = f(x)$ 在某区间内有定义,x_0 及 $x_0 + \Delta x$ 在这区间内,如果函数的增量

$$\Delta y = f(x_0 + \Delta x) - f(x_0)$$

可表示为

$$\Delta y = A\Delta x + o(\Delta x) \tag{2.3}$$

其中 A 是不依赖于 Δx 的常数,那么称函数 $y = f(x)$ 在点 x_0 是可微的,而 $A\Delta x$ 叫做函数 $y = f(x)$ 在点 x_0 相对于自变量增量 Δx 的微分,记作 $\mathrm{d}y$,即

$$\mathrm{d}y = A\Delta x$$

下面讨论函数可微的条件. 设函数 $y = f(x)$ 在点 x_0 可微,则按定义有式(2.3)成立,式(2.3)两边都除以 Δx,得

$$\frac{\Delta y}{\Delta x} = A + \frac{o(\Delta x)}{\Delta x}$$

于是,当 $\Delta x \to 0$ 时,上式得

$$\lim_{\Delta x \to 0} \frac{\Delta y}{\Delta x} = A = f'(x_0)$$

因此,如果函数 $f(x)$ 在点 x_0 可微,则 $f(x)$ 在点 x_0 也一定可导(即 $f'(x_0)$ 存在),且 $A = f'(x_0)$.

反之,如果 $y = f(x)$ 在点 x_0 可导,即

$$\lim_{\Delta x \to 0} \frac{\Delta y}{\Delta x} = f'(x_0)$$

存在,根据极限与无穷小的关系,上式可写成

$$\frac{\Delta y}{\Delta x} = f'(x_0) + \alpha$$

其中 $\alpha \to 0$(当 $\Delta x \to 0$).由此又有

$$\Delta y = f'(x_0)\Delta x + \alpha\Delta x$$

因为 $\alpha\Delta x = o(\Delta x)$,且 $f'(x_0)$ 不依赖于 Δx,故上式相当于式(2.3),所以 $f(x)$ 在点 x_0 也是可微的.

由此可见,函数 $f(x)$ 在点 x_0 可微的充分必要条件是:函数 $f(x)$ 在点 x_0 可导,且当 $f(x)$ 在点 x_0 可微时,其微分一定是

$$dy = f'(x_0)\Delta x$$

当 $f'(x_0) \neq 0$ 时,有

$$\lim_{\Delta x \to 0} \frac{\Delta y}{dy} = \lim_{\Delta x \to 0} \frac{\Delta y}{f'(x_0)\Delta x} = \frac{1}{f'(x_0)} \lim_{\Delta x \to 0} \frac{\Delta y}{\Delta x} = 1$$

从而,当 $\Delta x \to 0$ 时,Δy 与 dy 是等价无穷小,这时有

$$\frac{\Delta y}{dy} = 1 + \alpha$$

$$\Delta y = dy + o(dy)$$

即 dy 是 Δy 的主部,又由于 $dy = f'(x_0)\Delta x$ 是 Δx 的线性函数,所以在 $f'(x_0) \neq 0$ 的条件下,dy 是 Δy 的线性主部(当 $\Delta x \to 0$).于是得到结论:在 $f'(x_0) \neq 0$ 的条件下,以微分 $dy = f'(x_0)\Delta x$ 近似代替增量 $\Delta y = f(x_0 + \Delta x) - f(x_0)$ 时,其误差为 $o(dy)$.因此,在 $|\Delta x|$ 很小时,有近似等式

$$\Delta y \approx dy$$

通常把自变量 x 的增量 Δx 称为自变量的微分,记作 dx,即

$$dx = \Delta x$$

于是函数 $y = f(x)$ 的微分又可记作

$$dy = f'(x)dx$$

从而有

$$\frac{dy}{dx} = f'(x)$$

这就是说,函数的微分 dy 与自变量的微分 dx 之商等于该函数的导数.因此,导数也叫做"微商".

2.5.2 微分的几何意义

像导数一样,微分也有简单的几何意义.取曲线 $y = f(x)$ 上的点 $M(x,y)$ 和它邻近的点 $M'(x + \Delta x, y + \Delta y)$,过 M 和 M' 作平行于 y 轴的直线分别交 x 轴于 P 和 P',再作过点 M 的切线 MT 以及平行于 x 轴的直线,它们分别交 $M'P'$ 于点 T 和点 Q,故 MT 的倾角为 α(图 2.5).因为

$$\Delta x = PP' = MQ$$

所以

$$dy = f'(x)\Delta x = MQ\tan\alpha = QT$$
由此可见,函数 $y = f(x)$ 在点 x 的微分就是曲线 $y = f(x)$ 在对应点 $M(x,y)$ 在自变量取得增量 Δx 时的切线上的纵坐标的增量. 又因为
$$\Delta y = QM' = QT + TM' = dy + TM'$$
即
$$\Delta y - dy = TM'$$
因此有向线段 TM' 的值是比 Δx 更高阶的无穷小. 当 Δx 趋于零时,它比 Δx 更快地趋于零,这在图 2.5 上能明显地反映出来.

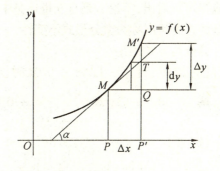

图 2.5

2.5.3 基本微分表和微分运算法则

根据可导和可微的等价性,由基本导数表立即可以得出基本微分表.

(1) $dx^\mu = \mu x^{\mu-1}dx$;

(2) $d(\log_a x) = \dfrac{1}{x\ln a}dx$; $d(\ln x) = \dfrac{1}{x}dx$;

(3) $d(a^x) = a^x\ln a\, dx$; $d(e^x) = e^x dx$;

(4) $d(\sin x) = \cos x\, dx$;

(5) $d(\cos x) = -\sin x\, dx$;

(6) $d(\tan x) = \sec^2 x\, dx$;

(7) $d(\cot x) = -\csc^2 x\, dx$;

(8) $d(\sec x) = \sec x\tan x\, dx$;

(9) $d(\csc x) = -\csc x\cot x\, dx$;

(10) $d(\arcsin x) = \dfrac{1}{\sqrt{1-x^2}}dx$;

(11) $d(\arccos x) = -\dfrac{1}{\sqrt{1-x^2}}dx$;

(12) $d(\arctan x) = \dfrac{1}{1+x^2}dx$;

(13) $d(\text{arccot}\, x) = -\dfrac{1}{1+x^2}dx$.

关于微分的运算法则,有
$$d[u(x) \pm v(x)] = u'(x)dx \pm v'(x)dx$$
即
$$d(u \pm v) = du \pm dv$$
同理可得
$$d(uv) = u\,dv + v\,du$$
以及
$$d\left(\frac{u}{v}\right) = \frac{v\,du - u\,dv}{v^2}$$
关于复合函数的微分,若设 $y = f(u), u = \varphi(x)$,则
$$dy = \frac{dy}{dx}dx = \frac{dy}{du}\frac{du}{dx}dx = f'(u)\varphi'(x)dx$$
但是由于 $du = \varphi'(x)dx$,故得
$$dy = f'(u)du$$

从这里可以看出,不论 u 是自变量还是中间变量,函数 $y = f(u)$ 的微分总保持同一形式. 微分的这种情况称为微分形式不变性.

微分运算举例.

【例 27】 当 $x = 1, \Delta x = 0.01$ 时,求函数 $y = x^3$ 的微分.

解 $dy = (3x^2 \Delta x)\Big|_{\substack{x=1 \\ \Delta x = 0.01}} = 0.03.$

【例 28】 设 $y = \dfrac{\ln x}{x}$,求 dy.

解 $dy = \left(\dfrac{\ln x}{x}\right)' dx = \dfrac{1 - \ln x}{x^2} dx.$

【例 29】 设 $y = \ln \sin \sqrt{x}$,求 dy.

解 由于 $(\ln \sin \sqrt{x})' = \dfrac{\cos \sqrt{x}}{\sin \sqrt{x}} \dfrac{1}{2\sqrt{x}} = \dfrac{\cot \sqrt{x}}{2\sqrt{x}}$,故

$$dy = \dfrac{\cot \sqrt{x}}{2\sqrt{x}} dx$$

这里如果运用微分形式不变性,则运算过程就更清晰,即

$$dy = \dfrac{1}{\sin \sqrt{x}} d(\sin \sqrt{x}) = \dfrac{1}{\sin \sqrt{x}} \cos \sqrt{x} d\sqrt{x} =$$

$$\dfrac{\cos \sqrt{x}}{\sin \sqrt{x}} \dfrac{1}{2\sqrt{x}} dx = \dfrac{\cot \sqrt{x}}{2\sqrt{x}} dx$$

【例 30】 $y = \sin(2x + 1)$,求 dy.

解 把 $2x + 1$ 看成中间变量 u,则

$$dy = d(\sin u) = \cos u du = \cos(2x + 1) d(2x + 1) =$$
$$2\cos(2x + 1) dx$$

在求复合函数的导数时,可以不写出中间变量.在求复合函数的微分时,类似地也可不写出中间变量.下面用这种方法来求函数的微分.

【例 31】 $y = \ln(1 + e^{x^2})$,求 dy.

解 $dy = d\ln(1 + e^{x^2}) = \dfrac{1}{1 + e^{x^2}} d(1 + e^{x^2}) = \dfrac{1}{1 + e^{x^2}} e^{x^2} d(x^2) =$

$$\dfrac{e^{x^2}}{1 + e^{x^2}} 2x dx = \dfrac{2x e^{x^2}}{1 + e^{x^2}} dx$$

【例 32】 $y = e^{1-3x} \cos x$,求 dy.

解 应用乘积的微分法则,得

$$dy = d(e^{1-3x} \cos x) = \cos x d(e^{1-3x}) + e^{1-3x} d(\cos x) =$$
$$(\cos x) e^{1-3x}(-3dx) + e^{1-3x}(-\sin x dx) =$$
$$-e^{1-3x}(3\cos x + \sin x) dx$$

【例 33】 在下列等式左端的括号中填入适当的函数,使等式成立.

(1) $d(\quad) = x dx$;

(2) $d(\quad) = \cos\omega t\,dt$.

解 (1) 由于
$$d(x^2) = 2x\,dx$$
可见
$$x\,dx = \frac{1}{2}d(x^2) = d\left(\frac{x^2}{2}\right)$$
即
$$d\left(\frac{x^2}{2}\right) = x\,dx$$
一般的,有
$$d\left(\frac{x^2}{2} + C\right) = x\,dx, \quad C \text{ 为任意常数}$$

(2) 因为
$$d(\sin\omega t) = \omega\cos\omega t\,dt$$
可见
$$\cos\omega t\,dt = \frac{1}{\omega}d(\sin\omega t) = d\left(\frac{1}{\omega}\sin\omega t\right)$$
即
$$d\left(\frac{1}{\omega}\sin\omega t\right) = \cos\omega t\,dt$$
一般的,有
$$d\left(\frac{1}{\omega}\sin\omega t + C\right) = \cos\omega t\,dt, \quad C \text{ 为任意常数}$$

2.5.4 微分在近似计算中的应用

在工程问题中,经常会遇到一些复杂的计算公式,如果直接用这些公式进行计算,那是很费力的,利用微分往往可以把一些复杂的计算公式用简单的近似公式来代替.

前面说过,如果 $y = f(x)$ 在点 x_0 处的导数 $f'(x_0) \neq 0$,且 $|\Delta x|$ 很小时,有
$$\Delta y \approx dy = f'(x_0)\Delta x$$
这个式子也可以写为
$$\Delta y = f(x_0 + \Delta x) - f(x_0) \approx f'(x_0)\Delta x \tag{2.4}$$
或
$$f(x_0 + \Delta x) \approx f(x_0) + f'(x_0)\Delta x \tag{2.5}$$
在式(2.5)中,令 $x = x_0 + \Delta x$,即 $\Delta x = x - x_0$,那么式(2.5)可改写为
$$f(x) \approx f(x_0) + f'(x_0)(x - x_0) \tag{2.6}$$
如果 $f(x_0)$ 与 $f'(x_0)$ 都容易计算,那么可利用式(2.4)来近似计算 Δy,利用式(2.5)来近似计算 $f(x_0 + \Delta x)$,或利用式(2.6)来近似计算 $f(x)$,这种近似计算的实质就是用 x 的线性函数 $f(x_0) + f'(x_0)(x - x_0)$ 来近似表达函数 $f(x)$. 从导数的几何意义可知,这也就是用曲线 $y = f(x)$ 在点 $(x_0, f(x_0))$ 处的切线来近似代替该曲线(就切点邻近部分来说).

【例34】 有一批半径为 1 cm 的球,为了提高球面的光洁度,要镀上一层铜,厚度定为 0.01 cm.试估计每只球需要铜多少克(铜的密度是 8.9 g/cm³)?

解 先求出镀层的体积,再乘上密度就得到每只球需用铜的质量.

因为镀层的体积等于两个球体体积之差,所以它就是球体体积 $V = \frac{4}{3}\pi R^3$. 当 R 自 R_0 取得增量 ΔR 时的增量 ΔV,求 V 对 R 的导数,有

$$V'|_{R=R_0} = \left(\frac{4}{3}\pi R^3\right)'\bigg|_{R=R_0} = 4\pi R_0^2$$

由式(2.4)得

$$\Delta V \approx 4\pi R_0^2 \Delta R$$

将 $R_0 = 1, \Delta R = 0.01$ 代入上式,得

$$\Delta V \approx 4 \times 3.14 \times 1^2 \text{ cm}^2 \times 0.01 \text{ cm} \approx 0.13 \text{ cm}^3$$

于是镀每只球需用的铜约为

$$0.13 \text{ cm}^3 \times 8.9 \text{ g/cm}^3 \approx 1.16 \text{ g}$$

【例35】 利用微分计算 $\sin 30°30'$ 的近似值.

解 把 $30°30'$ 化为弧度,得

$$30°30' = \frac{\pi}{6} + \frac{\pi}{360}$$

由于所求的是正弦函数的值,故设 $f(x) = \sin x$. 此时 $f'(x) = \cos x$, 如果取 $x_0 = \frac{\pi}{6}$, 则 $f\left(\frac{\pi}{6}\right) = \sin\frac{\pi}{6} = \frac{1}{2}$ 与 $f'\left(\frac{\pi}{6}\right) = \cos\frac{\pi}{6} = \frac{\sqrt{3}}{2}$ 都容易计算,并且 $\Delta x = \frac{\pi}{360}$ 比较小,应用式(2.5)便得

$$\sin 30°30' = \sin\left(\frac{\pi}{6} + \frac{\pi}{360}\right) \approx \sin\frac{\pi}{6} + \cos\frac{\pi}{6} \cdot \frac{\pi}{360} =$$

$$\frac{1}{2} + \frac{\sqrt{3}}{2} \cdot \frac{\pi}{360} \approx 0.5000 + 0.0076 = 0.5076$$

下面推导一些常用的近似公式,为此,在式(2.6)中取 $x_0 = 0$,于是得

$$f(x) \approx f(0) + f'(0)x \tag{2.7}$$

应用式(2.7)可以推得以下几个在工程上常用的近似公式(下面都假定 $|x|$ 是较小的数值):

(i) $\sqrt[n]{1+x} \approx 1 + \frac{1}{n}x$;

(ii) $\sin x \approx x$ (x 用弧度作单位来表达);

(iii) $\tan x \approx x$ (x 用弧度作单位来表达);

(iv) $e^x \approx 1 + x$;

(v) $\ln(1+x) \approx x$.

习 题

1. 将一个物体垂直上抛,设经过时间 t s 后,物体上升的高度为 $s = 10t - \frac{1}{2}gt^2$,求下

列各值：

(1) 物体在 1 s 到 $1+\Delta t$ s 这段时间内的平均速度；

(2) 物体在 1 s 时的瞬时速度；

(3) 物体在 t_0 s 到 $t_0+\Delta t$ s 这段时间内的平均速度；

(4) 物体在 t_0 s 时的瞬时速度.

2. 设 $y=10x^2$，试按定义求 $\dfrac{dy}{dx}\Big|_{x=-1}$.

3. 求函数 $f(x)=\begin{cases}\sqrt{x},0\leqslant x<1\\(x+1)/3,x\geqslant 1\end{cases}$ 在 $x=1$ 上的导数.

4. 设曲线方程为 $y=\dfrac{1}{3}x^3-x^2+2$，试求：

(1) 过点 $(3,2)$ 的切线与法线的方程；

(2) 切线平行于 x 轴的切点；

(3) 切线平行于第二象限角平分线的切点.

5. 讨论下列函数在 $x=0$ 处的连续性与可导性.

(1) $y=|\sin x|$

(2) $y=\begin{cases}x\sin\dfrac{1}{x},x\neq 0\\0,x=0\end{cases}$

(3) $y=\begin{cases}x^2\sin\dfrac{1}{x},x\neq 0\\0,x=0\end{cases}$

6. 设 $f(x)=\begin{cases}x^2/2,x\leqslant 2\\ax+b,x>2\end{cases}$，且 $f(x)$ 在 $x=2$ 处可导，求 a 与 b 的值.

7. 求下列函数的导数.

(1) $y=x^2\cos x$ （2）$\rho=\sqrt{\varphi}\sin\varphi$

(3) $y=x\tan x-2\sec x$ （4）$y=\dfrac{\cos x}{x^2}$

(5) $y=\dfrac{\ln x}{x^2}$ （6）$y=(x-a)(x-b)(x-c)$ （a,b,c 是常数）

(7) $y=\sqrt{x}(x-\cot x)\cos x$ （8）$y=x\sin x\lg x$

(9) $f(t)=\dfrac{1-\sqrt{t}}{1+\sqrt{t}}$，求 $f'(4)$ （10）$f(x)=\dfrac{3}{5-x}+\dfrac{x^2}{5}$，求 $f'(0)$ 和 $f'(2)$

8. 求下列函数的导数（其中 a,b,n,A,ω,φ 都是常数）.

(1) $y=(3x+1)^6$ （2）$y=\dfrac{1}{\sqrt{1-x^2}}$

(3) $s=A\sin(\omega t+\varphi)$ （4）$y=\sin(x^3)$

(5) $y=\sec^2 x$ （6）$y=\cot\dfrac{1}{x}$

(7) $u=(v^2+2v+\sqrt{2})^{\frac{5}{2}}$ （8）$y=\left(ax+\dfrac{b}{x}\right)^n$

(9) $y = \sqrt{\dfrac{1+t}{1-t}}$ (10) $s = a\cos^2(2\omega t + \varphi)$

(11) $y = \sqrt{1+\sin x}$ (12) $y = \dfrac{1}{\sqrt{\tan x}}$

(13) $y = \lg(1-2x)$ (14) $y = \sqrt{1+\ln^2 x}$

(15) $y = (1+\sin^2 x)^4$ (16) $y = \sin\sqrt{1+x^2}$

(17) $y = \sqrt{\cos x^2}$ (18) $y = \ln[\ln(\ln x)]$

(19) $y = \log_a(x^2+x+1)$ (20) $y = \sqrt[3]{1+\cos 6x}$

(21) $y = \ln(x^3\sqrt{1+x^2})$

9. 求下列函数的导数(其中 a, n 为常数).

(1) $y = \sin^2\dfrac{x}{3}\tan\dfrac{x}{2}$ (2) $y = \dfrac{\sin^2 x}{\sin x^2}$

(3) $y = \dfrac{x}{2}\sqrt{a^2-x^2}$ (4) $y = \sqrt{1+\tan\left(x+\dfrac{1}{x}\right)}$

(5) $y = \dfrac{\sin 2x}{x}$ (6) $y = \sin^2 x - x\cos^2 x$

(7) $y = (x+\sin^2 x)^4$ (8) $s = \sin^n t \cos nt$

(9) $y = \dfrac{1+\cos^2 x}{\sin x^2}$ (10) $y = \dfrac{\sqrt{1+x}-\sqrt{1-x}}{\sqrt{1+x}+\sqrt{1-x}}$

(11) $y = \ln(x+\sqrt{x^2+a^2})$

10. 求下列函数的二阶导数.

(1) $y = 2x^2 + \ln x$ (2) $y = e^{2x-1}$

(3) $y = x\cos x$ (4) $y = e^{-x}\sin x$

11. 求由下列方程所确定的隐函数的导数 $\dfrac{dy}{dx}$.

(1) $y^2 - 2xy + 9 = 0$ (2) $x^3 + y^3 - 3axy = 0$

(3) $xy = e^{x+y}$ (4) $y = 1 - xe^y$

12. 用对数求导法求下列函数的导数.

(1) $y = \left(\dfrac{x}{1+x}\right)^4$ (2) $y = \sqrt[5]{\dfrac{x-5}{\sqrt[5]{x^2+2}}}$

(3) $y = \dfrac{\sqrt{x+2}(3-x)^4}{(x+1)^2}$ (4) $y = \sqrt{x\sin x\sqrt{1-e^x}}$

13. 求下列参数方程所确定的函数的导数 $\dfrac{dy}{dx}$.

(1) $\begin{cases} x = at^2 \\ y = bt^3 \end{cases}$ (2) $\begin{cases} x = \theta(1-\sin\theta) \\ y = \theta\cos\theta \end{cases}$

14. 图 2.6 为函数 $y = f(x)$ 的图形,请在图 2.6(a),(b),(c),(d) 中分别标出在点 x_0 的 $dy, \Delta y$ 及 $\Delta y - dy$,并说明其正负.

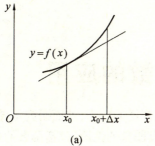
(a)
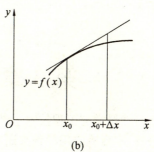
(b)
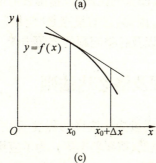
(c)
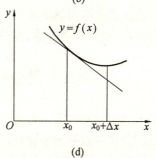
(d)

图 2.6

15. 求下列函数的微分.

(1) $y = \dfrac{1}{x} + 2\sqrt{x}$ (2) $y = x\sin 2x$

(3) $y = \dfrac{x}{\sqrt{x^2+1}}$ (4) $y = \ln^2(1-x)$

(5) $y = x^2 e^{2x}$ (6) $y = e^{-x}\cos(3-x)$

16. 将适当的函数填入下列括号内,使等式成立.

(1) d( ) $= 2dx$ (2) d( ) $= 3xdx$

(3) d( ) $= \cos t\,dt$ (4) d( ) $= \sin\omega x\,dx$

(5) d( ) $= \dfrac{1}{1+x}dx$ (6) d( ) $= e^{2x}dx$

(7) d( ) $= \dfrac{1}{\sqrt{x}}dx$ (8) d( ) $= \sec^2 3x\,dx$

18. 计算下列三角函数值的近似值.

(1) $\cos 29°$

(2) $\tan 136°$

19. 计算下列各根式的近似值.

(1) $\sqrt[3]{996}$

(2) $\sqrt[6]{65}$

19. 计算球体体积时,要求精确度在 2% 以内.问这时测量直线 D 的相对误差不能超过多少?

第 3 章 导数的应用

导数在自然科学与工程技术上都有着极其广泛的应用,前面研究了导数和微分概念,确立了微分法.本章将应用导数来研究函数及其图象的性质(包括函数的增减性、凹凸性、极值等),并运用这些性质解决最大(小)值问题.因此,它的重点是"应用",应用时要注意各种条件与结论(包括必要条件、充分条件等),以及各类问题的解题步骤.

3.1 微分中值定理及洛必达法则

函数的导数表示函数在一点处(瞬时)随自变量变化快慢的程度.利用它可以直接研究函数及其图象在一点处的变化性质(如瞬时速度、切线斜率等).为了应用导数研究函数在区间上的变化性质,先要熟悉微分学的中值定理.

3.1.1 微分中值定理

1. 罗尔定理

如果函数 $f(x)$ 满足下列条件:
(1) 在闭区间 $[a,b]$ 上连续;
(2) 在开区间 (a,b) 内可导;
(3) 区间端点函数值相等,即
$$f(a) = f(b)$$
那么在 (a,b) 内至少存在一点 ξ,使
$$f'(\xi) = 0$$

定理证明从略.

定理的几何意义是:如果连续曲线除端点外处处都具有不垂直于 Ox 轴的切线,且两端点处的纵坐标相等,那么其上至少有一条平行于 Ox 轴的切线(图 3.1).

若曲线 $y = f(x)$ 处处有切线,且端点的纵坐标相等,则曲线上至少有一点 C,使曲线在 C 处的切线平行于 x 轴.

值得注意的是,该定理要求函数 $y = f(x)$ 应同时满足 3 个条件,若不全满足定理的 3 个条件,则定理的结论可能成立,也可能不成立.

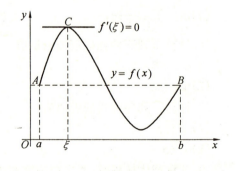

图 3.1

(1) 端点的值不等(图 3.2).

$f(x) = x$

$[a,b] = [0,1]$

$f'(x) = 1 \neq 0$

(2) 非闭区间连续(图 3.3).

$f(x) = \begin{cases} \dfrac{1}{x}, 0 < x \leqslant 1 \\ 1, x = 0 \end{cases}$

$[a,b] = [0,1]$

$f'(x) = -\dfrac{1}{x^2}, 0 < x < 1$

(3) 非开区间可导(图 3.4).

$f(x) = |x|$

$[a,b] = [-1,1]$

$f'(x) = \begin{cases} 1, x > 0 \\ 不存在, x = 0 \\ -1, x < 0 \end{cases}$

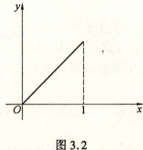 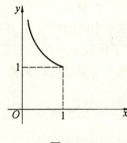 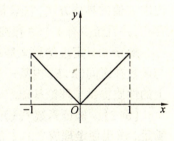

图 3.2　　　　　图 3.3　　　　　图 3.4

【例1】 验证函数 $f(x) = 1 - x^2$ 在区间 $[-1,1]$ 上满足罗尔定理的3个条件,并求出满足 $f'(\xi) = 0$ 的 ξ 点.

解 由于 $f(x) = 1 - x^2$ 在 $(-\infty, +\infty)$ 内连续且可导,故它在 $[-1,1]$ 上连续,在 $(-1,1)$ 内可导,$f(-1) = 0, f(1) = 0$,即

$$f(-1) = f(1)$$

因此,$f(x)$ 满足罗尔定理的3个条件.而 $f'(x) = -2x$,令 $f'(x) = 0$ 得 $x = 0 \in (-1, 1)$.取 $\xi = 0$,因而 $f'(\xi) = 0$.

2.拉格朗日中值定理

如果函数 $y = f(x)$ 满足下列条件:

(1) 在闭区间 $[a,b]$ 上连续;

(2) 在开区间 (a,b) 内可导.

则在 a 与 b 之间至少存在一点 ξ,使得

$$\frac{f(b) - f(a)}{b - a} = f'(\xi)$$

或
$$f(b) - f(a) = f'(\xi), \quad a < \xi < b$$
定理证明从略.

定理的几何意义:如果函数 $y = f(x)$ 在 $[a,b]$ 上连续,在 (a,b) 内可导,则在 (a,b) 内至少有一点,曲线 $y = f(x)$ 在该点的切线斜率与弦 AB 的斜率相等(图3.5),即
$$f'(\xi) = \frac{f(b) - f(a)}{b - a}$$

由图3.5很容易理解,当函数 $y = f(x)$ 满足条件(1)、(2),即 $y = f(x)$ 是条连续曲线并且在 (a,b) 内的每点处有不垂直 Ox 轴的切线时,那么在曲线上(只要把弦 AB 平行移动)至少有一点 P(在图3.5中是点 $(\xi_1, f(\xi_1))$),使得曲线在该点处的切线与弦 AB 平行,也就是说,点 P 处的切线斜率 $f'(\xi_1)$ 和弦 AB 的斜率 $\frac{f(b) - f(a)}{b - a}$ 相等.

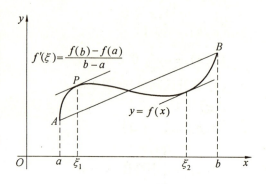

图3.5

需要注意的是,拉格朗日定理并没有给出求 ξ 值的具体方法,它只是肯定了 ξ 值的存在,并且至少有1个 ξ 存在.图3.5中的函数 $y = f(x)$ 在 (a,b) 有 ξ_1 与 ξ_2.

拉格朗日定理的意义是:建立了函数 $y = f(x)$ 在区间 $[a,b]$ 上的改变量 $f(b) - f(a)$ 与函数在区间 (a,b) 内某一点 ξ 处的导数之间的关系,从而为用导数去研究函数在区间上的性质提供了理论基础.

【例2】 验证函数 $f(x) = x^3 - 3x$ 在区间 $[0,2]$ 是否满足拉格朗日定理的条件.如果满足,求出使定理成立的 ξ 值.

解 显然 $f(x) = x^3 - 3x$ 在区间 $[0,2]$ 上连续,在 $(0,2)$ 内可导,定理条件满足,且 $f'(x) = 3x^2 - 3$,所以有
$$\frac{f(2) - f(0)}{2 - 0} = f'(\xi)$$
又 $f(2) = 2, f(0) = 0, f'(\xi) = 3\xi^2 - 3$,代入上式,得
$$\xi = \frac{2}{\sqrt{3}} \in (0,2)$$

【例3】 验证拉格朗日中值定理对函数 $f(x) = \ln x$ 在区间 $[1,e]$ 上的正确性.

证明 函数 $f(x) = \ln x$ 在区间 $[1,e]$ 上连续,$f'(x) = \frac{1}{x}$ 在 $(1,e)$ 内存在.
且
$$\frac{f(e) - f(1)}{e - 1} = \frac{\ln e - \ln 1}{e - 1} = \frac{1}{e - 1}$$
令
$$f'(\xi) = \frac{f(e) - f(1)}{e - 1}$$

即
$$f'(\xi) = \frac{1}{\xi} = \frac{1}{e-1}$$
$$\xi = e - 1$$
因为
$$e - 1 \in (1, e)$$
所以拉格朗日中值定理对函数 $= \ln x$ 在区间 $[1, e]$ 上是正确的.

【例4】 对于任意实数 a, b,求证: $|\sin b - \sin a| \leqslant |b - a|$.

证明 设 $f(x) = \sin x$,且 $a < b$,因为 $\sin x$ 在 $[a, b]$ 上连续,在 (a, b) 内可导,所以在 (a, b) 内至少存在一点 ξ,使
$$\sin b - \sin a = (\sin x)'|_{x=\xi}(b - a), \quad a < \xi < b$$
从而有
$$|\sin b - \sin a| = |\cos \xi||b - a| \leqslant |b - a|$$

在拉格朗日中值定理中,如果 x 为区间 (a, b) 内的一点,$x + \Delta x$ 为这个区间内的另一点($\Delta x > 0$ 或 $\Delta x < 0$),那么该定理可表示为
$$f(x + \Delta x) - f(x) = f'(\xi)\Delta x$$
其中 ξ 介于 x 与 $x + \Delta x$ 之间,即
$$\Delta y = f'(\xi)\Delta x$$
上式体现出对于自变量 x 的不为零的增量及相应函数增量 Δy 与函数导数的关系.

根据拉格朗日中值定理可以得到以下两个重要推论:

【**推论1**】 如果函数 $f(x)$ 在 (a, b) 内恒有 $f'(x) = 0$,那么在此区间内,$f(x) = C$,其中 C 为常数.

证明 设 $x_1, x_2 \in (a, b)$,且 $x_1 < x_2$,由中值定理得
$$f(x_2) - f(x_1) = f'(\xi)(x_2 - x_1), \quad x_1 < \xi < x_2$$
因为
$$f'(\xi) = 0$$
所以
$$f(x_2) - f(x_1) = 0$$
从而
$$f(x_2) = f(x_1)$$
这表明在区间 (a, b) 内任意两点的函数值相等,即 $f(x) = C$.

这个推论是"常数的导数为零"的逆命题.

【**推论2**】 若两函数 $f(x)$ 和 $g(x)$,在区间 (a, b) 内恒有 $f'(x) = g'(x)$,那么在 (a, b) 内有 $f(x) = g(x) + C$,其中 C 为常数.

证明 令
$$F(x) = f(x) - g(x)$$
因为
$$f'(x) = g'(x)$$

从而
$$F'(x) = f'(x) - g'(x) = 0$$
由推论1,得
$$F(x) = C$$
即
$$f(x) - g(x) = C$$
所以
$$f(x) = g(x) + C$$

上述两个推论在积分学理论中有十分重要的作用.

思考讨论:如果在拉格朗日中值定理中再加条件 $f(a) = f(b)$,结论又将如何?

3. 柯西中值定理

如果函数 $f(x)$ 及 $F(x)$ 在闭区间 $[a,b]$ 上连续,在开区间 (a,b) 内可导,且 $F'(x)$ 在 (a,b) 内的每点处均不为零,那么在 (a,b) 内至少有一点 ξ,使等式

$$\frac{f(b) - f(a)}{F(b) - F(a)} = \frac{f'(\xi)}{F'(\xi)}$$

成立.

证明从略.

【例5】 对函数 $f(x) = x^3$ 及 $F(x) = x^2 + 1$ 在区间 $[1,2]$ 上验证柯西中值定理的正确性.

解 易知 $f(x), F(x)$ 在 $[1,2]$ 上连续,在 $(1,2)$ 内可导,以及当 $x \in (1,2)$ 时,$F'(x) \neq 0$,又

$$f(1) = 1, \quad f(2) = 8, \quad F(1) = 2$$
$$F(2) = 5, \quad f'(x) = 3x^2, \quad F'(x) = 2x$$

设

$$\frac{f(2) - f(1)}{F(2) - F(1)} = \frac{3\xi^2}{2\xi}$$

解得

$$\xi = \frac{14}{9} \in (1,2)$$

故可取 $\xi = \frac{14}{9}$ 使

$$\frac{f(2) - f(1)}{F(2) - F(1)} = \frac{f'(\xi)}{F'(\xi)}$$

成立.

3.1.2 洛必达法则

在无穷小量的比较中,极限可能存在,也可能不存在,因此称两个无穷小量或两个无穷大量之比的极限为"$\frac{0}{0}$"型及"$\frac{\infty}{\infty}$"型不定式极限.本节将给出处理未定型极限的重要工

具——洛必达法则. 它是计算 "$\frac{0}{0}$" 型及 "$\frac{\infty}{\infty}$" 型的重要方法之一.

【定理 3.1】 设(1) 当 $x \to 0$ 时,函数 $f(x)$ 和 $g(x)$ 都趋于零;

(2) 在点 a 的某去心邻域内, $f'(x)$ 和 $g'(x)$ 都存在且 $g'(x) \neq 0$;

(3) $\lim\limits_{x \to a} \dfrac{f(x)}{g(x)}$ 存在(或无穷大).

则

$$\lim_{x \to a} \frac{f(x)}{g(x)} = \lim_{x \to a} \frac{f'(x)}{g'(x)}$$

【定义 3.1】 这种在一定条件下通过分子、分母分别求导再求极限来确定未定式的值的方法称为洛必达法则.

注意:(1) 对于同一算式的计算,定理可以重复多次使用. 如果 $\dfrac{f'(x)}{F'(x)}$ 在 $x \to x_0$ (或 $x \to \infty$) 时仍属 "$\frac{0}{0}$" 型,且 $f'(x), F'(x)$ 仍可满足洛必达法则的条件,则可继续使用法则进行计算,即

$$\lim_{\substack{x \to x_0 \\ (x \to \infty)}} \frac{f(x)}{F(x)} = \lim_{\substack{x \to x_0 \\ (x \to \infty)}} \frac{f'(x)}{F'(x)} = \lim_{\substack{x \to x_0 \\ (x \to \infty)}} \frac{f''(x)}{F''(x)}$$

如果在计算过程中,$\dfrac{f''(x)}{F''(x)}$ 在 $x \to x_0$ (或 $x \to \infty$) 时仍属 $\dfrac{0}{0}$ 型,且 $f''(x), F''(x)$ 仍可满足洛必达法则的条件,则仍可继续使用该法则. 但应注意,如果所求的极限已不是未定式,则不能再应用该法则,否则将导致错误的结果.

(2) 当算式中出现 $\sin \infty$ 或 $\cos \infty$ 形式时,应慎重考虑是否符合洛必达法则条件中 $f'(x)$ 与 $g'(x)$ 的存在性.

(3) 当 $f(x) \to \infty, g(x) = \infty$ 时,该法则仍然成立,有 $\lim\limits_{x \to \infty} \dfrac{f(x)}{g(x)} = \lim\limits_{x \to \infty} \dfrac{f'(x)}{g'(x)}$;

(4) 洛必达法则是充分条件;

(5) 如果数列极限也属于未定式的极限问题,需先将其转换为函数极限,然后使用洛必达法则,从而求出数列极限.

【例 6】 求 $\lim\limits_{x \to 3} \dfrac{x^2 - 9}{x - 3}$.

解 利用洛必达法则有

$$\lim_{x \to 3} \frac{x^2 - 9}{x - 3} = \lim_{x \to 3} \frac{(x^2 - 9)'}{(x - 3)'} = \lim_{x \to 3} \frac{2x}{1} = 6$$

【例 7】 求 $\lim\limits_{x \to 0} \dfrac{e^x - 1}{2x}$.

解 利用洛必达法则有

$$\lim_{x \to 0} \frac{e^x - 1}{2x} = \lim_{x \to 0} \frac{(e^x - 1)'}{(2x)'} = \lim_{x \to 0} \frac{e^x}{2} = \frac{1}{2}$$

注意:在应用洛必达法则求极限时,若导数的比值满足洛必达法则的条件,可继续使用洛必达法则,一直求解到不符合洛必达法则为止.

【例8】 求 $\lim\limits_{x\to 1}\dfrac{x^3-3x+2}{x^3-x^2-x+1}$.

解 原式 $=\lim\limits_{x\to 1}\dfrac{(x^3-3x+2)'}{(x^3-x^2-x+1)'}=\lim\limits_{x\to 1}\dfrac{3x^2-3}{3x^2-2x-1}=\lim\limits_{x\to 1}\dfrac{6x}{6x-2}=\dfrac{6}{4}=\dfrac{3}{2}$.

【例9】 求 $\lim\limits_{x\to 0}\dfrac{\sin ax}{\sin bx}(b\neq 0)$.

解 原式 $=\lim\limits_{x\to 0}\dfrac{(\sin ax)'}{(\sin bx)'}=\lim\limits_{x\to 0}\dfrac{a\cos ax}{b\cos bx}=\dfrac{a}{b}$.

【例10】 求 $\lim\limits_{x\to 0}\dfrac{a^x-b^x}{x}(a>0,b>0)$.

解 原式 $=\lim\limits_{x\to 0}\dfrac{(a^x-b^x)'}{(x)'}=\lim\limits_{x\to 0}\dfrac{a^x\ln a-b^x\ln b}{1}=$
$\ln a-\ln b=\ln\dfrac{a}{b}$.

【例11】 求 $\lim\limits_{x\to 0}\dfrac{\sin x-x\cos x}{\sin^3 x}$.

解 原式 $=\lim\limits_{x\to 0}\dfrac{\sin x-x\cos x}{x^3}=\lim\limits_{x\to 0}\dfrac{(\sin x-x\cos x)'}{(x^3)'}=$
$\lim\limits_{x\to 0}\dfrac{\cos x-\cos x+x\sin x}{3x^2}=\dfrac{1}{3}\lim\limits_{x\to 0}\dfrac{\sin x}{x}=\dfrac{1}{3}$.

【例12】 求 $\lim\limits_{x\to+\infty}\dfrac{\dfrac{\pi}{2}-\arctan x}{\dfrac{1}{x}}$.

解 原式 $=\lim\limits_{x\to+\infty}\dfrac{-\dfrac{1}{1+x^2}}{-\dfrac{1}{x^2}}=\lim\limits_{x\to+\infty}\dfrac{x^2}{1+x^2}=1$.

【例13】 求 $\lim\limits_{x\to+\infty}\dfrac{\ln x}{x^n}(n>0)$.

解 原式 $=\lim\limits_{x\to+\infty}\dfrac{\dfrac{1}{x}}{nx^{n-1}}=\lim\limits_{x\to+\infty}\dfrac{1}{nx^n}=0$.

【例14】 求 $\lim\limits_{x\to+\infty}\dfrac{x^n}{e^{\lambda x}}(n$ 为正整数,$\lambda>0)$.

解 相继应用洛必达法则 n 次,得
$$\lim\limits_{x\to+\infty}\dfrac{x^n}{e^{\lambda x}}=\lim\limits_{x\to+\infty}\dfrac{nx^{n-1}}{\lambda e^{\lambda x}}=\cdots=\lim\limits_{x\to+\infty}\dfrac{n!}{\lambda^n e^{\lambda x}}=0$$

洛必达法则虽然是求未定式的一种有效方法,但若能与其他求极限的方法结合使用,效果则更好.例如,能化简时应尽可能先化简,可以应用等价无穷小替换或重要极限时,应尽可能应用,以使运算尽可能简捷.

【例15】 求 $\lim\limits_{x\to 0}\dfrac{x^2\sin\dfrac{1}{x}}{\sin x}$.

解 原式 $= \lim\limits_{x \to 0} \dfrac{x \sin \dfrac{1}{x}}{\dfrac{\sin x}{x}} = \lim\limits_{x \to 0} x \sin \dfrac{1}{x} = 0.$

3.1.3 未定式的其他类型

1."$0 \cdot \infty$"型

对于"$0 \cdot \infty$"型,可将乘积化为除的形式,即化为"$\dfrac{0}{0}$"型及"$\dfrac{\infty}{\infty}$"型的未定式来计算,即

$$0 \cdot \infty = 0 \cdot \dfrac{1}{0_1} = \dfrac{0}{0_1}$$

2."$\infty - \infty$"型

对于"$\infty - \infty$"型,可利用通分化为"$\dfrac{0}{0}$"型的未定式来计算,即

$$\infty_1 - \infty_2 = \dfrac{1}{0_1} - \dfrac{1}{0_2}$$

通分以后,有

$$\dfrac{0_2 - 0_1}{0_1 0_2} = \dfrac{0}{0}$$

3."0^0","1^∞","∞^0"型

对于"0^0","1^∞","∞^0"型,可先化以 e 为底的指数函数的极限,再利用指数函数的连续性,化为直接求指数的极限,指数的极限为"$0 \cdot \infty$"的形式,再化为"$\dfrac{0}{0}$"型及"$\dfrac{\infty}{\infty}$"型的未定式来计算,即对"0^0","1^∞","∞^0"取对数,得

$$0 \cdot \ln 0, \quad \infty \cdot \ln 1, \quad 0 \cdot \ln \infty$$

即

$$0 \cdot \infty, \quad \infty \cdot 0, \quad 0 \cdot \infty$$

【例 16】 求 $\lim\limits_{x \to 0^+} x^n \ln x \ (n > 0)$.

解 这是未定式"$0 \cdot \infty$"型.

原式 $= \lim\limits_{x \to 0^+} \dfrac{\ln x}{x^{-n}} = \lim\limits_{x \to 0^+} \dfrac{\dfrac{1}{x}}{-nx^{-n-1}} = \lim\limits_{x \to 0^+} \left(\dfrac{-x^n}{n} \right) = 0.$

【例 17】 求 $\lim\limits_{x \to \frac{\pi}{2}} (\sec x - \tan x)$.

解 这是未定式"$\infty - \infty$"型.因为

$$\sec x - \tan x = \dfrac{1 - \sin x}{\cos x}$$

当 $x \to \dfrac{\pi}{2}$ 时,上式右端是未定式"$\dfrac{0}{0}$"型,应用洛必达法则,得

$$\text{原式} = \lim\limits_{x \to \frac{\pi}{2}} \dfrac{1 - \sin x}{\cos x} = \lim\limits_{x \to \frac{\pi}{2}} \dfrac{-\cos x}{-\sin x} = 0$$

【例 18】 求 $\lim\limits_{x\to 0}\left(\dfrac{1}{\sin x}-\dfrac{1}{x}\right)$.

解 这是未定式"$\infty-\infty$"型.

$$\text{原式}=\lim_{x\to 0}\frac{x-\sin x}{x\sin x}=\lim_{x\to 0}\frac{1-\cos x}{\sin x+x\cos x}=\lim_{x\to 0}\frac{\sin x}{2\cos x-x\sin x}=0.$$

【例 19】 求 $\lim\limits_{x\to+\infty}x^{-2}\mathrm{e}^x$.

解 这是未定式"$0\cdot\infty$"型.

$$\text{原式}=\lim_{x\to+\infty}\frac{\mathrm{e}^x}{x^2}=\lim_{x\to+\infty}\frac{\mathrm{e}^x}{2x}=\lim_{x\to+\infty}\frac{\mathrm{e}^x}{2}=+\infty.$$

【例 20】 求 $\lim\limits_{x\to 0^+}x^x$.

解 这是未定式"0^0"型. 设 $y=x^x$,取对数得

$$\ln y=x\ln x$$

当 $x\to 0^+$ 时,有

$$x\ln x\to 0$$

所以

$$\lim_{x\to 0^+}\ln y=\lim_{x\to 0^+}x\ln x=0$$

则

$$\lim_{x\to 0^+}x^x=\mathrm{e}^0=1$$

【例 21】 求 $\lim\limits_{x\to 0^+}(\cot x)^{\frac{1}{\ln x}}$.

解 这是未定式"∞^0"型. 设 $y=(\cot x)^{\frac{1}{\ln x}}$,取对数,有

$$\lim_{x\to 0^+}\ln y=\lim_{x\to 0^+}\frac{\ln\cot x}{\ln x}=-\infty$$

所以

$$\lim_{x\to 0^+}(\cot x)^{\frac{1}{\ln x}}=0$$

【例 22】 设 $f(x)=\begin{cases}\dfrac{g(x)}{x},x\neq 0\\ 0,x=0\end{cases}$ 且 $g(0)=g'(0)=0,g''(0)=3$,求 $f'(0)$.

解 $f'(0)=\lim\limits_{x\to 0}\dfrac{f(x)-f(0)}{x}=\lim\limits_{x\to 0}\dfrac{\dfrac{g(x)}{x}-0}{x}=\lim\limits_{x\to 0}\dfrac{g(x)}{x^2}\overset{\frac{0}{0}}{=}$

$\lim\limits_{x\to 0}\dfrac{g'(x)}{2x}=\dfrac{1}{2}\lim\limits_{x\to 0}\dfrac{g'(x)-g'(0)}{x}=\dfrac{1}{2}g''(0)=\dfrac{3}{2}.$

【例 23】 求 $\lim\limits_{x\to\infty}\dfrac{x+\cos x}{x}$.

解 原式 $=\lim\limits_{x\to\infty}\dfrac{1-\sin x}{1}=\lim\limits_{x\to\infty}(1-\sin x)$,极限不存在. 这是洛必达法则条件不满足的情况.

正确解法为:原式 $=\lim\limits_{x\to\infty}\left(1+\dfrac{1}{x}\cos x\right)=1.$

注意:(1)洛必达法则是求"$\frac{0}{0}$"型及"$\frac{\infty}{\infty}$"型未定式极限的有效方法,但是非未定式极限却不能使用.因此在实际运算时,每使用一次洛必达法则,必须判断一次条件.

(2)将等价无穷小代换等求极限的方法与洛必达法则结合起来使用,可简化计算.

(3)洛必达法则是充分条件,当条件不满足时,未定式的极限需要用其他方法求,但不能说此未定式的极限不存在.

(4)如果数列极限也属于未定式的极限问题,需先将其转换为函数极限,然后使用洛必达法则,从而求出数列极限.

(5)洛必达法则只能说明当 $\lim \frac{f'(x)}{F'(x)} = A$ 时,$\lim \frac{f(x)}{F(x)}$ 也存在且极值就是 A(有限或无限),并不等于说 $\lim \frac{f'(x)}{F'(x)}$ 不存在时,$\lim \frac{f(x)}{F(x)}$ 也不存在,此时不能利用洛必达法则.

3.2 导数在判断函数单调性的应用

单调性是函数的重要性态之一,它既决定了函数递增或递减的状况,又可以帮助人们研究函数的极值,还可以证明某些不等式和分析函数的图形.

3.2.1 函数单调性的判定法

在初等数学中讨论过函数的单调性.函数 $y = f(x)$ 在区间 (a,b) 内可导,单调增加函数 Δx 与 Δy 总是同号的,因此,总有 $\frac{\Delta y}{\Delta x} > 0$,则 $\lim_{\Delta x \to 0} \frac{\Delta y}{\Delta x} > 0$;反之,如果函数单调减少,则 $\lim_{\Delta x \to 0} \frac{\Delta y}{\Delta x} < 0$.

单调增加函数的图象是一条沿 x 轴正向逐渐上升的曲线,这时曲线上各点的切线倾斜角都是锐角,它们的斜率 $f'(x) > 0$.单调减少函数的斜率 $f'(x) < 0$.

然而,人们关心的是问题的反面,即如果 $f'(x) > 0$,函数 $y = f(x)$ 一定单调增加;如果 $f'(x) < 0$,函数 $y = f(x)$ 一定单调减少吗?回答是肯定的.

【定理 3.2】 (函数单调性的判定法)设函数 $y = f(x)$ 在 $[a,b]$ 上连续,在 (a,b) 内可导,如果在区间 (a,b) 内有:

(1) $f'(x) > 0$,那么函数 $y = f(x)$ 在 $[a,b]$ 上单调增加;

(2) $f'(x) < 0$,那么函数 $y = f(x)$ 在 $[a,b]$ 上单调减少.

定理对非闭区间也同样成立.

证明 设函数 $y = f(x)$ 在 $[a,b]$ 上连续,在区间 (a,b) 内可导,令 $x_1, x_2 \in [a,b]$,且

$$a \leqslant x_1 < x_2 \leqslant b$$

由拉格朗日中值定理有

$$f(x_2) - f(x_1) = f'(\xi)(x_2 - x_1), \quad x_1 < \xi < x_2$$

因为

$$x_2 > x_1$$

所以
$$x_2 - x_1 > 0$$
(1) 如果在(a,b)内恒有$f'(x) > 0$,则
$$f'(\xi) > 0$$
于是
$$f(x_2) - f(x_1) = f'(\xi)(x_2 - x_1) > 0$$
即
$$f(x_2) > f(x_1)$$
所以函数$f(x)$在$[a,b]$上单调增加.

(2) 如果在(a,b)内恒有$f'(x) < 0$,则
$$f'(\xi) < 0$$
于是
$$f(x_2) - f(x_1) = f'(\xi)(x_2 - x_1) < 0$$
即
$$f(x_2) < f(x_1)$$
所以函数$f(x)$在$[a,b]$上单调减少.

注意:$f'(x) > 0 (a \leqslant x \leqslant b)$,仅是函数$f(x)$在$[a,b]$上单调增加的充分条件,但不是必要条件.例如,$f(x) = x^3$在开区间$(-\infty, +\infty)$内是单调增加函数,但$f'(x) = 3x^2$在$(-\infty, +\infty)$内并非全为正,其中$f'(0) = 0$.同样,对于$f'(x) < 0$也有类似结论.

3.2.2 确定函数单调性的步骤

(1) 确定函数的定义域;

(2) 求出使$f'(x) = 0$和$f'(x)$不存在的点,并以这些点为分界点,将定义域分为若干个子区间;

(3) 确定$f'(x)$在各个区间内的符号,从而判断出$f(x)$的单调性.

【例24】 求函数$f(x) = e^x - x - 1$的单调性.

解 函数$f(x)$的定义域为$(-\infty, +\infty)$,因为
$$f'(x) = e^x - 1$$

令$f'(x) = 0$,得$x = 0$.所以当$x < 0$时,$f'(x) < 0$,函数单调减少;当$x > 0$时,$f'(x) > 0$,函数单调增加.

用表3.1表示如下(其中"↗"表示单调增加,"↘"表示单调减少):

表3.1

x	$(-\infty, 0)$	0	$(0, +\infty)$
$f'(x)$	$-$	0	$+$
$f(x)$	↘		↗

很显然,如果函数为可导函数,那么单调增加区间与单调减少区间的分界点处必然有

$f'(0) = 0$.导数为零的点叫做函数的驻点.因此,讨论函数的单调性时,只须先求出函数的驻点,再用驻点将函数的定义域分成若干个子区间,然后再讨论各子区间内导数的符号即可.

【例25】 判定函数 $y = x - \sin x$ 在 $[0, 2\pi]$ 上的单调性.

解 因为在 $(0, 2\pi)$ 内有
$$y' = 1 - \cos x > 0$$
所以由判定法可知,函数 $y = x - \sin x$ 在 $[0, 2\pi]$ 上单调增加.

【例26】 判定函数 $f(x) = x^3 - 4$ 的单调性.

解 函数 $f(x)$ 的定义域为 $(-\infty, +\infty)$,所以有 $f'(x) = 3x^2$,显然 $f'(0) = 0$. 列表(表3.2)讨论如下:

表3.2

x	$(-\infty, 0)$	0	$(0, +\infty)$
$f'(x)$	+	0	+
$f(x)$	↗		↗

所以,$f(x) = x^3 - 4$ 在 $(-\infty, +\infty)$ 内单调增加.

【例27】 求函数 $f(x) = \frac{1}{3}x^3 - x^2 + 2$ 的单调区间.

解 函数 $f(x)$ 的定义域为 $(-\infty, +\infty)$,且
$$f'(x) = x^2 - 2x = x(x - 2)$$
令 $f'(x) = 0$,得
$$x_1 = 0, \quad x_2 = 2$$
列表(表3.3)讨论如下:

表3.3

x	$(-\infty, 0)$	0	$(0, 2)$	2	$(2, +\infty)$
$f'(x)$	+	0	-	0	+
$f(x)$	↗		↘		↗

所以区间 $(-\infty, 0)$ 和 $(2, +\infty)$ 是函数 $f(x)$ 的单调增加区间,区间 $(0, 2)$ 是函数单调减少区间.

【例28】 确定函数 $f(x) = 2x^3 - 9x^2 + 12x - 3$ 的单调区间.

解 函数 $f(x)$ 的定义域为 $(-\infty, +\infty)$,且
$$f'(x) = 6x^2 - 18x + 12 = 6(x - 1)(x - 2)$$
令 $f'(x) = 0$,解得
$$6(x - 1)(x - 2) = 0$$
$$x_1 = 1, \quad x_2 = 2$$
这两个根把 $(-\infty, +\infty)$ 分成3个部分区间,即 $(-\infty, 1), (1, 2)$ 及 $(2, +\infty)$.

在区间$(-\infty,1)$内,$x-1<0$,$x-2<0$,所以$f'(x)>0$.所以在区间$(-\infty,1)$内函数单调增加.在区间$(1,2)$内,$x-1>0$,$x-2<0$,所以$f'(x)<0$.所以在区间$(1,2)$内函数单调减少.在区间$(2,+\infty)$内,$x-1>0$,$x-2>0$,所以$f'(x)>0$.所以在区间$(2,+\infty)$内函数单调增加.

【例29】 确定函数$y=x^3$的单调性.

解 函数的定义域为$(-\infty,+\infty)$,且
$$y'=3x^2$$

除了点$x=0$使$y'=0$外,其余各点处均有$y'>0$.因此,函数$y=x^3$在区间$(-\infty,0]$及$[0,+\infty)$上都是单调增加的,从而在整个定义域$(-\infty,+\infty)$内是单调增加的.

【例30】 证明:当$x>1$时,$2\sqrt{x}>3-\dfrac{1}{x}$.

证明 令$f(x)=2\sqrt{x}-(3-\dfrac{1}{x})$,则
$$f'(x)=\dfrac{1}{\sqrt{x}}-\dfrac{1}{x^2}=\dfrac{1}{x^2}(x\sqrt{x}-1)$$

因为当$x>1$时,$f'(x)>0$,因此$f(x)$在$[1,+\infty)$上单调增加,从而当$x>1$时,$f(x)>f(1)$,又由于$f(1)=0$,故$f(x)>f(1)=0$,即$2\sqrt{x}-(3-\dfrac{1}{x})>0$,也就是当$x>1$时,$2\sqrt{x}>3-\dfrac{1}{x}$.

还需要指出的是:使导数不存在的点也可能是函数增减区间的分界点.例如,函数$y=\sqrt{x^2}$在点$x=0$连续,它的导数$y'=\dfrac{2x}{2\sqrt{x^2}}=\dfrac{x}{\sqrt{x^2}}$在点$x=0$处不存在,但在区间$(-\infty,0)$内,$y'<0$,函数单调减少;在区间$(0,+\infty)$内,$y'>0$,函数单调增加.显然点$x=0$是函数增减区间的分界点.

思考讨论:(1) 函数的驻点是否一定是单调区间的分界点?

(2) 连续函数的单调增加区间与单调减少区间的分界点处的函数值与其两侧函数值有怎样的关系?

注意:如果函数在定义区间上连续(除去有限个导数不存在的点外)导数存在且连续,那么只要用方程$f'(x)=0$的根及导数不存在的点来划分函数$f(x)$的定义区间,就能保证$f'(x)$在各个部分区间内保持固定的符号,因而函数$f(x)$在每个部分区间上单调.

说明:一般的,如果$f'(x)$在某区间内的有限个点处为零,在其余各点处均为正(或负)时,那么$f(x)$在该区间上仍旧是单调增加(或单调减少)的.

3.3 导数在求函数极值中的应用

3.3.1 函数极值的定义

【定义3.2】 设函数$y=f(x)$在区间$(x_0-\delta,x_0+\delta)$(δ为任意正数)内有定义,当$h\neq 0$且$|h|<\delta$时,如果不等式$f(x_0+h)<f(x_0)$成立,则称$f(x_0)$是$f(x)$的一个极

大值,点 x_0 叫做 $f(x)$ 的一个极大值点;如果不等式 $f(x_0+h)>f(x_0)$ 成立,则称 $f(x_0)$ 是 $f(x)$ 的一个极小值,点 x_0 叫做 $f(x)$ 的一个极小值点.

函数的极大值、极小值统称为极值.极大值点和极小值点统称为极值点.

从图 3.6 可看到,在函数取得极值处,曲线上的切线是水平的.但曲线上有水平切线的地方,函数不一定取得极值.

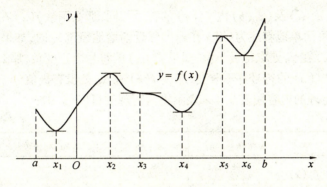

图 3.6

注意:函数的极值不同于最大值、最小值,即

(1) 函数极值的概念是局部性的,如果 $f(x_0)$ 是 $f(x)$ 的一个极大值,仅指点 x_0 的附近一个局部范围而言,在函数的整个定义域内,它不一定是最大的.对于极小值也是类似的.

(2) 在指定区间内,一个函数可能有多个极大值和多个极小值.

(3) 函数的极大值不一定比极小值大.

(4) 函数的极值一定出现在区间的内部,不可能在区间端点处取得极值.而函数的最大值、最小值可能出现在区间的内部,也可能出现在区间的端点处.

3.3.2 函数极值的必要条件

首先给出函数在可导点处取得极值的必要条件:

【定理 3.3】 如果函数在点 x_0 可导且有极值,则必有 $f'(x_0)=0$.

【定义 3.3】 导数为零的点叫做驻点.

定理 3.3 还可叙述为:可导函数 $f(x)$ 的极值点必是函数的驻点.但是反过来,函数 $f(x)$ 的驻点却不一定是极值点.

考察函数 $f(x)=x^3$ 在 $x=0$ 处的情况.显然 $x=0$ 是函数 $f(x)=x^3$ 的驻点,但 $x=0$ 却不是函数 $f(x)=x^3$ 的极值点.

定理 3.3 说明,极值点一定是函数的驻点.于是,对于可导函数,只需在驻点中考察是否取得极值即可.然而,驻点却不一定是极值点.如函数 $f(x)=x^3,f'(0)=0$,即 $x=0$ 是它的驻点,但在 $x=0$ 处并未取得极值,即 $x=0$ 不是它的极值点.为此需要进一步讨论怎样的驻点才是极值点.现给出函数取得极值的充分条件.

3.3.3 极值的充分条件

【定理3.4】(第一充分条件) 设函数 $f(x)$ 在含 x_0 的区间 (a,b) 内连续,在 (a,x_0) 及

(x_0, b) 内可导.

(1) 如果在 (a, x_0) 内 $f'(x) > 0$,在 (x_0, b) 内 $f'(x) < 0$,那么函数 $f(x)$ 在 x_0 处取得极大值;

(2) 如果在 (a, x_0) 内 $f'(x) < 0$,在 (x_0, b) 内 $f'(x) > 0$,那么函数 $f(x)$ 在 x_0 处取得极小值;

(3) 如果在 (a, x_0) 及 (x_0, b) 内 $f'(x)$ 的符号相同,那么函数 $f(x)$ 在 x_0 处没有极值.

定理 3.4 也可简单地叙述为:当 x 在 x_0 的邻近渐增地经过 x_0 时,如果 $f'(x)$ 的符号由负变正,那么 $f(x)$ 在 x_0 处取得极小值;如果 $f'(x)$ 的符号由正变负,那么 $f(x)$ 在 x_0 处取得极大值;如果 $f'(x)$ 的符号并不改变,那么 $f(x)$ 在 x_0 处没有极值.

注意:这个定理的内容用表 3.4 来表示更为直观醒目 ($\delta > 0$):

表 3.4

x	$(x_0 - \delta, x_0)$	x_0	$(x_0, x_0 + \delta)$
$f'(x)$	+ −	0	− +
$f(x)$	↗ ↘	极大值 $f(x_0)$ 极小值 $f(x_0)$	↘ ↗

【定理 3.5】(第二充分条件) 如果函数 $f(x)$ 在 x_0 处具有二阶导数且 $f'(x_0) = 0$,$f''(x_0) \neq 0$,那么

(1) 当 $f''(x_0) < 0$ 时,$f(x)$ 在 x_0 处取得极大值;

(2) 当 $f''(x_0) > 0$ 时,$f(x)$ 在 x_0 处取得极小值.

3.3.4 求函数极值的一般步骤

(1) 确定函数 $f(x)$ 的定义域,求出导数 $f'(x)$;

(2) 求出 $f(x)$ 的全部驻点和不可导点;

(3) 列表判断(考察 $f'(x)$ 的符号在每个驻点和不可导点的左右邻近的情况,以便确定该点是否是极值点.如果是极值点,还要按定理 3.4 确定对应的函数值是极大值还是极小值);

(4) 确定函数的所有极值点和相应的极值.

注意:如果函数 $f(x)$ 在点 x_0 的左右附近可导,且 $f'(x_0) = 0$,但在 x_0 的两侧导数符号相同,那么函数 $f(x)$ 在点 x_0 没有极值.

【例 31】 求函数 $y = x^3 - 3x$ 的极值.

解 此函数定义域为 $(-\infty, +\infty)$,且 $y' = 3x^2 - 3$.令 $y' = 0$,得 $x_1 = -1, x_2 = 1$.

列表(表 3.5) 考察 $f'(x)$ 的符号如下:

表 3.5

x	$(-\infty, -1)$	-1	$(-1, 1)$	1	$(1, +\infty)$
$f'(x)$	$+$	0	$-$	0	$+$
$f(x)$	↗	-1 为极大值点且极大值为 2	↘	1 为极小值点且极小值为 -2	↗

【例 32】 求函数 $f(x) = \dfrac{1}{3}x^3 - x^2 - 3x + 3$ 的极值.

解 $f(x)$ 的定义域为 $(-\infty, +\infty)$,且
$$f'(x) = x^2 - 2x - 3 = (x+1)(x-3)$$
令 $f'(x) = 0$,得驻点 $x_1 = -1, x_2 = 3$.

列表(表 3.6)考察 $f'(x)$ 的符号如下:

表 3.6

x	$(-\infty, -1)$	-1	$(-1, 3)$	3	$(3, +\infty)$
$f'(x)$	$+$	0	$-$	0	$+$
$f(x)$	↗	$\dfrac{14}{3}$ 极大值	↘	-6 极小值	↗

由表 3.6 可知,函数 $f(x)$ 的极大值为 $f(-1) = \dfrac{14}{3}$,极小值为 $f(3) = -6$.

【例 33】 求函数 $f(x) = (x-4)\sqrt[3]{(x+1)^2}$ 的极值.

解 $f(x)$ 在 $(-\infty, +\infty)$ 内连续,除 $x = -1$ 外处处可导,且
$$f'(x) = \dfrac{5(x-1)}{3\sqrt[3]{x+1}}$$
令 $f'(x) = 0$,得驻点 $x = 1$. $x = -1$ 为 $f(x)$ 的不可导点.

列表(表 3.7)考察 $f'(x)$ 的符号如下:

表 3.7

x	$(-\infty, -1)$	-1	$(-1, 1)$	1	$(1, +\infty)$
$f'(x)$	$+$	不可导	$-$	0	$+$
$f(x)$	↗	0 极大值	↘	$-3\sqrt[3]{4}$ 极小值	↗

由表 3.7 可知,函数 $f(x)$ 的极大值为 $f(-1) = 0$,极小值为 $f(1) = -3\sqrt[3]{4}$.

【例 34】 求函数 $f(x) = (x^2 - 1)^3 + 1$ 的极值.

解 函数 $f(x)$ 的定义域为 $(-\infty, +\infty)$,且
$$f'(x) = 3(x^2-1)^2 \cdot 2x = 6x(x-1)^2(x+1)^2$$

令 $f'(x) = 0$,得驻点 $x_1 = -1, x_2 = 0, x_3 = 1$.

列表(表 3.8)考察 $f'(x)$ 的符号如下:

表 3.8

x	$(-\infty, -1)$	-1	$(-1, 0)$	0	$(0, 1)$	1	$(1, +\infty)$
$f'(x)$	$-$	0	$-$	0	$+$	0	$+$
$f(x)$	↘	没有极值	↘	0 极小值	↗	没有极值	↗

由表 3.8 可知,函数 $f(x)$ 的极小值是 $f(0) = 0$.

由此题可见,驻点 $x = -1$ 和 $x = 1$ 都不是极值点.

【例 35】 求函数 $f(x) = \sin x + \cos x$ 在 $[0, 2\pi]$ 上的极值.

解 $f'(x) = \cos x - \sin x$. 令 $f'(x) = 0$,得区间 $[0, 2\pi]$ 上的驻点为 $x_1 = \dfrac{\pi}{4}, x_2 = \dfrac{5\pi}{4}$.

列表(表 3.9)考察 $f'(x)$ 的符号如下:

表 3.9

x	$\left(0, \dfrac{\pi}{4}\right)$	$\dfrac{\pi}{4}$	$\left(\dfrac{\pi}{4}, \dfrac{5\pi}{4}\right)$	$\dfrac{5\pi}{4}$	$\left(\dfrac{5\pi}{4}, 2\pi\right)$
$f'(x)$	$+$	0	$-$	0	$+$
$f(x)$	↗	$\sqrt{2}$ 极大值	↘	$-\sqrt{2}$ 极小值	↗

由表 3.9 可知,函数有极大值 $f\left(\dfrac{\pi}{4}\right) = \sqrt{2}$,极小值 $f\left(\dfrac{5\pi}{4}\right) = -\sqrt{2}$.

【例 36】 求函数 $y = (x - 1)\sqrt[3]{x^2}$ 的极值点和极值.

解 函数的定义域为 $(-\infty, +\infty)$,且

$$y' = x^{\frac{2}{3}} + \frac{2}{3}(x - 1)x^{-\frac{1}{3}} = \frac{5x - 2}{3\sqrt[3]{x}}$$

令 $y' = 0$,得 $x = \dfrac{2}{5}$,且 $x = 0$ 处导数不存在.

列表(表 3.10)考察 y' 的符号如下:

表 3.10

x	$(-\infty, 0)$	0	$\left(0, \dfrac{2}{5}\right)$	$\dfrac{2}{5}$	$\left(\dfrac{2}{5}, +\infty\right)$
$f'(x)$	$+$	不存在	$-$	0	$+$
$f(x)$	↗	0 极大值	↘	$-\dfrac{3}{25}\sqrt[3]{20}$ 极小值	↗

由表 3.10 可知,函数的极大值点为 $x=0$,极大值为 $f(0)=0$,极小值点为 $x=\dfrac{2}{5}$,极小值为 $f\left(\dfrac{2}{5}\right)=-\dfrac{3}{25}\sqrt[3]{20}$.

【例 37】 求函数 $f(x)=(x^2-1)^3+1$ 的极值.

解 函数的定义域为 $(-\infty,+\infty)$,且
$$f'(x)=6x(x^2-1)^2$$
令 $f'(x)=0$,求得驻点 $x_1=-1, x_2=0, x_3=1$. 由于
$$f''(x)=6(x^2-1)(5x^2-1)$$
因为 $f''(0)=6>0$,所以 $f(x)$ 在 $x=0$ 处取得极小值,极小值为 $f(0)=0$.

因为 $f''(-1)=f''(1)=0$,用定理 3.4 无法判别,因为在 -1 的左右邻域内 $f'(x)<0$,所以 $f(x)$ 在 -1 处没有极值;同理,$f(x)$ 在 1 处也没有极值.

3.4 导数在最值中的应用

3.4.1 极值与最值的关系

若函数 $f(x)$ 在闭区间 $[a,b]$ 上连续,则函数在该区间上一定有最大值与最小值,若最值在开区间 (a,b) 内取得,则对于可导函数来说最值点一定在函数 $f(x)$ 的驻点之中.

3.4.2 最大值和最小值的求法与一般步骤

求函数 $f(x)$ 在 (a,b) 内的全部驻点处的值及 $f(a),f(b)$ 中最大者即为函数 $f(x)$ 在 $[a,b]$ 上的最大值,最小者即为 $f(x)$ 在 $[a,b]$ 上的最小值.

综上,求最大值和最小值的步骤如下:
(1) 求驻点和不可导点;
(2) 求区间端点及驻点和不可导点的函数值,比较大小,哪个大哪个就是最大值,哪个小哪个就是最小值.

注意:如果区间内只有一个极值,则这个极值就是最值(最大值或最小值).

3.4.3 闭区间上的连续函数的最大值和最小值

设函数 $y=f(x)$ 在区间 $[a,b]$ 上连续,只要求得驻点及区间端点处的函数值就能求出 $f(x)$ 在区间 $[a,b]$ 上的最大值和最小值. 另外,在导数不存在的点处也可能出现最大值和最小值.

【例 38】 求函数 $y=x^4-2x^2+3$ 在区间 $[0,2]$ 上的最大值和最小值.

解 $y'=4x^3-4x=4x(x-1)(x+1)$. 令 $y'=0$,得驻点 $x_1=0, x_2=-1\notin[0,2]$(舍去),$x_3=1$.

相关驻点及区间端点的函数值列表如下(表 3.11):

表 3.11

x	0	1	2
y	3	2	11

比较可得,在区间$[0,2]$上,y的最大值为$f(2)=11$,最小值为$f(1)=2$.

【例 39】 求函数 $f(x)=3x^3-2x^2-5x+1$ 在区间$[0,2]$上的最大值和最小值.

解 $f'(x)=9x^2-4x-5=(x-1)(9x+5)$. 令 $f'(x)=0$,得驻点 $x_1=1, x_2=-\frac{5}{9}$. 由 $f(1)=-3, f\left(-\frac{5}{9}\right)=\frac{2\,679}{729}, f(0)=1, f(2)=7$ 可知,在区间$[0,3]$上,$f(x)$的最小值为 $f(2)=7$,最大值为 $f(1)=-3$.

3.4.4 开区间内可导且有唯一极值的函数的最大值和最小值

如果函数$f(x)$在区间(a,b)内可导,且有唯一极值点x_0,当$f(x_0)$为极大值时,$f(x_0)$就是$f(x)$在该区间内的最大值,$f(x_0)$是极小值时,$f(x_0)$就是$f(x)$在该区间内的最小值. 此结论对无限区间也成立.

【例 40】 求函数 $y=-x^2+4x-3$ 的最大值.

解 函数的定义域为$(-\infty,+\infty)$,且
$$y'=-2x+4=-2(x-2)$$
令 $y'=0$,得驻点 $x=2$. 因为 $y'\begin{cases}<0, x>2\\>0, x<2\end{cases}$,所以 $x=2$ 是函数的极大值点. 又因为函数在$(-\infty,+\infty)$内有唯一极值点,所以函数的极大值就是最大值,即 y 的最大值为 $f(2)=1$.

【例 41】 求函数 $f(x)=|x^2-3x+2|$ 在$[-3,4]$上的最大值与最小值.

解
$$f(x)=\begin{cases}x^2-3x+2, x\in[-3,1]\cup[2,4]\\-x^2+3x-2, x\in(1,2)\end{cases}$$
$$f'(x)=\begin{cases}2x-3, x\in(-3,1)\cup(2,4)\\-2x+3, x\in(1,2)\end{cases}$$

在$(-3,4)$内,$f(x)$的驻点为 $x=\frac{3}{2}$;不可导点为 $x=1$ 和 $x=2$. 由于 $f(-3)=20, f(1)=0, f\left(\frac{3}{2}\right)=\frac{1}{4}, f(2)=0, f(4)=6$,比较可得 $f(x)$ 在 $x=-3$ 处取得它在$[-3,4]$上的最大值 20,在 $x=1$ 和 $x=2$ 处取它在$[-3,4]$上的最小值 0.

3.4.5 实际问题中的最大值和最小值

在一般情况下,函数的极值与最大值和最小值是有本质区别的,但两者又不是绝对对立的. 在一定条件下,两者可能是一致的,如 3.4.4 中所讨论的情况. 因此,若实际问题所建立函数 $f(x)$ 在区间(a,b)内只有 1 个驻点 x_0(一般的,实际问题通常只有 1 个驻点,即所谓"单峰"问题),且从实际问题可知 $f(x)$ 在区间(a,b)内必定存在最大值或最小值,那么,$f(x_0)$就是所求的最大值或最小值.

【例42】 从一块边长为 a 的正方形铁皮的四个角上分别截去同样的小正方形,做成无盖盒子,问怎样截取才能使所做盒子的容积最大?

解 设截去的小正方形的边长为 x,则盒子的容积为
$$V = x(a-2x)^2, \quad 0 < x < \frac{a}{2}$$

归结为数学问题,就是求该函数在区间 $\left(0, \frac{a}{2}\right)$ 内的最大值.

因为
$$V' = (a-2x)^2 - 4x(a-2x) = (a-2x)(a-6x)$$

令 $V' = 0$,得
$$x_1 = \frac{a}{6}, \quad x_2 = \frac{a}{2}(\text{不合题意,舍去})$$

由于铁盒必然存在最大容积,而在 $\left(0, \frac{a}{2}\right)$ 内只有一个驻点.所以当 $x = \frac{a}{6}$ 时,所做盒子的容积最大.

【例43】 若电灯(点 B)可在桌面上一点 O 的垂线上移动,桌面上另有一点 A 与点 O 距离为 a,已知灯光照度 T 与光线的投射角 α 的余弦成正比,而与光源的距离 s 的平方成反比,即 $T = k\frac{\cos\alpha}{s^2}$($k$ 为比例系数).问电灯与点 O 的距离为多少时,可使点 A 处有最大的照度?

解 设点 O 到点 B 的距离为 x,则
$$\cos\alpha = \frac{x}{s}, \quad s = \sqrt{x^2 + a^2}$$

于是
$$T = k\frac{\cos\alpha}{s^2} = k\frac{\frac{x}{s}}{s^2} = k\frac{x}{(x^2+a^2)^{\frac{3}{2}}}, \quad 0 \leq x \leq +\infty$$

$$T' = k\frac{(x^2+a^2)^{\frac{3}{2}} - 3x^2(x^2+a^2)^{\frac{1}{2}}}{(x^2+a^2)^3} = k\frac{a^2 - 2x^2}{(x^2+a^2)^{\frac{5}{2}}}$$

令 $T' = 0$,得
$$x_1 = \frac{a}{\sqrt{2}}, \quad x_2 = -\frac{a}{\sqrt{2}}(\text{不合题意,舍去})$$

因为桌面上必存在受光最强之处,而在区间 $[0, +\infty)$ 的左端点处,$T(0) = 0$,在区间 $[0, +\infty)$ 内函数有唯一驻点,所以该驻点处 T 为最大值.即电灯与点 O 的距离为 $\frac{a}{\sqrt{2}}$ 时,点 A 处有最大的照度.

【例44】 某房地产公司有 50 套公寓要出租,当租金定为每月 180 元时,公寓会全部租出去.当租金每月增加 10 元时,就有 1 套公寓租不出去,而租出去的房子每月需花费 20 元的整修维护费.试问房租定为多少可获得最大收入?

解 设房租为每月 x 元,租出去的房子有 $\left(50 - \frac{x-180}{10}\right)$ 套,每月总收入为

$$R(x) = (x-20)\left(50 - \frac{x-180}{10}\right)$$

$$R(x) = (x-20)\left(68 - \frac{x}{10}\right)$$

$$R'(x) = \left(68 - \frac{x}{10}\right) + (x-20)\left(-\frac{1}{10}\right) = 70 - \frac{x}{5}$$

$$R'(x) = 0 \Rightarrow x = 350(\text{唯一驻点})$$

故每月每套租金为 350 元时收入最高,最大收入为

$$R(x) = (350-20)\left(68 - \frac{350}{10}\right) = 10\,890$$

【例45】 设计一个容积为 V_0 的有盖圆柱形油罐. 已知侧面的单位面积造价是底面单位面积造价的一半,而盖的单位面积造价又是侧面单位面积造价的一半. 问油罐的底面半径 r 与高 h 之比为何值时,其总造价最低?

解 (1)建立表示该问题的目标函数.

设罐的总造价为 y,油罐盖的单位面积造价为 a. 由题意得

$$\pi r^2 h = V_0 \Rightarrow h = \frac{V_0}{\pi r^2}$$

因此,总造价为

$$y = a(\pi r^2) + 2a(2\pi r h) + 4a(\pi r^2) = a\left(5\pi r^2 + \frac{4V_0}{r}\right)$$

即

$$y = a\left(5\pi r^2 + \frac{4V_0}{r}\right), \quad r \in (0, +\infty)$$

(2)求目标函数的最小值.

$$y' = a\frac{10\pi r^3 - 4V_0}{r^2}$$

令 $y' = 0$,在 $(0, +\infty)$ 内得唯一驻点 $r = \sqrt[3]{\frac{2V_0}{5\pi}}$.

函数 y 在 $(0, +\infty)$ 内可导,且仅有唯一驻点,由实际问题可知,油罐的最低造价一定存在,因此,当 $r = \sqrt[3]{\frac{2V_0}{5\pi}}$ 时,总造价 y 最低. 当 $r = \sqrt[3]{\frac{2V_0}{5\pi}}$ 时,有

$$h = \frac{V_0}{\pi r^2} = \frac{V_0}{\pi\left(\sqrt[3]{\frac{2V_0}{5\pi}}\right)^2} = \sqrt[3]{\frac{25V_0}{4\pi}}$$

所以 $r : h = \sqrt[3]{\frac{2V_0}{5\pi}} : \sqrt[3]{\frac{25V_0}{4\pi}} = 2 : 5$,其总造价最低.

【例46】 要设计一个容积为 500 mL 的圆柱形容器,其底面半径与高之比为多少时,容器所耗材料最少?

解 设其底面半径为 r,高为 h,其表面积为

$$S = 2\pi r h + 2\pi r^2$$

容积为
$$V = 500 = \pi r^2 h$$
即
$$h = \frac{500}{\pi r^2}$$
故
$$S = 2\pi rh + 2\pi r^2$$
得表面积
$$S = \frac{1\,000}{r} + 2\pi r^2$$
求导得
$$S' = -\frac{1\,000}{r^2} + 4\pi r$$

解 $S' = 0$,得唯一驻点 $r = \left(\frac{500}{2\pi}\right)^{\frac{1}{3}}$,因为此问题的最小值一定存在,故此驻点即为最小值点,将 $r = \left(\frac{500}{2\pi}\right)^{\frac{1}{3}}$ 代入 $500 = \pi r^2 h$,得
$$h = \left(\frac{2\,000}{\pi}\right)^{\frac{1}{3}}$$
即
$$\frac{r}{h} = \frac{1}{2}$$
故当底面半径与高之比为 1∶2 时,所用材料最少.

【例47】 甲、乙两个工厂合用一变压器,其位置如图3.7所示.若两厂用同型号线架设输电线,问变压器应设在输电干线何处时,所需输电线最短.

解 (1) 建立表示该问题的目标函数.

设变压器安装在距 A 点 x km 处,所需输电线 y km,根据题意,得
$$y = \sqrt{1 + x^2} + \sqrt{(3-x)^2 + 1.5^2}, \quad 0 \le x \le 3$$
(2) 求目标函数的最小值.
$$y' = \frac{x}{\sqrt{1+x^2}} + \frac{x-3}{\sqrt{(3-x)^2 + 1.5^2}}$$
令 $y' = 0$,求得在 [0,3] 内的唯一驻点 $x = 1.2$,在 [0,3] 内没有不可导的点.

由于 $y|_{x=1.2} \approx 3.91$ km,$y|_{x=0} \approx 4.35$ km,$y|_{x=3} \approx 4.66$ km.因此,当 $AM = 1.2$ km 时,所需电线最小,电线的最小长度为 3.91 km.

【例48】 宽为 2 m 的支渠道垂直地流向宽为 3 m 的主渠道.若在其中漂运原木,问能通过的原木的最大长度是多少?

解 将问题理想化,原木的直径不计.建立坐标系,如图3.8,AB 是通过点 $C(3,2)$ 且与渠道两侧壁分别交于 A 和 B 的线段.

设 $\angle OAC = t, t \in \left(0, \frac{\pi}{2}\right)$,则当原木长度不超过线段 AB 的长度 L 的最小值时,原木

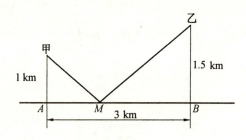

图 3.7

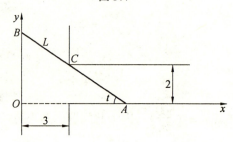

图 3.8

就能通过,于是建立目标函数

$$L(t) = AC + CB = \frac{2}{\sin t} + \frac{3}{\cos t}, \quad t \in (0, \frac{\pi}{2})$$

由于

$$L'(t) = -\frac{2\cos t}{\sin^2 t} - \frac{3(-\sin t)}{\cos^2 t} = \frac{3\sin t}{\cos^2 t} - \frac{2\cos t}{\sin^2 t} = \frac{3\sin t}{\cos^2 t}(1 - \frac{2}{3}\cot^3 t)$$

当 $t \in (0, \frac{\pi}{2})$ 时,$\frac{\sin t}{\cos t} > 0$. 于是从 $L'(t) = 0$ 解得

$$t_0 = \operatorname{arccot} \sqrt[3]{\frac{2}{3}} \approx 48°52'$$

这个问题的最小值(L 的最小值)一定存在. 而在 $(0, \frac{\pi}{2})$ 内只有一个驻点 t_0, 故它就是 L 的最小值点, 于是

$$\min_{t \in (0, \frac{\pi}{2})} L(t) = L(t_0) \approx 7.02$$

故能通过的原木的最大长度是 7.02 m.

【例49】 某地区防空洞的截面拟建成矩形加半圆. 已知截面的面积为 5 m²,问底宽 x 为多少,才能使截面的周长最小,从而使建造时所用的材料最省(图3.9)?

解 (1)建立表示该问题的目标函数.

设底宽为 x m,高为 y m,截面周长为 L m.

由

$$xy + \frac{1}{2}\pi(\frac{x}{2})^2 = 5$$

得

$$y = \frac{5}{x} - \frac{\pi}{8}x$$

从而周长函数为

$$L = x + 2y + \frac{1}{2}(2\pi \cdot \frac{x}{2}) = (1 + \frac{\pi}{4})x + \frac{10}{x}$$

即

$$L = (1 + \frac{\pi}{4})x + \frac{10}{x}, \quad x \in (0, +\infty)$$

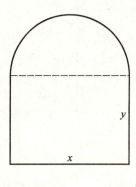

图 3.9

(2) 求目标函数的最小值.

$$L' = 1 + \frac{\pi}{4} - \frac{10}{x^2}$$

令 $L' = 0$ 在 $(0, +\infty)$ 内得唯一驻点 $x = \sqrt{\frac{40}{4 + \pi}} \approx 2.37$.

由实际问题可知,目标函数的最小值一定存在,又因为函数在 $(0, +\infty)$ 内可导且有唯一驻点,因此,当 $x = \sqrt{\frac{40}{4 + \pi}}$ 时,截面的周长 L 最小.

注意:$f(x)$ 在一个区间(有限或无限,开或闭)内可导且只有一个驻点 x_0,且该驻点 x_0 是函数 $f(x)$ 的极值点,那么当 $f(x_0)$ 是极大值时,$f(x_0)$ 就是在该区间上的最大值;当 $f(x_0)$ 是极小值时,$f(x_0)$ 就是在该区间上的最小值(图 3.10).

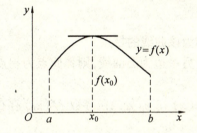 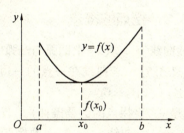

图 3.10

3.5 曲线的凹凸性及其拐点

前面已从曲线的走势上讨论了判定函数单调性的方法,这一节将从曲线的弯曲方向上继续讨论曲线的特征.这对科学、准确地做出函数图象是十分重要的.

3.5.1 函数的凹凸性的概念

函数 $f(x) = x^2$ 和 $f(x) = \sqrt{x}$ 的图象的不同点在于:曲线 $f(x) = x^2$ 上任意两点间的弧段总在这两点连线的下方(图 3.11),而曲线 $f(x) = \sqrt{x}$ 上任意两点间的弧段总在这两点连线的上方(图 3.12),两者刚好相反.因此把具有前一种特性的函数称为凹函数,把具有后一种特性的函数称为凸函数.凹函数所对应的曲线称为凹曲线,凸函数所对应的曲线称为凸曲线.

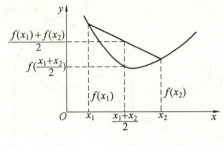
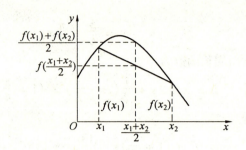

图 3.11　　　　　　　　　　　图 3.12

【定义 3.4】　设曲线在开区间 (a,b) 内各点都有切线,如果曲线位于每一点切线的上方,则称曲线在 (a,b) 内是凹的;如果曲线位于每一点切线的下方,则称曲线在 (a,b) 内是凸的;连续曲线上凹凸曲线弧的分界点,叫做曲线的拐点.

注意:这里的拐点并不同于生活中理解的拐弯处.

现在再进一步研究不同凹凸性的曲线弧上各点切线的关系.

曲线在某个区间上的凹凸性,可以用函数在这个区间内的二阶导数的符号去判断.

【定理 3.6】　设函数 $f(x)$ 在开区间 (a,b) 内具有二阶导数:
(1) 若在 (a,b) 内,$f''(x) > 0$,那么曲线在 (a,b) 内是凹的;
(2) 若在 (a,b) 内,$f''(x) < 0$,那么曲线在 (a,b) 内是凸的.

3.5.2　拐点的概念

连续曲线 $y = f(x)$ 上凹弧与凸弧的分界点称为该曲线的拐点.

【定义 3.5】　若曲线在一点的一边为凹曲线,另一边为凸曲线,则称此点为拐点,显然拐点处 $f''(x_0) = 0$.

【定理 3.7】(拐点的必要条件)　若函数 $y = f(x)$ 在 x_0 处二阶导数 $f''(x_0)$ 存在,且点 $(x_0, f(x_0))$ 为曲线 $y = f(x)$ 的拐点,则 $f''(x_0) = 0$.

确定曲线 $y = f(x)$ 的凹、凸区间和拐点的步骤:
(1) 确定函数 $y = f(x)$ 的定义域;
(2) 求出函数的二阶导数 $f''(x)$;
(3) 求使二阶导数为零的点和使二阶导数不存在的点;
(4) 判断或列表判断,确定曲线的凹、凸区间和拐点.

注意:根据具体情况步骤(1)、(3) 有时省略.

【例 50】　判断曲线 $y = \ln x$ 的凹凸性.

解　$y' = \dfrac{1}{x}$,$y'' = -\dfrac{1}{x^2}$.因为在函数 $y = \ln x$ 的定义域 $(0, +\infty)$ 内,$y'' < 0$,所以曲线 $y = \ln x$ 是凸的.

【例 51】　判断曲线 $y = x^3$ 的凹凸性.

解　因为 $y' = 3x^2$,$y'' = 6x$.令 $y'' = 0$,得 $x = 0$.当 $x < 0$ 时,$y'' < 0$,所以曲线在 $(-\infty, 0)$ 内为凸的;当 $x > 0$ 时,$y'' > 0$,所以曲线在 $(0, +\infty)$ 内为凹的.

【例 52】　求曲线 $y = 2x^3 + 3x^2 - 12x + 14$ 的拐点.

解 $y' = 6x^2 + 6x - 12, y'' = 12x + 6 = 6(2x+1)$. 令 $y'' = 0$, 得 $x = -\frac{1}{2}$. 因为当 $x < -\frac{1}{2}$ 时, $y'' < 0$; 当 $x > -\frac{1}{2}$ 时, $y'' > 0$, 所以点 $(-\frac{1}{2}, 20\frac{1}{2})$ 是曲线的拐点.

【例 53】 判定曲线 $y = \frac{1}{x}$ 的凹凸性.

解 函数的定义域为 $(-\infty, 0) \cup (0, +\infty)$, $y' = -\frac{1}{x^2}$, $y'' = \frac{2}{x^3} \neq 0$. 因为 $y'' \begin{cases} < 0, x < 0 \\ > 0, x > 0 \end{cases}$, 所以曲线在 $(-\infty, 0)$ 内是凸的, 在 $(0, +\infty)$ 内是凹的.

【例 54】 判定曲线 $f(x) = x^3$ 的凹凸性, 并求拐点.

解 函数的定义域为 $(-\infty, +\infty)$, $y' = 3x^2, y'' = 6x$. 令 $y'' = 0$, 得 $x = 0$. 列表(表 3.12)考察 y'' 的符号如下:

表 3.12

x	$(-\infty, 0)$	0	$(0, +\infty)$
$f''(x)$	$-$	0	$+$
曲线 $f(x)$	$\cap$	拐点$(0,0)$	$\cup$

所以, 曲线在 $(-\infty, 0)$ 内是凸的, 在 $(0, +\infty)$ 内是凹的, 拐点是 $(0,0)$.

【例 55】 求曲线 $f(x) = x^4 - 2x^3 + 1$ 的凹、凸区间和拐点.

解 函数 $f(x)$ 的定义域为 $(-\infty, +\infty)$, $f'(x) = 4x^3 - 6x^2$, $f''(x) = 12x^2 - 12x = 12x(x-1)$. 令 $f''(x) = 0$, 得 $x_1 = 0, x_2 = 1$.

列表(表 3.13)考察 y'' 的符号如下:

表 3.13

x	$(-\infty, 0)$	0	$(0,1)$	1	$(1, +\infty)$
$f''(x)$	$+$	0	$-$	0	$+$
曲线 $f(x)$	$\cup$	拐点$(0,1)$	$\cap$	拐点$(1,0)$	$\cup$

因此, 曲线在区间 $(-\infty, 0)$ 和 $(1, +\infty)$ 内是凹的, 在 $(0,1)$ 内是凸的, 点 $(0,1)$ 和 $(1,0)$ 是曲线的拐点.

【例 56】 求曲线 $f(x) = (2x - 1)^4 + 1$ 的凹、凸区间和拐点.

解 函数的定义域为 $(-\infty, +\infty)$, $f'(x) = 8(2x-1)^3, f''(x) = 48(2x-1)^2$. 令 $f''(x) = 0$, 得 $x = \frac{1}{2}$. 因为当 $x \neq \frac{1}{2}$ 时, $f''(x)$ 恒为正, 所以曲线在 $(-\infty, \frac{1}{2})$ 和 $(\frac{1}{2}, +\infty)$ 内都是凹的, 因此点 $(\frac{1}{2}, 1)$ 不是曲线的拐点.

其实, 曲线 $f(x) = (2x-1)^4 + 1$ 在整个定义域内都是凹的. 所以并非每个曲线都有拐点.

【例 57】 讨论曲线 $y = (x-2)^{\frac{5}{3}}$ 的凹、凸区间与拐点.

解 函数的定义域为$(-\infty,+\infty)$,$y'=\dfrac{5}{3}(x-2)^{\frac{2}{3}}$,$y''=\dfrac{10}{9}(x-2)^{-\frac{1}{3}}$.令$y''=0$,无解,且$x=2$处$y''$不存在.

列表(表3.14)考察y''的符号如下:

表3.14

x	$(-\infty,2)$	2	$(2,+\infty)$
$f''(x)$	$-$	不存在	$+$
曲线$f(x)$	$\cap$	拐点$(2,0)$	$\cup$

即曲线在$(-\infty,2)$内是凸的,在$(2,+\infty)$内是凹的,虽然点$(2,0)$处y''不存在,但函数在$x=2$处有定义,所以点$(2,0)$是曲线的拐点.

通过上例可见,函数有定义但二阶导数不存在的点,也可能是曲线的拐点,应该注意.

【例58】 求曲线$f(x)=x^3-6x^2+9x+10$的凹凸区间及拐点.

解 此函数定义域为$(-\infty,+\infty)$,$f'(x)=3x^2-12x+9$,$f''(x)=6x-12=6(x-2)$.令$f''(x)=0$,得$x=2$.

列表(表3.15)考察y''的符号如下:

表3.15

x	$(-\infty,2)$	2	$(2,+\infty)$
$f''(x)$	$-$	0	$+$
$f(x)$	$\cap$	拐点$(2,11)$	$\cup$

【例59】 求曲线$f(x)=x^3-3x$的凹凸区间及拐点.

解 此函数定义域为$(-\infty,+\infty)$,$f'(x)=3x^2-3$,$f''(x)=6x$.令$f''(x)=6x=0$,得$x=0$.

列表(表3.16)考察y''的符号如下:

表3.16

x	$(-\infty,0)$	0	$(0,+\infty)$
$f''(x)$	$-$	0	$+$
$f(x)$	$\cap$	拐点$(0,0)$	$\cup$

3.5.3 曲线的水平渐近线和垂直渐近线

【定义3.6】 如果当自变量$x\to\infty$时(或$+\infty$,或$-\infty$)时,函数$f(x)$以常量b为极限,即

$$\lim_{\substack{x\to\infty \\ (x\to+\infty \\ x\to-\infty)}} f(x)=b$$

那么,称直线 $y = b$ 为曲线 $f(x)$ 的水平渐近线.

【定义 3.7】 如果当自变量 $x \to x_0$(或 $x \to x_0^{+0}$,或 x_0^{-0})时,函数 $f(x)$ 为无穷大,即
$$\lim_{\substack{x \to x_0 \\ (x \to x_0^{+0} \\ x \to x_0^{-0})}} f(x) = \infty (或 +\infty, 或 -\infty)$$

那么直线 $x = x_0$ 叫做曲线 $y = f(x)$ 的垂直渐近线.

因为 $\lim\limits_{x \to +\infty} \arctan x = \dfrac{\pi}{2}$,$\lim\limits_{x \to -\infty} \arctan x = -\dfrac{\pi}{2}$,所以直线 $y = \dfrac{\pi}{2}$ 和 $y = -\dfrac{\pi}{2}$ 是曲线 $y = \arctan x$ 的两条水平渐近线;而 $\lim\limits_{x \to 1^{+0}} \ln(x-1) = -\infty$,故直线 $x = 1$ 是曲线 $y = \ln(x-1)$ 的垂直渐近线.

【例 60】 求下列曲线的水平渐近线或垂直渐近线.

(1) $y = \dfrac{1}{\sqrt{2\pi}} e^{-\frac{x^2}{2}}$;

(2) $y = \dfrac{1-2x}{x^2} + 1$.

解 (1) 因为 $\lim\limits_{x \to \infty} \dfrac{1}{\sqrt{2\pi}} e^{-\frac{x^2}{2}} = \lim\limits_{x \to \infty} \dfrac{1}{\sqrt{2\pi}} \dfrac{1}{e^{\frac{x^2}{2}}} = 0$,所以直线 $y = 0$ 是曲线 $y = \dfrac{1}{\sqrt{2\pi}} e^{-\frac{x^2}{2}}$ 的水平渐近线.

(2) 因为 $\lim\limits_{x \to \infty} \left(\dfrac{1-2x}{x^2} + 1\right) = 1$,$\lim\limits_{x \to 0} \left(\dfrac{1-2x}{x^2} + 1\right) = \infty$,所以直线 $y = 0$ 是曲线 $y = \dfrac{1-2x}{x^2} + 1$ 的水平渐近线,$x = 0$ 是其垂直渐近线.

3.5.4 函数图形的描绘

对于一个函数,若能作出其图形,就能从直观上了解该函数的性态特征,并可从其图形清楚地看出因变量与自变量之间相互依赖的关系.在中学阶段,曾利用描点法来做函数的图形.这种方法常会遗漏曲线的一些关键点,如极值点、拐点等,使得曲线的单调性、凹凸性等一些函数的重要性态难以准确显示出来.本节要利用导数描绘函数 $y = f(x)$ 的图形,其一般步骤如下:

(1) 确定函数 $y = f(x)$ 的定义域,考察函数的奇偶性、周期性等.

(2) 求出函数的一阶导数 $f'(x)$ 和二阶导数 $f''(x)$,解出方程 $f'(x) = 0$ 和 $f''(x) = 0$ 在函数定义域内的全部实根和导数不存在的点.

(3) 用上面所得的各点将定义域分割成若干个子区间,考察各子区间内 $f'(x)$ 和 $f''(x)$ 的符号,并列表表示函数在各个子区间内的单调性和凹凸性,以及函数的极值和拐点(表中"⌡"表示曲线上升且凹,"⌐"表示曲线上升且凸,"⌎"表示曲线下降且凹,"⌍"表示曲线下降且凸).

(4) 确定函数的水平渐近线和垂直渐近线,再计算一些必要的辅助点(如曲线与坐标轴的交点等).

(5) 在直角坐标系中定出上述各点,结合上面的讨论结果描绘出函数的图象.

这些步骤指一般情况,并非每个函数图象都要经过每个步骤.

【例61】 做出函数 $f(x) = \dfrac{1}{3}x^3 - x$ 的图象.

解 (1)函数的定义域为$(-\infty, +\infty)$,因为

$$f(-x) = \dfrac{1}{3}(-x)^3 - (-x) = -\left(\dfrac{1}{3}x^3 - x\right) = -f(x)$$

所以该函数为奇函数,其图象关于原点对称.

(2) $f'(x) = x^2 - 1$,令 $f'(x) = 0$,得 $x = \pm 1$;$f''(x) = 2x$,令 $f''(x) = 0$,得 $x = 0$.

(3)列表讨论(表3.17):

表 3.17

x	0	(0,1)	1	$(1, +\infty)$
$f'(x)$	−	−	0	+
$f''(x)$	0	+	+	+
$f(x)$	(0,0) 拐点	↘	$-\dfrac{2}{3}$ 极小值	↗

(4)取辅助点 $(\sqrt{3}, 0)$,$\left(2, \dfrac{2}{3}\right)$.

(5)结合上面的讨论,先做出当 $x > 0$ 时 $f(x) = \dfrac{1}{3}x^3 - x$ 的图象,再根据对称性做出当 $x < 0$ 时函数的图象,如图3.13所示.

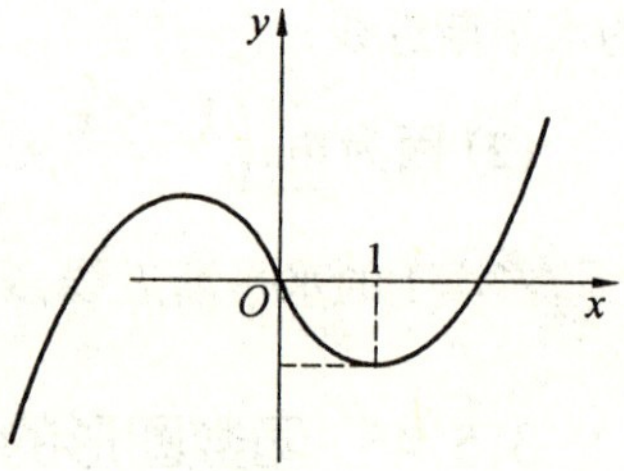

图 3.13

【例62】 描绘函数 $y = \dfrac{1}{\sqrt{2\pi}}e^{-\frac{x^2}{2}}$ 的图形.

解 (1)函数的定义域为$(-\infty, +\infty)$.由于 $f(x)$ 是偶函数,所以只讨论 $[0, +\infty)$ 上该函数的图形.

(2) $$f'(x) = \dfrac{1}{\sqrt{2\pi}}e^{-\frac{x^2}{2}} \cdot (-x) = -\dfrac{1}{\sqrt{2\pi}}xe^{-\frac{x^2}{2}}$$

令 $f'(x) = 0$,得 $x = 0$.

$$f''(x) = -\dfrac{1}{\sqrt{2\pi}}\left[e^{-\frac{x^2}{2}} + xe^{-\frac{x^2}{2}} \cdot (-x)\right] = \dfrac{1}{\sqrt{2\pi}}e^{-\frac{x^2}{2}}(x^2 - 1)$$

令 $f''(x) = 0$,得 $x = 1$.

(3)列表讨论(表3.18):

表 3.18

x	0	(0,1)	1	$(1, +\infty)$
$f'(x)$	0	−	−	−
$f''(x)$	−	−	0	+
$y = f(x)$的图形	极大	↘	拐点	↘

由于 $\lim_{x \to +\infty} f(x) = 0$,所以图形有一条水平渐近线 $y = 0$.

由于 $f(0) = \frac{1}{\sqrt{2\pi}}$, $f(1) = \frac{1}{\sqrt{2\pi e}}$,又 $f(2) = \frac{1}{\sqrt{2\pi e^2}}$,得函数图形上的 3 点 $M_1(0, \frac{1}{\sqrt{2\pi}})$, $M_2(1, \frac{1}{\sqrt{2\pi e}})$ 和 $M_3(2, \frac{1}{\sqrt{2\pi e^2}})$.

画出函数 $y = \frac{1}{\sqrt{2\pi}} e^{-\frac{x^2}{2}}$ 在 $[0, +\infty]$ 上的图形.最后,利用图形的对称性,便可得到函数在 $(-\infty, 0]$ 上的图形(图 3.14).这是概率论中一条重要曲线——正态分布曲线.

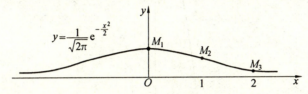

图 3.14

【例 63】 画出函数 $y = x^3 - x^2 - x + 1$ 的图形.

解 所给函数 $y = x^3 - x^2 - x + 1$ 的定义域为 $(-\infty, +\infty)$,且

$$f'(x) = 3x^2 - 2x - 1 = 3(x + \frac{1}{3})(x - 1)$$

$$f''(x) = 6x - 2 = 6(x - \frac{1}{3})$$

令 $f'(x) = 0$,得 $x = -\frac{1}{3}$, $x = 1$;令 $f''(x) = 0$,得 $x = \frac{1}{3}$.

把点 $x = -\frac{1}{3}$, $x = \frac{1}{3}$, $x = 1$ 由小到大排列,依次把定义域 $(-\infty, +\infty)$ 分成下列 4 个部分区间 $(-\infty, -\frac{1}{3})$, $(-\frac{1}{3}, \frac{1}{3})$, $(\frac{1}{3}, 1)$, $(1, +\infty)$.

确定在这些部分区间内 $f'(x)$ 和 $f''(x)$ 的符号,并由此确定曲线的升降和凹凸,极值点和拐点,为了明确起见,列表讨论如下(表 3.19):

表 3.19

x	$(-\infty, -\frac{1}{3})$	$-\frac{1}{3}$	$(-\frac{1}{3}, \frac{1}{3})$	$\frac{1}{3}$	$(\frac{1}{3}, 1)$	1	$(1, +\infty)$
$f'(x)$	+	0	−	−	−	0	+
$f''(x)$	−	−	−	0	+	+	+
$f(x)$	↗	$\frac{32}{27}$ 极大值	↘	$(\frac{1}{3}, \frac{16}{27})$ 拐点	↘	0 极小值	↗

由于当 $x \to +\infty$ 时,$y \to +\infty$;当 $x \to -\infty$ 时,$y \to -\infty$.容易知道,曲线没有渐近线.

除表 3.19 中列出的 3 个点外,再适当补充一些点,如 $f(-1) = 0$, $f(0) = 1$, $f(\frac{3}{2}) =$

$\frac{5}{8}$,即补充描出点$(-1,0)$,$(0,1)$和$(\frac{3}{2},\frac{5}{8})$.

根据上述讨论,可画出函数 $y = x^3 - x^2 - x + 1$ 的图形(图3.15).如果所讨论的函数是奇函数或偶函数,那么描绘函数图形时,可以利用函数图形的对称性.

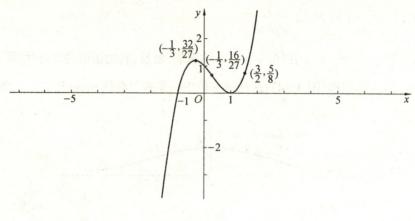

图 3.15

3.6 曲 率

在生产实践和工程技术中,常常需要研究曲线的弯曲程度,如设计铁路时,需要根据最高限速来确定弯道的弯曲程度.作为曲率的预备知识,先介绍弧微分的概念.

3.6.1 弧微分

作为曲率的预备知识,先介绍弧微分的概念.

设函数 $f(x)$ 在区间 (a,b) 内具有连续导数.在曲线 $y = f(x)$ 上取固定点 $M_0(x_0,y_0)$ 作为度量弧长的基点(图3.16),并规定 x 增大的方向作为曲线的正向.对曲线上任一点 $M(x,y)$,规定有向弧段 $\overparen{M_0M}$ 的值s(简称为弧)如下:s 的绝对值等于这弧段的长度,当有向弧段 $\overparen{M_0M}$ 的方向与曲线的正向一致时,$s > 0$,相反时,$s < 0$.显然,弧 $s = \overparen{M_0M}$ 是 x 的函数:$s = s(x)$,而且 $s(x)$ 是 x 的单调增加函数.下面来求 $s(x)$ 的导数及微分.

设 $x, x + \Delta x$ 为 (a,b) 内两个邻近的点.它们在曲线 $y = f(x)$ 上的对应点为 M, M'(图3.16),并设对应于 x 的增量为 Δx,s 的增量为 Δs,那么

$$\Delta s = \overparen{M_0M'} - \overparen{M_0M} = \overparen{MM'}$$

于是

$$\left(\frac{\Delta s}{\Delta x}\right)^2 = \left(\frac{\overparen{MM'}}{\Delta x}\right)^2 = \left(\frac{\overparen{MM'}}{|MM'|}\right)^2 \frac{|MM'|^2}{(\Delta x)^2} =$$

$$\left(\frac{\overparen{MM'}}{|MM'|}\right)^2 \frac{(\Delta x)^2 + (\Delta y)^2}{(\Delta x)^2} = \left(\frac{\overparen{MM'}}{|MM'|}\right)^2 \left[1 + \left(\frac{\Delta y}{\Delta x}\right)^2\right]$$

$$\frac{\Delta s}{\Delta x} = \pm \sqrt{\left(\frac{\widehat{MM'}}{|MM'|}\right)^2 \left[1 + \left(\frac{\Delta y}{\Delta x}\right)^2\right]}$$

令 $\Delta x \to 0$，取极限，由于 $\Delta x \to 0$ 时，$M' \to M$，这时弧的长度与弦的长度之比的极限等于 1，即

$$\lim_{M' \to M} \frac{|\widehat{MM'}|}{|MM'|} = 1$$

又

$$\lim_{\Delta x \to 0} \frac{\Delta y}{\Delta x} = y'$$

因此得

$$\frac{\mathrm{d}s}{\mathrm{d}x} = \pm \sqrt{1 + y'^2}$$

由于 $s = s(x)$ 是单调增加函数，从而根号前应取正号，于是有

$$\mathrm{d}s = \sqrt{1 + y'^2}\,\mathrm{d}x \tag{3.1}$$

这就是弧微分公式.

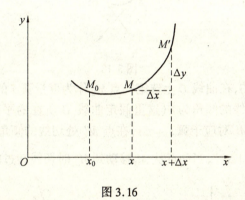

图 3.16

3.6.2 曲率及其计算公式

人们直觉地认识到，直线不弯曲，半径较小的圆弯曲得比半径较大的圆厉害些，而其他曲线的不同部分有不同的弯曲程度，例如，抛物线 $y = x^2$ 在顶点附近弯曲得比远离顶点的部分厉害些.

在工程技术中，有时需要研究曲线的弯曲程度. 例如，船体结构中的钢梁、机床的转轴等，它们在荷载作用下要产生弯曲变形，在设计时对它们的弯曲必须有一定的限制，这就要定量地研究它们的弯曲程度. 为此首先要讨论如何用数量来描述曲线的弯曲程度.

从图 3.17 可以看出，弧段 $M_1 M_2$ 比较平直，当动点沿这段弧从 M_1 移动到 M_2 时，切线转过的角度 φ_1 不大，而弧段 $M_2 M_3$ 弯曲得比较厉害，转过的角度 φ_2 就比较大.

但是，切线转过的角度的大小还不能完全反映曲线弯曲的程度. 例如，从图 3.18 可以看出，两段曲线 $M_1 M_2$ 及 $N_1 N_2$ 尽管切线转过的角度都是 φ，然而弯曲程度并不相同，短弧段比长弧段弯曲得厉害些. 由此可见，曲线弧的弯曲程度还与弧段的长度有关.

按上面的分析，现引入描述曲线弯曲程度的曲率的概念.

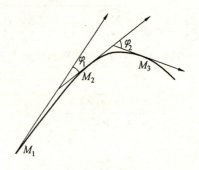

图 3.17

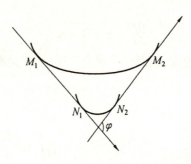

图 3.18

设曲线 C 是光滑的,在曲线 C 上选定一点 M_0 作为度量弧 s 的基点.设曲线上点 M 对应于弧 s,在点 M 处切线的倾角为 α(这里假定曲线 C 所在的平面上已设立了 xOy 坐标系),曲线上另外一点 M' 对应于弧 $s + \Delta s$,在点 M' 处切线的倾角为 $\alpha + \Delta\alpha$(图 3.19),那么,弧段 $\widehat{MM'}$ 的长度为 $|\Delta s|$,当动点从 M 移动到 M' 时切线转过的角度为 $|\Delta\alpha|$.

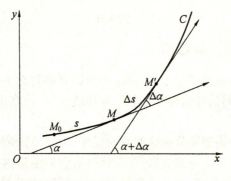

图 3.19

比值 $\left|\dfrac{\Delta\alpha}{\Delta s}\right|$,即单位弧段上切线转过的角度的大小来表达弧段 $\widehat{MM'}$ 的平均弯曲程度,把这比值叫做弧段 $\widehat{MM'}$ 的平均曲率,记作 $\overline{K}$,即

$$\overline{K} = \left|\frac{\Delta\alpha}{\Delta s}\right|$$

类似于从平均速度引进瞬时速度的方法,当 $\Delta s \to 0$ 时(即 $M' \to M$ 时),上述平均曲率的极

限叫做曲线 C 在点 M 处的曲率,记作 K,即
$$K = \lim_{\Delta s \to 0} \left| \frac{\Delta \alpha}{\Delta s} \right|$$

在 $\lim\limits_{\Delta s \to 0} \dfrac{\Delta \alpha}{\Delta s} = \dfrac{\mathrm{d}\alpha}{\mathrm{d}s}$ 存在的条件下,K 也可以表示为

$$K = \left| \frac{\mathrm{d}\alpha}{\mathrm{d}s} \right| \tag{3.2}$$

对于直线来说,切线与直线本身重合. 当点沿直线移动时,切线的倾角 α 不变(图 3.20),而 $\Delta\alpha = 0, \dfrac{\Delta\alpha}{\Delta s} = 0$. 从而 $K = \left|\dfrac{\mathrm{d}\alpha}{\mathrm{d}s}\right| = 0$,这就是说,直线上任意点 M 处的曲率都等于零,这与直觉认识到的"直线不弯曲"一致.

设圆的半径为 a,由图 3.21 可见,在点 M, M' 处圆的切线所夹的角 $\Delta\alpha$ 等于中心角 MDM'. 但 $\angle MDM' = \dfrac{\Delta s}{r}$,于是

$$\frac{\Delta \alpha}{\Delta s} = \frac{\frac{\Delta s}{r}}{\Delta s} = \frac{1}{r}$$

从而
$$K = \left| \frac{\mathrm{d}\alpha}{\mathrm{d}s} \right| = \frac{1}{r}$$

因为点 M 是圆上任意取定的一点,所以上述结论表示圆上各点处的曲率都等于半径 r 的倒数,即 $\dfrac{1}{r}$,也就是说,圆的弯曲程度到处一样,且半径越小曲率越大,即圆弯曲得越厉害.

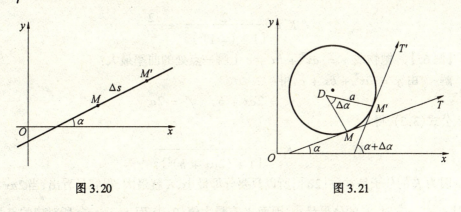

图 3.20 图 3.21

在一般情况下,根据式(3.2) 导出便于实际计算曲率的公式.

设曲线的直角坐标方程是 $y = f(x)$,且 $f(x)$ 具有二阶导数(此时 $f'(x)$ 连续,从而曲线是光滑的). 因为 $\tan\alpha = y'$,所以

$$\sec^2\alpha \frac{\mathrm{d}\alpha}{\mathrm{d}x} = y''$$

$$\frac{\mathrm{d}\alpha}{\mathrm{d}x} = \frac{y''}{1 + \tan^2\alpha} = \frac{y''}{1 + y'^2}$$

于是

$$d\alpha = \frac{y''}{1+y'^2}dx$$

又由式(3.1)得

$$ds = \sqrt{1+y'^2}\,dx$$

从而,根据曲率 K 的表达式(3.2),有

$$K = \frac{|y''|}{(1+y'^2)^{\frac{3}{2}}} \tag{3.3}$$

设曲线由参数方程

$$\begin{cases} x = \varphi(t) \\ y = \psi(t) \end{cases}$$

给出,则可利用由参数方程所确定的函数的求导法,求出 y'_x 及 y''_x,代入式(3.3)得

$$K = \frac{|\varphi'(t)\psi''(t) - \varphi''(t)\psi'(t)|}{[\varphi'^2(t) + \psi'^2(t)]^{\frac{3}{2}}} \tag{3.4}$$

【例 64】 计算等边双曲线 $xy = 1$ 在点 $(1,1)$ 处的曲率.

解 由 $y = \dfrac{1}{x}$ 得

$$y' = -\frac{1}{x^2}, \quad y'' = \frac{2}{x^3}$$

因此

$$y'|_{x=1} = -1, \quad y''|_{x=1} = 2$$

把它们代入公式(3.3),便得曲线 $xy = 1$ 在点 $(1,1)$ 处的曲率为

$$K = \frac{2}{[1+(-1)^2]^{\frac{3}{2}}} = \frac{\sqrt{2}}{2}$$

【例 65】 抛物线 $y = ax^2 + bx + c$ 上哪一点处的曲率最大?

解 由 $y = ax^2 + bx + c$,得

$$y' = 2ax + b, \quad y'' = 2a$$

代入公式(3.3),得

$$K = \frac{|2a|}{[1+(2ax+b)^2]^{\frac{3}{2}}}$$

因为 K 的分子是常数 $|2a|$,所以只要分母最小,K 就最大.很容易看出,当 $2ax + b = 0$,即 $x = -\dfrac{b}{2a}$ 时,K 的分母最小,因而 K 有最大值 $|2a|$.而 $x = -\dfrac{b}{2a}$ 所对应的点为抛物线的顶点.因此,抛物线在原点处的曲率最大.

在有些实际问题中,$|y'|$ 同 1 比较起来是很小的(有的工程书上把这种关系记成 $|y'| \ll 1$,可以忽略不计.这时,由

$$1 + y'^2 \approx 1$$

而有曲率的近似计算公式

$$K = \frac{|y''|}{(1+y'^2)^{\frac{3}{2}}} \approx |y''|$$

也就是说,当$|y'|\ll 1$时,曲率K近似于$|y''|$.经过这样简化后,对一些复杂问题的计算和讨论就方便多了.

【例66】 确定正弦曲线$y = \sin x$的一拱$(0 \leqslant x \leqslant \pi)$上曲率最大的点.

解
$$y' = \cos x, \quad y'' = -\sin x$$
$$K = \frac{|y''|}{(1+y'^2)^{\frac{3}{2}}}$$
$$K = \frac{|-\sin x|}{(1+\cos^2 x)^{\frac{3}{2}}}$$

当$x = \dfrac{\pi}{2}$时,分子最大,分母最小.即点$(\dfrac{\pi}{2}, 1)$曲率最大.

【例67】 求摆线的一拱上的任一点的曲率.

解
$$\begin{cases} x = a(t-\sin t) \\ y = a(1-\cos t) \end{cases}, \quad t \in [0, 2\pi]$$
$$x'_t = a(1-\cos t), \quad y'_t = a\sin t$$
$$x''_{tt} = a\sin t, \quad y''_{tt} = a\cos t$$
$$K = \frac{|a(1-\cos t)a\cos t - a\sin t \cdot a\sin t|}{[a^2(1-\cos t)^2 + a^2\sin^2 t]^{\frac{3}{2}}} = \frac{1}{2\sqrt{2}a\sqrt{1-\cos t}}$$
$$K = \frac{|\varphi'(t)\psi''(t) - \varphi''(t)\psi'(t)|}{[\varphi'^2(t) + \psi'^2(t)]^{\frac{3}{2}}} = \frac{a^2|\cos t - 1|}{a^3(2-2\cos t)^{\frac{3}{2}}}$$

3.6.3 曲率圆与曲率半径

设曲线$y = f(x)$在点$M(x, y)$处的曲率为$K(K \neq 0)$.在点M处的曲线的法线上,在凹的一侧取一点D,使$|DM| = \dfrac{1}{K} = \rho$.以点$D$为圆心、$\rho$为半径作圆(图3.22),这个圆叫做曲线在点$M$处的曲率圆,曲率圆的圆心$D$叫做曲线在点$M$处的曲率中心,曲率圆的半径$\rho$作曲线在点$M$处的曲率半径.

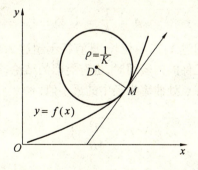

图 3.22

按上述规定可知,曲率圆与曲线在点M有相同的切线和曲率,且在点M邻近有相同的凹向.因此,在实际问题中,常常用曲率圆在点M邻近的一段圆弧来近似代替曲线弧,以使问题简化.

按上述规定,曲线在点 M 处的曲率 $K(K \neq 0)$ 与曲线在点 M 处的曲率半径 ρ 有如下关系

$$\rho = \frac{1}{K}, \quad K = \frac{1}{\rho}$$

也就是说,曲线上一点处的曲率半径与曲线在该点处的曲率互为倒数.

【例 68】 设工件内表面的截线为抛物线 $y = 0.4x^2$(图 3.23).现在要用砂轮磨削其内表面,问用直径多大的砂轮才比较合适?

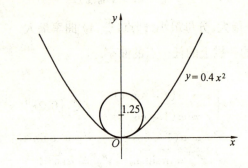

图 3.23

解 为了在磨削时不使砂轮与工件接触处附近的那部分工件磨去太多,砂轮的半径应不大于曲线上各点处曲率半径中的最小值.由于抛物线在其顶点处的曲率最大,也就是说,抛物线在其顶点处的曲率半径最小.因此,只要求出抛物线 $y = 0.4x^2$ 在顶点 $O(0,0)$ 处的曲率半径即可.由

$$y' = 0.8x, \quad y'' = 0.8$$

有

$$y'|_{x=0} = 0, \quad y''|_{x=0} = 0.8$$

把它们代入公式(3.3),得

$$K = 0.8$$

因而求得抛物线顶点处的曲率半径为

$$\rho = \frac{1}{K} = 1.25$$

所以选用砂轮的半径不得超过 1.25 单位长,即直径不超过 2.50 单位长.

对于用砂轮磨削一般工件的内表面时,也有类似的结论,即选用的砂轮的半径不应超过该工件内表面的截线上各点处曲率半径中的最小值.

$$\frac{8R^2}{(4R^2 + l^2)^{\frac{3}{2}}} = \frac{8R^2}{(4R^2)^{\frac{3}{2}}(1 + \frac{l^2}{4R^2})^{\frac{3}{2}}} = \frac{1}{R} \Big/ \left(1 + \frac{l^2}{4R^2}\right)^{\frac{3}{2}} = \frac{1}{R}$$

习 题

1.利用洛必达法则求下列极限.

(1) $\lim\limits_{x\to 1}\dfrac{x^3-3x+2}{x^3-x^2-x+1}$ (2) $\lim\limits_{x\to 1}\dfrac{x^n-1}{x^m-1}$

(3) $\lim\limits_{x\to 0}\dfrac{e^x-e^{-x}}{\sin x}$ (4) $\lim\limits_{x\to 0}\dfrac{\sin ax}{\sin bx}$

(5) $\lim\limits_{x\to\frac{\pi}{2}}\dfrac{\ln\sin x}{(\pi-2x)^2}$ (6) $\lim\limits_{x\to 0^+}\dfrac{a^x-b^x}{x}$

(7) $\lim\limits_{x\to\infty}\dfrac{x^2-5x+9}{3x^2+7}$ (8) $\lim\limits_{x\to+\infty}\dfrac{\ln(1+\frac{1}{x})}{\operatorname{arccot} x}$

(9) $\lim\limits_{x\to\frac{\pi}{4}}\dfrac{\sin x-\cos x}{1-\tan^2 x}$ (10) $\lim\limits_{x\to 0}\dfrac{e^x\cos x-1}{\sin 2x}$

(11) $\lim\limits_{x\to 0}x^2 e^{\frac{1}{x^2}}$ (12) $\lim\limits_{x\to 1}(1-x)\tan\dfrac{\pi x}{2}$

(13) $\lim\limits_{x\to 1}(\dfrac{x}{x-1}-\dfrac{1}{\ln x})$ (14) $\lim\limits_{x\to 0}(\dfrac{1}{x}-\dfrac{1}{e^x-1})$

(15) $\lim\limits_{x\to 0^+}(\tan x)^{\sin x}$ (16) $\lim\limits_{x\to 0}(1+\dfrac{1}{x})^x$

(17) $\lim\limits_{x\to 0}\dfrac{x-\sin x}{x^3}$ (18) $\lim\limits_{x\to 0}\dfrac{e^{-2x}-1}{x}$

(19) $\lim\limits_{x\to\frac{\pi}{2}}\dfrac{\tan x}{\tan 3x}$ (20) $\lim\limits_{x\to+\infty}\dfrac{\frac{\pi}{2}-\arctan x}{\sin\frac{1}{x}}$

(21) $\lim\limits_{x\to 1}(1-x)\tan(\dfrac{\pi}{2}x)$ (22) $\lim\limits_{x\to 0}(\cot x-\dfrac{1}{x})$

2. 确定下列函数的单调区间.

(1) $y=x^2+6x-3$ (2) $y=e^x-x+1$

(3) $y=\sqrt{x}-x$ (4) $y=\arctan x-x$

(5) $y=\dfrac{x^2}{1-x}$ (6) $y=x-\ln x$

3. 证明不等式.

(1) $e^x\geq 1+x, x\geq 0$ (2) $\arctan x-x\leq 0, x\geq 0$

(3) $\cos x-1+\dfrac{1}{2}x^2>0, x>0$ (4) $\ln(1+x)-\dfrac{\arctan x}{1+x}>0, x>0$

4. 求下列函数的极值.

(1) $y=2x^3-3x^2-12x+14$ (2) $y=x^3(x-5)^2$

(3) $y=x-\ln(1+x)$ (4) $y=x+\sqrt{1-x}$

(5) $y=x-e^x$ (6) $y=\dfrac{2x}{1+x^2}$

(7) $y=3-2(1+x)^{\frac{1}{3}}$ (8) $y=(x-1)x^{\frac{2}{3}}$

(9) $y=2x^3-6x^2-18x-7$ (10) $y=2-3(x^2-1)^{\frac{2}{3}}$

5. 求下列函数在指定区间的最大值与最小值.

(1) $y = x^2 - 2x + 7, [-2, 3]$ (2) $y = x - \sqrt{4-x}, [-5, 3]$

(3) $y = -x + 2\sqrt[3]{x}, [-1, 1]$ (4) $y = \dfrac{x^2}{1+x}, \left[\dfrac{1}{2}, 1\right]$

6. 求函数 $y = x^2 - \dfrac{54}{x} (x < 0)$ 在何处取得最小值?

7. 求函数 $y = \dfrac{x}{x^2 + 1} (x \geq 0)$ 在何处取得最大值?

8. 试证明在面积为定值的矩形中,正方形的周长为最短.

9. 要造一圆柱形油罐,体积为 V,问底面半径 r 和高 h 为多少时,才能使表面积最小? 这时底直径与高的比是多少?

10. 一鱼雷艇停泊在距海岸 9 km 的 A 处(海岸为直线),派人送信给距鱼雷艇为 $3\sqrt{34}$ km 的司令部 B(图 3.24).若送信人步行每小时 5 km,划船每小时 4 km.问他在何处上岸,到达司令部所用的时间最短?

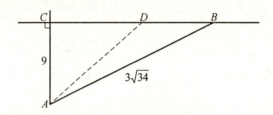

图 3.24

11. 求下列函数图形的凹凸区间和拐点.

(1) $y = x^3 - 3x^2 + 5x + 2$ (2) $y = x^2 + \dfrac{1}{x}$

(3) $y = \ln(x^2 + 1)$ (4) $y = x + \dfrac{x}{x-1}$

12. 求下列函数的渐近线.

(1) $y = e^{\frac{1}{x}} - 1$ (2) $y = \dfrac{1}{x-2} + 5$

(3) $y = x + e^{-x}$ (4) $y = \ln\left(e + \dfrac{2}{x}\right)$

13. 做下列函数的图象.

(1) $y = 3x - x^3$ (2) $y = \dfrac{x}{1 + x^2}$

(3) $y = \dfrac{x^2}{2x - 1}$ (4) $y = \ln(x^2 + 1)$

14. 某车间靠墙壁要盖一间长方形小屋,现有砖只够砌 20 m 长的墙壁.问应围成怎样的长方形,才能使这间小屋的面积最大.

第 4 章 不定积分

微分学的基本问题是:已知一个函数,求它的导数.但是,在科学技术领域中往往还会遇到与此相反的问题:已知一个函数的导数,求原来的函数,由此产生积分学.积分学由两个基本部分组成——不定积分和定积分.本章将研究不定积分的概念、性质和基本的计算方法.

4.1 不定积分的概念和性质

4.1.1 原函数与不定积分

讨论物理学中质点沿直线运动时,由于实际问题的要求不同,往往要解决两个方面的问题:一方面,已知路程函数 $s = s(t)$,求质点运动的速度 $u = u(t)$,这个问题已在微分学中解决,即 $u = s'(t)$;另一方面,已知质点做直线运动的速度 $u = u(t)$,求路程函数 $s = s(t)$.这种相反的问题,从数学观点来看,它的实质是:已知函数 $u = u(t)$,求满足关系式 $s'(t) = u(t)$ 的函数 $s = s(t)$.类似这方面的问题,在数学上可抽象出原函数的概念.

【定义 4.1】 设函数 $f(x)$ 在某个区间上有定义,如果存在函数 $F(x)$,对于该区间上任意一点 x,使
$$F'(x) = f(x) \quad \text{或} \quad dF(x) = f(x)dx$$
则称函数 $F(x)$ 是已知函数 $f(x)$ 在该区间上的一个原函数.

例如,因为在区间 $(-\infty, +\infty)$ 内有 $(x^3)' = 3x^2$,所以 x^3 是 $3x^2$ 在区间 $(-\infty, +\infty)$ 内的一个原函数,又因为 $(x^3 + 1)' = 3x^2$,$(x^3 + \sqrt{5})' = 3x^2$,$(x^3 + C)' = 3x^2$(C 为任意常数),所以 $x^3 + 1, x^3 + \sqrt{5}, x^3 + C$ 都是 $3x^2$ 在区间 $(-\infty, +\infty)$ 内的原函数.

又如,因为 $(\sin x)' = \cos x$,所以 $\sin x$ 是 $\cos x$ 在定义域区间上的一个原函数,显然,$\sin x - 1, \sin x + 3, \sin x + C$($C$ 为任意常数)也都是 $\cos x$ 在区间 $(-\infty, +\infty)$ 内的原函数.

一般的,若 $F(x)$ 是 $f(x)$ 在某个区间上的一个原函数,则函数族 $F(x) + C$(C 为任意常数)都是 $f(x)$ 在该区间上的原函数.这是因为 $[F(x) + C]' = F'(x) + C'$.可见,如果 $f(x)$ 有原函数,那么它就有无穷多个原函数.这个函数族 $F(x) + C$ 是否包含了 $f(x)$ 的全体原函数?答案是肯定的.事实上,设 $F(x)$ 是 $f(x)$ 在区间 I 上的一个原函数,$\phi(x)$ 是 $f(x)$ 在区间 I 上的任意一个原函数,即
$$F'(x) = f(x), \quad \phi'(x) = f(x)$$
因为
$$[\phi(x) - F(x)]' = \phi'(x) - F'(x) = f(x) - f(x) = 0$$

由微分中值定理的推论得
$$\phi(x) - F(x) = C$$
移项得
$$\phi(x) = C + F(x)$$
因为 $\phi(x)$ 是 $f(x)$ 的任意一个原函数,所以 $F(x) + C$ 是 $f(x)$ 在区间 I 上的全体原函数的一般表达式.

【定义 4.2】 若 $F(x)$ 是 $f(x)$ 在区间 I 上的一个原函数,则 $F(x) + C$(C 为任意常数)称为 $f(x)$ 在该区间上的不定积分,记为
$$\int f(x) dx$$
即
$$\int f(x) dx = F(x) + C$$

其中符号"$\int$"称为积分符号;$f(x)$ 称为被积分函数;$f(x)dx$ 称为被积表达式,或称为被积分式;x 称为积分变量;C 称为积分常数.

根据定义 4.2 可知,求不定积分的关键问题是寻求被积函数的一个原函数.

【例 1】 求 $\int \sin x dx$.

解 由于 $(-\cos x)' = \sin x$,所以 $-\cos x$ 是 $\sin x$ 的一个原函数,因此
$$\int \sin x dx = -\cos x + C$$

【例 2】 求 $\int 3x^2 dx$.

解 由于 $(x^3)' = 3x^2$,所以 x^3 是 $3x^2$ 的一个原函数,因此
$$\int 3x^2 dx = x^3 + C$$

【例 3】 求 $\int \frac{1}{x} dx$.

解 当 $x > 0$ 时,有
$$(\ln|x|)' = (\ln x)' = \frac{1}{x}$$
当 $x < 0$ 时,有
$$(\ln|x|)' = [\ln(-x)]' = \frac{1}{-x}(-x)' = \frac{1}{x}$$
所以
$$\int \frac{1}{x} dx = \ln|x| + C$$

【例 4】 求过点 $(1,2)$,且在任意一点 $P(x,y)$ 处切线的斜率为 $2x$ 的曲线方程.

解 由 $\int 2x dx = x^2 + C$ 得积分曲线族 $y = x^2 + C$.将 $x = 1, y = 2$ 代入 $y = x^2 + C$,有 $2 = 1 + C$,故 $C = 1$.所以 $y = x^2 + 1$ 为所求曲线方程.

4.1.2 不定积分的基本公式

由不定积分定义可知,求不定积分与求导数(或求微分)是两种互逆运算,它们的互逆关系如下:

(1) $\left[\int f(x)\mathrm{d}x\right]' = f(x)$ 或 $\mathrm{d}\left[\int f(x)\mathrm{d}x\right] = f(x)\mathrm{d}x$.

此式表明,若先求积分后求导数(或求微分),则两者的作用相互抵消.

(2) $\int f'(x)\,\mathrm{d}x = f(x) + C$ 或 $\int \mathrm{d}f(x) = \int f'(x)\,\mathrm{d}x = f(x) + C$.

此式表明,若先求导数(或求微分)后求积分,则两者的作用抵消后还留有积分常数 C.

因此,有一个导数公式就相应的有一个不定积分公式.于是,由导数的基本公式就可以直接得到不定积分的基本公式.为今后应用方便起见,现将与导数公式相应的积分公式列表如下:

(1) $\int k\mathrm{d}x = kx + C$, k 为常数;

(2) $\int x^\mu \mathrm{d}x = \dfrac{1}{\mu+1} x^{\mu+1} + C, \mu \neq -1$;

(3) $\int \dfrac{1}{x} \mathrm{d}x = \ln|x| + C$;

(4) $\int a^x \mathrm{d}x = \dfrac{a^x}{\ln a} + C, a > 0, a \neq 1$;

(5) $\int \mathrm{e}^x \mathrm{d}x = \mathrm{e}^x + C$;

(6) $\int \cos x \mathrm{d}x = \sin x + C$;

(7) $\int \sin x \mathrm{d}x = -\cos x + C$;

(8) $\int \sec^2 x \mathrm{d}x = \tan x + C$;

(9) $\int \csc^2 x \mathrm{d}x = -\cot x + C$;

(10) $\int \sec x \tan x \mathrm{d}x = \sec x + C$;

(11) $\int \csc x \cot x \mathrm{d}x = -\csc x + C$;

(12) $\int \dfrac{\mathrm{d}x}{\sqrt{1-x^2}} = \arcsin x + C = -\arccos x + C$;

(13) $\int \dfrac{\mathrm{d}x}{1+x^2} = \arctan x + C = -\mathrm{arccot}\, x + C$.

4.1.3 不定积分的性质

【性质4.1】 两个函数代数和的不定积分等于各个函数不定积分的代数和,即

$$\int [f(x) \pm g(x)] \mathrm{d}x = \int f(x)\mathrm{d}x \pm \int g(x)\mathrm{d}x$$

证明 根据不定积分的定义,只需验证上式右端的导数等于左端的被积函数,即

$$\left[\int f(x)\mathrm{d}x \pm \int g(x)\mathrm{d}x\right]' = \left[\int f(x)\mathrm{d}x\right]' \pm \left[\int g(x)\mathrm{d}x\right]' = f(x) \pm g(x)$$

性质 4.1 可推广到有限多个函数的代数和的情况,即

$$\int [f_1(x) \pm f_2(x) \pm \cdots \pm f_n(x)] \mathrm{d}x = \int f_1(x)\mathrm{d}x \pm \int f_2(x)\mathrm{d}x \pm \cdots \pm \int f_n(x)\mathrm{d}x$$

【**性质 4.2**】 被积函数中不为零的常数因子可以提到积分号外,即

$$\int kf(x)\mathrm{d}x = k\int f(x)\mathrm{d}x$$

其中 k 为不等于零的常数.

证法同性质 4.1.

利用基本积分公式和性质求不定积分的方法称为直接积分法.用直接积分法可求出某些简单函数的不定积分.

【**例 5**】 求 $\int (3x^2 - \cos x + 5\sqrt{x})\mathrm{d}x$.

解 $\int (3x^2 - \cos x + 5\sqrt{x})\mathrm{d}x = \int 3x^2\mathrm{d}x - \int \cos x \mathrm{d}x + \int 5\sqrt{x}\mathrm{d}x =$

$$3 \times \frac{x^{2+1}}{2+1} - \sin x + 5 \times \frac{x^{\frac{1}{2}+1}}{\frac{1}{2}+1} + C =$$

$$x^3 - \sin x + \frac{10}{3}x^{\frac{3}{2}} + C$$

【**例 6**】 求 $\int \frac{(x-1)^3}{x^2} \mathrm{d}x$.

解 $\int \frac{(x-1)^3}{x^2} \mathrm{d}x = \int \frac{x^3 - 3x^2 + 3x - 1}{x^2} \mathrm{d}x =$

$$\int x\mathrm{d}x - 3\int \mathrm{d}x + 3\int \frac{1}{x}\mathrm{d}x - \int \frac{1}{x^2}\mathrm{d}x =$$

$$\frac{1}{2}x^2 - 3x + 3\ln|x| + \frac{1}{x} + C$$

【**例 7**】 求 $\int \frac{1}{\sin^2 x \cos^2 x} \mathrm{d}x$.

解 $\int \frac{1}{\sin^2 x \cos^2 x} \mathrm{d}x = \int \frac{\sin^2 x + \cos^2 x}{\sin^2 x \cos^2 x} \mathrm{d}x =$

$$\int \frac{1}{\cos^2 x} \mathrm{d}x + \int \frac{1}{\sin^2 x} \mathrm{d}x =$$

$$\int \sec^2 x \mathrm{d}x + \int \csc^2 x \mathrm{d}x =$$

$$\tan x - \cot x + C$$

【**例 8**】 求 $\int 2^x \mathrm{e}^x \mathrm{d}x$.

解 $\int 2^x e^x dx = \int (2e)^x dx = \dfrac{(2e)^x}{\ln 2e} + C = \dfrac{2^x e^x}{1 + \ln 2} + C.$

【例 9】 求 $\int \sin^2 \dfrac{x}{2} dx$.

解 这里不能直接利用基本积分公式. 可以由公式 $\sin^2 \dfrac{x}{2} = \dfrac{1 - \cos x}{2}$, 得

$$\int \sin^2 \dfrac{x}{2} dx = \int \dfrac{1 - \cos x}{2} dx = \dfrac{1}{2}x - \dfrac{1}{2}\sin x + C$$

【例 10】 求 $\int \dfrac{dx}{x^2(1 + x^2)}$.

解 因为

$$\dfrac{1}{x^2(1 + x^2)} = \dfrac{1}{x^2} - \dfrac{1}{1 + x^2}$$

所以

$$\int \dfrac{dx}{x^2(1 + x^2)} = \int \left(\dfrac{1}{x^2} - \dfrac{1}{1 + x^2}\right) dx = \int \dfrac{1}{x^2} dx - \int \dfrac{1}{1 + x^2} dx = -\dfrac{1}{x} - \arctan x + C$$

4.1.4 不定积分的几何意义

若 $y = F(x)$ 是 $f(x)$ 的一个原函数, 则称 $y = F(x)$ 的图形是 $f(x)$ 的积分曲线. 因为不定积分

$$\int f(x) dx = F(x) + C$$

是 $f(x)$ 的原函数的一般表达式, 所以它对应的图形是一族积分曲线, 称该式为积分曲线族. 积分曲线族 $y = F(x) + C$ 的特点如下:

(1) 积分曲线族中任意一条曲线, 可由其中某一条, 如曲线 $y = F(x)$ 沿 y 轴平行移动 $|C|$ 单位而得到. 当 $C > 0$ 时, 曲线向上移动; 当 $C < 0$ 时, 曲线向下移动.

(2) 由于 $[F(x) + C]' = F'(x) = f(x)$, 即横坐标相同(点 x 处), 每条积分曲线上相应点的切线斜率相等(都等于 $f(x)$), 从而使相应点的切线相互平行, 见图 4.1.

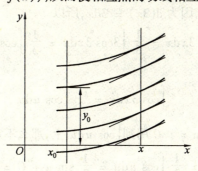

图 4.1

这就是不定积分的几何意义.

当需要从积分曲线族中求出过点 (x_0, y_0) 的一条积分曲线时, 只要把 (x_0, y_0) 代入 $y = F(x) + C$ 中解出 C 即可.

【例 11】 已知物体以速度 $v = 2t^2 + 1$ 沿 Ox 做直线运动,当 $t = 1$ s时,物体经过的路程为 3 m,求物体的运动方程.

解 设物体的运动方程为
$$x = x(t)$$
于是有
$$x'(t) = v = 2t^2 + 1$$
所以
$$x(t) = \int (2t^2 + 1) dt = \frac{2}{3}t^3 + t + C$$
由已知条件,当 $t = 1$ 时,$x = 3$,代入上式得
$$3 = \frac{2}{3} + 1 + C$$
即
$$C = \frac{4}{3}$$
于是所求物体的运动方程为
$$x(t) = \frac{2}{3}t^3 + t + \frac{4}{3}$$

4.2 换元积分法

利用直接积分法求出的不定积分是有限的,为了求得更多的函数的不定积分,还需建立一些基本积分法.换元积分法就是其中之一.

4.2.1 第一类换元法

先来看一个例子,求 $\int \cos 3x \, dx$,因为被积函数是复合函数,在基本积分表中查不到,所以把被积分式改写一下,因为 $d(3x) = 3dx$,所以
$$\int \cos 3x \, dx = \frac{1}{3} \int 3\cos 3x \, dx = \frac{1}{3} \int \cos 3x \, d3x$$
令 $u = 3x$,则上式变为
$$\int \cos 3x \, dx = \frac{1}{3} \int \cos u \, du$$
如果把 $\int \cos x \, dx = \sin x + C$ 用到 $\int \cos u \, du$ 上,那么不定积分就求出来了,即
$$\int \cos 3x \, dx = \frac{1}{3} \int \cos u \, du = \frac{1}{3} \sin u + C = \frac{1}{3} \sin 3x + C$$

从结果来分析,容易验证 $\frac{1}{3}\sin 3x$ 是 $\cos 3x$ 的一个原函数,也就是说,上述结果正确.现在就要看能否把 $\int \cos x \, dx$ 的公式用到 $\int \cos u \, du$ (其中 u 是 x 的函数).下面的定理 4.1 回答了这个问题.

【定理4.1】(第一类换元法) 设$\int f(u)\mathrm{d}u = F(u) + C$,且$u = \varphi(x)$为可微函数,则
$$\int f(\varphi(x))\varphi'(x)\mathrm{d}x = F(\varphi(x)) + C$$

证明 已知$F'(x) = f(x), u = \varphi(x)$,则
$$(F(\varphi(x)))' = F'_u u'_x = f(u)\varphi'(x) = f(\varphi(x))\varphi'(x) \tag{4.1}$$

所以
$$\int f(\varphi(x))\varphi'(x)\mathrm{d}x = F(\varphi(x)) + C$$

用上式求不定积分的方法称为第一类换元法或称凑微分法.

定理4.1常写成:若$\int f(x)\mathrm{d}x = F(x) + C$,则$\int f(u)\mathrm{d}u = F(u) + C$,其中$u = \varphi(x)$且可微.

容易看到,式(4.1)是就是把已知的积分$\int f(u)\mathrm{d}u = F(u) + C$中的$u$换成了函数$\varphi(x)$.所以说,把基本积分表中的积分变量换成可微函数$\varphi(x)$后仍成立.

运用定理4.1的关键是将被积分式中$\varphi'(x)\mathrm{d}x$凑成某一个函数$\varphi(x)$的微分,即$\varphi'(x)\mathrm{d}x = \mathrm{d}\varphi(x)$.怎样寻找$\varphi'(x)\mathrm{d}x$,是解决这类问题的重点.

【例12】 求$\int (1+2x)^3 \mathrm{d}x$.

解 将$\mathrm{d}x$凑成$\mathrm{d}x = \frac{1}{2}\mathrm{d}(1+2x)$,则
$$\int (1+2x)^3 \mathrm{d}x = \int \frac{1}{2}(1+2x)^3 \mathrm{d}(1+2x) = \frac{1}{2}\int (1+2x)^3 \mathrm{d}(1+2x)$$

令$u = 1 + 2x$,则
$$\frac{1}{2}\int u^3 \mathrm{d}u = \frac{1}{8}u^4 + C = \frac{1}{8}(1+2x)^4 + C$$

【例13】 求$\int 3x\mathrm{e}^{x^2}\mathrm{d}x$.

解 被积函数中含有e^{x^2}项,所以设$x^2 = u$,则
$$2x\mathrm{d}x = \mathrm{d}x^2 = \mathrm{d}u$$

所以
$$\int 3x\mathrm{e}^{x^2}\mathrm{d}x = \frac{3}{2}\int \mathrm{e}^{x^2}\mathrm{d}x^2 = \frac{3}{2}\int \mathrm{e}^u \mathrm{d}u = \frac{3}{2}\mathrm{e}^u + C$$

将$u = x^2$还原,则
$$\int 3x\mathrm{e}^{x^2}\mathrm{d}x = \frac{3}{2}\mathrm{e}^{x^2} + C$$

【例14】 求$\int \frac{\cos\sqrt{x}}{\sqrt{x}}\mathrm{d}x$.

解 因为$\frac{1}{\sqrt{x}}\mathrm{d}x = 2\mathrm{d}\sqrt{x}$,令$u = \sqrt{x}$,有
$$\int \frac{\cos\sqrt{x}}{\sqrt{x}}\mathrm{d}x = 2\int \cos\sqrt{x}\,\mathrm{d}\sqrt{x} = 2\int \cos u\,\mathrm{d}u = 2\sin u + C = 2\sin\sqrt{x} + C$$

变量替换的目的是为了便于使用不定积分的基本积分公式,当运算比较熟练时,就可以略去设中间变量的步骤.如例 14 中的运算可以写为

$$\int \frac{\cos\sqrt{x}}{\sqrt{x}} \mathrm{d}x = 2\int \cos\sqrt{x}\,\mathrm{d}\sqrt{x} = 2\sin\sqrt{x} + C$$

【例 15】 求 $\int \tan x \mathrm{d}x$.

解 $\int \tan x \mathrm{d}x = \int \frac{\sin x}{\cos x} \mathrm{d}x$,由于 $\mathrm{d}\cos x = -\sin x \mathrm{d}x$,所以

$$\int \tan x \mathrm{d}x = \int \frac{\sin x}{\cos x} \mathrm{d}x = -\int \frac{\mathrm{d}\cos x}{\cos x} = -\ln|\cos x| + C$$

【例 16】 求 $\int \frac{1}{x(\ln x + 1)} \mathrm{d}x$.

解 因为 $\mathrm{d}(\ln x) = \frac{1}{x}\mathrm{d}x$,所以

$$\int \frac{1}{x(\ln x + 1)} \mathrm{d}x = \int \frac{\mathrm{d}(\ln x)}{\ln x + 1} = \int \frac{\mathrm{d}(\ln x + 1)}{\ln x + 1} = \ln|1 + \ln x| + C$$

【例 17】 求 $\int \frac{1}{a^2 + x^2}\mathrm{d}x\ (a > 0)$.

解 $\int \frac{1}{a^2 + x^2}\mathrm{d}x = \int \frac{1}{a\left(1 + \frac{x^2}{a^2}\right)}\mathrm{d}x = \frac{1}{a}\int \frac{\mathrm{d}\left(\frac{x}{a}\right)}{1 + \left(\frac{x}{a}\right)^2} = \frac{1}{a}\arctan\frac{x}{a} + C$

【例 18】 求 $\int \frac{1}{a^2 - x^2}\mathrm{d}x$.

解 $\int \frac{1}{a^2 - x^2}\mathrm{d}x = \int \frac{1}{(a + x)(a - x)}\mathrm{d}x =$

$$\frac{1}{2a}\int \frac{(a + x) + (a - x)}{(a + x)(a - x)}\mathrm{d}x =$$

$$\frac{1}{2a}\int \left(\frac{1}{a - x} + \frac{1}{a + x}\right)\mathrm{d}x =$$

$$\frac{1}{2a}\left(\int \frac{1}{a - x}\mathrm{d}x + \int \frac{1}{a + x}\mathrm{d}x\right) =$$

$$\frac{1}{2a}(-\ln|a - x| + \ln|a + x|) + C =$$

$$\frac{1}{2a}\ln\left|\frac{a + x}{a - x}\right| + C$$

【例 19】 求 $\int \frac{1}{\sqrt{a^2 - x^2}}\mathrm{d}x\ (a > 0)$.

解 $\int \frac{1}{\sqrt{a^2 - x^2}}\mathrm{d}x = \int \frac{1}{a\sqrt{1 - \left(\frac{x}{a}\right)^2}}\mathrm{d}x =$

$$\int \frac{1}{\sqrt{1 - \left(\frac{x}{a}\right)^2}}\mathrm{d}\left(\frac{x}{a}\right) = \arcsin\frac{x}{a} + C$$

【例20】 求 $\int \csc x \, dx$.

解 $\int \csc x \, dx = \int \dfrac{1}{\sin x} dx = \int \dfrac{1}{2\sin\frac{x}{2}\cos\frac{x}{2}} dx = \int \dfrac{dx}{2\tan\frac{x}{2}\cos^2\frac{x}{2}} =$

$$\int \dfrac{\sec^2\frac{x}{2}}{\tan\frac{x}{2}} d\left(\dfrac{x}{2}\right) = \int \dfrac{d\left(\tan\frac{x}{2}\right)}{\tan\frac{x}{2}} = \ln\left|\tan\frac{x}{2}\right| + C$$

注意：为了讨论问题方便起见，现给出下面的结论：

(1) $\int \sec x \, dx = \ln|\sec x + \tan x| + C$；

(2) $\int \csc x \, dx = \ln|\csc x + \cot x| + C$.

4.2.2 第二类换元法

【定理4.2】(第二类换元法) 设函数 $f(x)$ 连续，函数 $x = \varphi(t)$ 单调可微，且 $\varphi'(t) \neq 0$，则

$$\int f(x) dx = \int f[\varphi(t)] \varphi'(t) dt$$

证明从略．

第二类换元法的关键在于选择合适的部分换元，但是这个换元关系往往不是很明显．

1. 简单的根式换元

【例21】 求 $\int \dfrac{x-2}{1+\sqrt[3]{x-3}} dx$.

解 被积函数中含有根式 $\sqrt[3]{x-3}$，为去掉根式可设 $t = \sqrt[3]{x-3}$，则

$$t^3 = x - 3 \Rightarrow x = t^3 + 3 \Rightarrow dx = 3t^2 dt$$

所以

$$原式 = \int \dfrac{t^3 + 3 - 2}{1 + t} 3t^2 dt =$$

$$\int 3t^2 \dfrac{t^3 + 1}{t + 1} dt =$$

$$\int 3t^2(t^2 - t + 1) dt =$$

$$3\left(\dfrac{1}{5}t^5 - \dfrac{1}{4}t^4 + \dfrac{1}{3}t^3\right) + C =$$

$$\dfrac{3}{5}\sqrt[3]{(x-3)^5} - \dfrac{3}{4}\sqrt[3]{(x-3)^4} + x - 3 + C$$

【例22】 求 $\int \dfrac{1}{\sqrt[3]{x} + \sqrt{x}} dx$.

解 被积函数中含有 $\sqrt[3]{x}$ 和 $\sqrt{x}$ 两个根式，作变换，有 $x = t^6$，可同时将两个根号去掉，得 $dx = 6t^5 dt$，则

$$\int \frac{1}{\sqrt[3]{x} + \sqrt{x}} = \int \frac{6t^5 dt}{t^2 + t^3} = \int \frac{6t^3}{1+t} dt = 6\int \left(t^2 - t + 1 - \frac{1}{1+t}\right) dt =$$

$$6\int (t^2 - t + 1) dt - 6\int \frac{1}{1+t} dt = 2t^3 - 3t^2 + 6t - 6\ln|t+1| + C =$$

$$2\sqrt{x} - 3\sqrt[3]{x} + 6\sqrt[6]{x} - 6\ln(\sqrt[6]{x} + 1) + C$$

2. 三角换元

因为三角代换是二次根式有理化,所以,根据被积函数含二次根式的不同情况,可归纳如下:

(1) 含 $\sqrt{a^2 - x^2}$ 时,作三角代换 $x = a\sin t$ 或 $x = a\cos t$;

(2) 含 $\sqrt{a^2 + x^2}$ 时,作三角代换 $x = a\tan t$ 或 $x = a\cot t$;

(3) 含 $\sqrt{x^2 - a^2}$ 时,作三角代换 $x = a\sec t$ 或 $x = a\csc t$.

用换元积分法求不定积分时,可以有多种方法作变量代换.

【例 23】 求 $\int \sqrt{a^2 - x^2}\, dx\ (a > 0)$.

解 作变量替换 $x = a\sin t\left(-\frac{\pi}{2} \leq t \leq \frac{\pi}{2}\right)$,则

$$\sqrt{a^2 - x^2} = \sqrt{a^2 - a^2\sin^2 t} = a\sqrt{1 - \sin^2 t} = a\cos t$$

$$dx = a\cos t\, dt$$

$$\int \sqrt{a^2 - x^2}\, dx = \int a\cos t \cdot a\cos t\, dt = a^2\int \cos^2 t\, dt = a^2\int \frac{1 + \cos 2t}{2} dt =$$

$$\frac{a^2}{2}\left(t + \frac{1}{2}\sin 2t\right) + C = \frac{a^2}{2}(t + \sin t\cos t) + C$$

因为 $x = a\sin t$,所以 $t = \arcsin \frac{x}{a}$.为了将 $\sin t$ 与 $\cos t$ 换成 x 的函数,根据变换 $\sin t = \frac{x}{a}$ 作直角三角形,见图 4.2.显然有 $\cos t = \frac{\sqrt{a^2 - x^2}}{a}$.代入上面的结果有

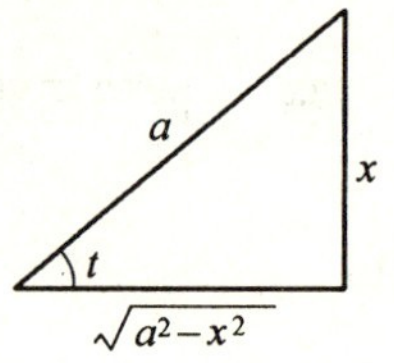

图 4.2

$$\int \sqrt{a^2 - x^2}\, dx = \frac{a^2}{2}\arcsin \frac{x}{a} + \frac{x}{2}\sqrt{a^2 - x^2} + C$$

【例 24】 求 $\int \frac{1}{\sqrt{x^2 - a^2}} dx\ (a > 0)$.

解 为了去掉被积函数中的根号,利用 $\sec^2 x - 1 = \tan^2 x$,令 $x = a\sec t$,则 $dx = a\sec t\tan t\, dt$,于是有

$$\int \frac{1}{\sqrt{x^2 - a^2}} dx = \int \frac{a\sec t\tan t}{a\tan t} dt = \int \sec t\, dt = \ln|\sec t + \tan t| + C_1$$

根据 $\sec t = \frac{x}{a}$ 作辅助三角形,见图 4.3,得

$$\int \frac{1}{\sqrt{x^2 - a^2}} dx = \ln|\sec t + \tan t| + C_1 = \ln\left|\frac{x}{a} + \frac{\sqrt{x^2 - a^2}}{a}\right| + C_1 =$$

$$\ln\left|x + \sqrt{x^2 - a^2}\right| + C_1 - \ln a = \ln\left|x + \sqrt{x^2 - a^2}\right| + C$$

其中, $C = C_1 - \ln a$.

【例 25】 求 $\int \dfrac{1}{\sqrt{x^2 + a^2}} dx$ ($a > 0$).

解 作变量替换 $x = a\tan t$, 则 $dx = a\sec^2 t\, dt$, $\sqrt{x^2 + a^2} = a\sec t$, 于是

$$\int \dfrac{1}{\sqrt{x^2 + a^2}} dx = \int \dfrac{a\sec^2 t}{a\sec t} dt = \int \sec t\, dt = \ln|\sec t + \tan t| + C =$$

$$\ln\left|\dfrac{\sqrt{x^2 + a^2}}{a} + \dfrac{x}{a}\right| + C = \ln\left|x + \sqrt{x^2 + a^2}\right| + C$$

在上面的计算中, $\sec t = \dfrac{\sqrt{x^2 + a^2}}{a}$ 可根据变换 $\tan t = \dfrac{x}{a}$ 作直角三角形, 见图 4.4.

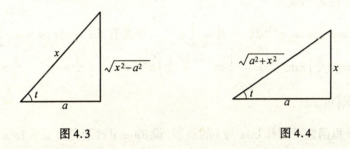

图 4.3　　　　　　　　　　图 4.4

4.3　分部积分法

分部积分法是基本积分法之一, 分部积分常用于被积函数是两种不同类型函数乘积的积分, 如 $\int x^n e^x dx$, $\int x^n \sin \beta x\, dx$, $\int x^n \arctan x\, dx$, $\int x^n \ln x\, dx$ 等. 分部积分是乘积微分公式的逆运算.

设函数 $u = u(x)$, $v = v(x)$ 且有连续导数: $u' = u'(x)$, $v' = v'(x)$, 根据乘积微分公式

$$d(uv) = u d(v) + v d(u)$$

有

$$uv = \int u d(v) + \int v d(u)$$

即

$$\int u d(v) = uv - \int v d(u)$$

上式称为分部积分公式. 利用上式求不定积分的方法称为分部积分法. 它的特点是把左边积分 $\int u d(v)$ 换成了右边积分 $\int v d(u)$, 如果 $\int v d(u)$ 比 $\int u d(v)$ 容易, 就可以使用此法. 分部积分公式的特点是: 左边积分与右边积分中的 u, v 交换位置.

运用分部积分法的关键在于选择 u 和 dv. 一般来说, 选择 u, dv 的原则是: ① 使 v 容

易求出；② 新积分 $\int v\mathrm{d}(u)$ 比原积分 $\int u\mathrm{d}(v)$ 容易积出.

选择 $u,\mathrm{d}v$ 的方法可归纳如下：

(1) 被积函数是幂函数与指数函数或三角函数乘积时，设幂函数为 u，指数函数或三角函数与 $\mathrm{d}x$ 乘积部分为 $\mathrm{d}v$（这一步就是凑微分）；

(2) 被积函数是幂函数与对数函数或反三角函数乘积时，设对数函数或反三角函数为 u，幂函数与 $\mathrm{d}x$ 乘积部分为 $\mathrm{d}v$.

【例 26】 求 $\int x\cos x\mathrm{d}x$.

解 设 $u = x, \mathrm{d}x = \cos x\mathrm{d}x = \mathrm{d}\sin x$，于是有 $\mathrm{d}u = \mathrm{d}x, v = \sin x$，这时
$$\int x\cos x\mathrm{d}x = \int x\mathrm{d}\sin x = x\sin x - \int \sin x\mathrm{d}x = x\sin x + \cos x + C$$

【例 27】 求 $\int x\mathrm{e}^{-2x}\mathrm{d}x$.

解 设 $u = x, \mathrm{d}v = \mathrm{e}^{-2x}\mathrm{d}x = \mathrm{d}\left(-\frac{1}{2}\mathrm{e}^{-2x}\right)$，于是有 $\mathrm{d}u = \mathrm{d}x, v = -\frac{1}{2}\mathrm{e}^{-2x}$，这时
$$\int x\mathrm{e}^{-2x}\mathrm{d}x = -\frac{1}{2}\int x\mathrm{d}\mathrm{e}^{-2x} = -\frac{1}{2}x\mathrm{e}^{-2x} + \frac{1}{2}\int \mathrm{e}^{-2x}\mathrm{d}x = -\frac{1}{2}x\mathrm{e}^{-2x} - \frac{1}{4}\mathrm{e}^{-2x} + C$$

【例 28】 求 $\int \ln x\mathrm{d}x$.

解 这里被积函数可看作 $\ln x$ 与 1 的乘积. 设 $\mathrm{d}v = \mathrm{d}x$，于是有 $u = \ln x, \mathrm{d}u = \frac{1}{x}\mathrm{d}x, v = x$，这时
$$\int \ln x\mathrm{d}x = x\ln x - \int \frac{x}{x}\mathrm{d}x = x\ln x - x + C$$

当运算熟练之后，分部积分的替换过程可以省略.

【例 29】 求 $\int x\arctan x\mathrm{d}x$.

解
$$\int x\arctan x\mathrm{d}x = \int \frac{1}{2}\arctan x\mathrm{d}(x^2) = \frac{1}{2}x^2\arctan x - \frac{1}{2}\int \frac{x^2}{1+x^2}\mathrm{d}x =$$
$$\frac{1}{2}x^2\arctan x - \frac{1}{2}\int \left(1 - \frac{1}{1+x^2}\right)\mathrm{d}x =$$
$$\frac{1}{2}x^2\arctan x - \frac{1}{2}x + \frac{1}{2}\arctan x + C =$$
$$\frac{1}{2}(x^2+1)\arctan x - \frac{1}{2}x + C$$

【例 30】 求 $\int x^2\sin\frac{x}{3}\mathrm{d}x$.

解 $\int x^2\sin\frac{x}{3}\mathrm{d}x = -3\int x^2\mathrm{d}\left(\cos\frac{x}{3}\right) = -3x^2\cos\frac{x}{3} + 6\int x\cos\frac{x}{3}\mathrm{d}x$

积分 $\int x\cos\frac{x}{3}\mathrm{d}x$ 仍不能立即求出，还需要再次运用分部积分公式.

$\int x\cos\frac{x}{3}\mathrm{d}x = 3\int x\mathrm{d}\left(\sin\frac{x}{3}\right) = 3x\sin\frac{x}{3} - 3\int \sin\frac{x}{3}\mathrm{d}x = 3x\sin\frac{x}{3} + 9\cos\frac{x}{3} + C$

所以

$$\int x^2\sin\frac{x}{3}\mathrm{d}x = -3x^2\cos\frac{x}{3} + 18x\sin\frac{x}{3}\mathrm{d}x + 54\cos\frac{x}{3} + C$$

由例 30 可以看出,对某些不定积分,有时需要连续几次运用分部积分公式.

【例 31】 求 $\int e^x\sin x\mathrm{d}x$.

解 设 $u = \sin x, \mathrm{d}v = e^x\mathrm{d}x$,则
$$\mathrm{d}u = \cos x\mathrm{d}x, \quad v = e^x$$
$$\int e^x\sin x\mathrm{d}x = e^x\sin x - \int e^x\cos x\mathrm{d}x$$

对右端积分再用一次积分公式.设 $u = \cos x, \mathrm{d}v = e^x\mathrm{d}x$,则
$$\mathrm{d}u = -\sin x\mathrm{d}x, \quad v = e^x$$
$$\int e^x\cos x\mathrm{d}x = e^x\cos x + \int e^x\sin x\mathrm{d}x$$

将 $\int e^x\cos x\mathrm{d}x$ 代入上式,得
$$\int e^x\sin x\mathrm{d}x = e^x\sin x - e^x\cos x - \int e^x\sin x\mathrm{d}x$$

移项得
$$2\int e^x\sin x\mathrm{d}x = e^x\sin x - e^x\cos x + C_1$$
$$\int e^x\sin x\mathrm{d}x = \frac{1}{2}e^x(\sin x - \cos x) + C$$

其中 $C = \dfrac{C_1}{2}$.

【例 32】 求 $\int e^{\sqrt[3]{x}}\mathrm{d}x$.

解 先用第二换元积分法,再用分部积分法.令 $\sqrt[3]{x} = t$,则 $x = t^3, \mathrm{d}x = 3t^2\mathrm{d}t$,于是有
$$\int e^{\sqrt[3]{x}}\mathrm{d}x = 3\int t^2 e^t\mathrm{d}t = 3\int t^2\mathrm{d}e^t = 3t^2 e^t - 6\int te^t\mathrm{d}t = 3t^2 e^t - 6\int t\mathrm{d}e^t =$$
$$3t^2 e^t - 6te^t + 6\int e^t\mathrm{d}t = 3t^2 - 6te^t + 6e^t + C$$

代回原变量,得
$$\int e^{\sqrt[3]{x}}\mathrm{d}x = 3x^{\frac{2}{3}}e^{\sqrt[3]{x}} - 6x^{\frac{1}{3}}e^{\sqrt[3]{x}} + 6e^{\sqrt[3]{x}} + C = 3(x^{\frac{2}{3}} - 2x^{\frac{1}{3}} + 2)e^{\sqrt[3]{x}} + C$$

习　题

1.填空,并计算相应的不定积分.

(1)( )′ = 1, $\int \mathrm{d}x$ = ( ).

(2)d( ) = $3x^2\mathrm{d}x$, $\int 3x^2\mathrm{d}x$ = ( ).

(3) $(\quad)' = e^x, \int e^x dx = (\quad)$.

(4) $d(\quad) = \sec^2 x dx, \int \sec^2 x dx = (\quad)$.

(5) $d(\quad) = \sin x dx, \int \sin x dx = (\quad)$.

2. 判断下列式子是否正确.

(1) $\dfrac{d}{dx}\left[\int f(x)dx\right] = f(x)$. ( )

(2) $\int f'(x)dx = f(x)$. ( )

(3) $d\left[\int f(x)dx\right] = f(x)$. ( )

(4) $\int \dfrac{1}{ax+b}dx = \dfrac{1}{a}\ln(ax+b)$. ( )

3. 计算下列不定积分.

(1) $\int (x^3 + 3x^2 + 1)dx$ (2) $\int x^2 \sqrt{x} dx$

(3) $\int \dfrac{x^2 + \sqrt{x^3} + 3}{\sqrt{x}} dx$ (4) $\int \sqrt[3]{x}(x^2 - 5)dx$

(5) $\int \dfrac{3^x + 2^x}{3^x} dx$ (6) $\int (e^x - 3\cos x)dx$

(7) $\int (10^x + \cot^2 x)dx$ (8) $\int \sec x(\sec x - \tan x)dx$

(9) $\int e^{x-3} dx$ (10) $\int 10^x 2^{3x} dx$

(11) $\int \dfrac{1 + x + x^2}{x(1 + x^2)} dx$ (12) $\int \dfrac{\cos 2x}{\cos x + \sin x} dx$

4. 求下列不定积分.

(1) $\int \dfrac{dh}{\sqrt{2gh}}$ (g 为常数) (2) $\int \sqrt{x\sqrt{x\sqrt{x}}} dx$

(3) $\int \dfrac{x - 9}{\sqrt{x} + 3} dx$ (4) $\int (\sqrt{x} + 1)(\sqrt{x^3} - 1)dx$

(5) $\int \dfrac{x^4}{1 + x^2} dx$ (6) $\int \dfrac{2 \cdot 3^x + 5 \cdot 2^x}{3^x} dx$

(7) $\int \dfrac{1 + 2x^2}{x^2(1 + x^2)} dx$ (8) $\int \dfrac{e^{2x} - 1}{e^x + 1} dx$

(9) $\int \dfrac{1}{1 + \cos 2x} dx$ (10) $\int \dfrac{\cos 2x}{\sin^2 x \cos^2 x} dx$

5. 求下列不定积分.

(1) $\int \dfrac{1}{\sqrt{x}} \arcsin \sqrt{x} dx$ (2) $\int (\arcsin x)^2 dx$

(3) $\int \dfrac{\ln(\ln x)}{x} dx$ (4) $\int e^{2x} \cos 3x dx$

(5) $\int \cos^2 \sqrt{x} dx$ (6) $\int \sec^2 x dx$

6. 求下列不定积分.

(1) $\int \dfrac{\mathrm{d}x}{(2x-3)^4}$

(2) $\int \dfrac{1}{\sqrt{1+x}}\,\mathrm{d}x$

(3) $\int \sin 3x\,\mathrm{d}x$

(4) $\int \dfrac{\mathrm{e}^{2x}-1}{\mathrm{e}^x}\,\mathrm{d}x$

(5) $\int \dfrac{x}{1+x^2}\,\mathrm{d}x$

(6) $\int x\sqrt{2+x^2}\,\mathrm{d}x$

(7) $\int \sin^3 x \cos x\,\mathrm{d}x$

(8) $\int \dfrac{1}{\sqrt{x}}\sin\sqrt{x}\,\mathrm{d}x$

(9) $\int \dfrac{\ln x}{x}\,\mathrm{d}x$

7. 求下列不定积分.

(1) $\int \dfrac{1}{\cos^2(5x+3)}\,\mathrm{d}x$

(2) $\int \dfrac{1}{9+x^2}\,\mathrm{d}x$

(3) $\int \dfrac{x}{\sqrt{1-x^2}}\,\mathrm{d}x$

(4) $\int \dfrac{\sqrt{1+\ln x}}{x}\,\mathrm{d}x$

(5) $\int \dfrac{(\arctan x)^2}{1+x^2}\,\mathrm{d}x$

(6) $\int \dfrac{1}{\cos^2 x\sqrt{1+\tan x}}\,\mathrm{d}x$

(7) $\int \cos x\sin 3x\,\mathrm{d}x$

(8) $\int \tan^7 x\sec^2 x\,\mathrm{d}x$

(9) $\int \sin^3 x\,\mathrm{d}x$

(10) $\int \sec^4 x\,\mathrm{d}x$

(11) $\int \dfrac{\cos x-\sin x}{\cos x+\sin x}\,\mathrm{d}x$

(12) $\int \dfrac{\ln\tan x}{\sin x\cos x}\,\mathrm{d}x$

8. 求下列不定积分.

(1) $\int \dfrac{x^2}{\sqrt{a^2-x^2}}\,\mathrm{d}x\;(a>0)$

(2) $\int \dfrac{\sqrt{x^2+a^2}}{x^2}\,\mathrm{d}x$

(3) $\int \dfrac{1}{x\sqrt{x^2-1}}\,\mathrm{d}x$

(4) $\int \dfrac{2x-1}{\sqrt{9x^2-4}}\,\mathrm{d}x$

(5) $\int \dfrac{x}{\sqrt{x^2+2x+2}}\,\mathrm{d}x$

(6) $\int \dfrac{1}{\sqrt{1+x-x^2}}\,\mathrm{d}x$

9. 分别用第一、第二换元积分法求下列不定积分.

(1) $\int \dfrac{\mathrm{d}x}{\sqrt{1+2x}}$

(2) $\int \dfrac{\mathrm{d}x}{\sqrt{x(1+x)}}$

(3) $\int \dfrac{x}{\sqrt{a^2+x^2}}\,\mathrm{d}x\;(a>0)$

(4) $\int \dfrac{x}{(1+x^2)^2}\,\mathrm{d}x$

10. 求下列不定积分.

(1) $\int x\sin x\,\mathrm{d}x$

(2) $\int x\mathrm{e}^{-x}\,\mathrm{d}x$

(3) $\int x^2\mathrm{e}^{3x}\,\mathrm{d}x$

(4) $\int x^2\cos 3x\,\mathrm{d}x$

(5) $\int \ln(1+x^2)\,\mathrm{d}x$

(6) $\int \arcsin x\,\mathrm{d}x$

(7) $\int \mathrm{e}^{-x}\sin 2x\,\mathrm{d}x$

(8) $\int (x^2-5x+7)\cos 2x\,\mathrm{d}x$

第 5 章 微分方程

方程对于学过中学数学的人来说是比较熟悉的,在初等数学中就有各种各样的方程,这些方程都是把要研究的问题中的已知数和未知数之间的关系找出来,列出包含一个未知数或几个未知数的一个或者多个方程式,然后求方程的解.但是在实际工作中,常常出现一些和以上方程完全不同的问题.人们只能确定含有未知函数的导数和微分的方程,通过求解这样的方程来确定该函数.在数学上,解这类方程要用到微分和导数的知识.因此,凡是表示未知函数的导数以及自变量之间的关系的方程,就叫做微分方程.微分方程几乎是和微积分同时产生的,微分方程的理论已经成为数学学科的一个重要分支.微分方程在自然科学、工程技术、经济、物理、地质、考古等都有广泛的应用.本章将学习微分方程的概念和求解一阶、二阶微分方程的一些方法.

5.1 微分方程的基本概念

某个未知函数的表达式无法确定,但根据科技领域的普遍规律,却可以知道这个未知函数及其导数与自变量之间会满足某种关系.下面先来看一个例子.

【例 1】 已知某曲线上任意一点切线的斜率为 $4x^3$,且该曲线经过点 $(1,5)$,求该曲线的方程.

解 设曲线方程为 $y = y(x)$.由导数的几何意义可知,函数 $y = y(x)$ 满足

$$y' = 4x^3 \tag{1}$$

同时还满足

$$\text{当 } x = 1 \text{ 时}, \quad y = 5 \tag{2}$$

把式(1)两端积分,得

$$y = \int 4x^3 \mathrm{d}x$$

即

$$y = x^4 + C \tag{3}$$

其中 C 是任意常数.

把式(2)代入式(3),得

$$C = 4$$

由此解出 C 并代入式(3),得到所求曲线方程,即

$$y = x^4 + 4$$

上述例子中的关系式(1)含有未知函数的导数,它就是本章要学习的微分方程.

【定义 5.1】 把含有未知函数的导数(或微分)的方程称为微分方程.未知函数是一元函数的方程叫做常微分方程,未知函数是多元函数的方程叫做偏微分方程.

本章只讨论常微分方程.

例如,$(y - 2xy)dx + x^2 dy = 0, y'' = \frac{1}{a}\sqrt{1+y'^2}, \frac{d^2y}{dx^2} + 2x + \left(\frac{dy}{dx}\right)^5 = 0$ 都是微分方程.

【定义 5.2】 微分方程中出现的未知函数的最高阶导数的阶数,叫做微分方程的阶.

例如,例 1 中的方程(1)是一阶微分方程;方程 $y^{(6)}y' - 2y^7 - 12y' + 5y = e^{2x}$ 是六阶微分方程. n 阶微分方程的一般形式为

$$F(x, y, y', \cdots, y^{(n)}) = 0$$

式中,x 是自变量;y 是未知函数;$F(x, y, y', \cdots, y^{(n)})$ 是已知函数,而且一定含有 $y^{(n)}$.本章主要研究几种特殊类型的一阶和二阶微分方程.

【定义 5.3】 任何代入微分方程后使其成为恒等式的函数,都叫做该微分方程的解.若微分方程的解中含有任意常数的个数与方程的阶数相同,且任意常数之间不能合并,则称此解为该方程的通解.不包含任意常数的解,称为方程的特解.

不难验证,函数 $y = x^2, y = x^2 + 1$ 及 $y = x^2 + C$(C 为任意常数)都是方程 $y' = 2x$ 的解.$y = x^2 + C$ 中含有一个任意常数且与该方程的阶数相同,因此,这个解是方程的通解.如果求满足条件 $y(0) = 0$ 的解,代入通解 $y = x^2 + C$ 中,得 $C = 0$,那么 $y = x^2$ 就是微分方程 $y' = 2x$ 的特解.用来确定通解中的任意常数的附加条件一般称为初始条件.通常一阶微分方程的初始条件是

$$y|_{x = x_0} = y_0$$

即

$$y(x_0) = y_0$$

由此可以确定通解中的任意常数.

二阶微分方程的初始条件是

$$y|_{x = x_0} = y_0 \text{ 及 } y'|_{x = x_0} = y'_0$$

即

$$y(x_0) = y_0 \text{ 与 } y'(x_0) = y'_0$$

由此可以确定二阶微分方程通解中的任意常数.

一个微分方程与其初始条件构成的问题,称为初值问题.求解某初值问题,就是求微分方程的特解.

【例 2】 验证方程 $y = 3e^{-x} - xe^{-x}$ 是 $y'' + 2y' + y = 0$ 的解.

解 求 $y = 3e^{-x} - xe^{-x}$ 的导数得

$$y' = -4e^{-x} + xe^{-x}, \quad y'' = 5e^{-x} - xe^{-x}$$

将 y', y'' 及 y 代入原方程的左边,有

$$(5e^{-x} - xe^{-x}) + 2(-4e^{-x} + xe^{-x}) + 3e^{-x} - xe^{-x} = 0$$

即函数 $y = 3e^{-x} - xe^{-x}$ 满足原方程,所以该函数是所给二阶微分方程的解.

【例 3】 验证方程 $y' = \frac{2y}{x}$ 的通解是 $y = Cx^2$(C 为常数),求初始条件为 $y|_{x=1} = 2$ 的特解.

解 由 $y = Cx^2$ 得
$$y' = 2Cx$$
将 y 及 y' 代入原方程的左、右两边,有
$$左边 = y' = 2Cx$$
$$右边 = \frac{2y}{x} = 2Cx$$
所以函数 $y = Cx^2$ 满足原方程. 又因为该函数含有一个任意常数,所以 $y = Cx^2$ 是一阶微分方程 $y' = \frac{2y}{x}$ 的通解.

将初始条件 $y|_{x=1} = 2$ 代入通解,得 $C = 2$,故所求特解为
$$y = 2x^2$$

5.2 一阶微分方程

一阶微分方程的一般形式为 $F(x,y,y') = 0$. 下面仅介绍几种常见的一阶微分方程.

5.2.1 可分离变量的微分方程

【定义 5.4】 如果一个一阶微分方程能写成
$$g(y)dy = f(x)dx$$
的形式,也就是说,能把微分方程写成一端只含 y 的函数和 dy,另一端只含 x 的函数和 dx,那么原方程就称为可分离变量的微分方程.

对这类方程的求解方法如下.

1. **分离变量**

将方程整理为
$$\frac{dy}{g(y)} = f(x)dx$$
的形式,使得方程两边都只含有一个变量.

2. **两边积分**

两边同时积分,得
$$左边 = \int \frac{1}{g(y)}dy, \quad 右边 = \int f(x)dx$$
故,方程的通解为
$$\int \frac{1}{g(y)}dy = \int f(x)dx + C$$

本章约定不定积分式表示被积函数的一个原函数,而把积分所带来的任意常数明确地写上.

【例 4】 求方程 $y' = -\frac{y}{x}$ 的通解.

解 分离变量,得

$$\frac{\mathrm{d}y}{y} = -\frac{1}{x}\mathrm{d}x$$

两边积分,得

$$\ln|y| = \ln\left|\frac{1}{x}\right| + C_1$$

简化得

$$|y| = \mathrm{e}^{C_1}\left|\frac{1}{x}\right|$$

$$y = \pm \mathrm{e}^{C_1}\frac{1}{x}$$

令 $C_2 = \pm \mathrm{e}^{C_1}$,则 $y = C_2\frac{1}{x}$,$C_2 \neq 0$.

另外,由于 $y = 0$ 也是微分方程 $y' = -\frac{y}{x}$ 的通解,所以也可认为 $y = \frac{C_2}{x}$ 中的 C_2 等于 0.因此 C_2 可以作为任意常数.这样,方程的通解是

$$y = \frac{C}{x}$$

凡遇到积分后是对数的情形,理应都需作类于上述的讨论.但这样的演算过程没有必要重复,故为方便起见,今后凡遇到积分后是对数情形都作如下简化处理.以例 4 为例,示范如下:

分离变量,得

$$\frac{\mathrm{d}y}{y} = -\frac{1}{x}\mathrm{d}x$$

两边积分,得

$$\ln y = \ln\frac{1}{x} + \ln C$$

$$\ln y = \ln\frac{C}{x}$$

即通解为

$$y = \frac{C}{x}$$

【例 5】 求方程 $y' = (\sin x - \cos x)\sqrt{1 - y^2}$ 的通解.

解 分离变量,得

$$\frac{\mathrm{d}y}{\sqrt{1 - y^2}} = (\sin x - \cos x)\mathrm{d}x$$

两边积分,得

$$\arcsin y = -(\cos x + \sin x) + C$$

这就是所求原方程的通解.

【例 6】 当 $y(0) = 2$ 时,求方程 $\mathrm{d}x + xy\mathrm{d}y = y^2\mathrm{d}x + y\mathrm{d}y$ 的特解.

解 将方程整理得

$$y(x - 1)\mathrm{d}y = (y^2 - 1)\mathrm{d}x$$

分离变量,得
$$\frac{y}{y^2-1}dy = \frac{dx}{x-1}$$
两边积分,得
$$\frac{1}{2}\ln|y^2-1| = \ln|x-1| + \frac{1}{2}\ln C$$
化简得,得
$$y^2 - 1 = C(x-1)^2$$
即
$$y^2 = C(x-1)^2 + 1$$
为所求之通解.将初始条件 $y(0) = 2$ 代入上式,得 $C = 3$.故所求特解为
$$y^2 = 3(x-1)^2 + 1$$

【例7】 求方程 $\frac{dy}{dx} = -ky(y-a)$ 的通解(其中 k 与 a 均是正的常数).

解 分离变量,得
$$\frac{dy}{y(y-a)} = -kdx$$
即
$$\left(\frac{1}{y-a} - \frac{1}{y}\right)dy = -kadx$$
两边积分,得
$$\ln\left|\frac{y-a}{y}\right| = -kax + \ln C$$
经整理,方程的通解为
$$y = \frac{a}{1 - Ce^{-kax}}$$
也可写为
$$y = \frac{a}{1 + Ce^{-kax}}$$

5.2.2 齐次微分方程

如果一阶微分方程
$$y' = f(x,y)$$
中的函数 $f(x,y)$ 可写成关于 $\frac{y}{x}$ 的形式,即 $y' = f(x,y) = \varphi\left(\frac{y}{x}\right)$,则称这个方程为齐次方程.在求解齐次微分方程时作变量变换 $u = \frac{y}{x}$,则有 $y' = u + xu'$,代入原方程得
$$u + xu' = f(u)$$
上式为可分离变量方程,不难运用分离变量法求解.

注意:使用变量代换求解的题,最后必须换回变量(简称还原).

【例8】 求方程 $y^2dx + (x^2 - xy)dy = 0$ 的通解.

解 方程中 $\mathrm{d}x, \mathrm{d}y$ 的系数分别是 y^2 和 $x^2 - xy$,它们都是关于 x, y 的同次幂(在这里都是二次的,称为二次齐次式),这样的方程一定可以化为齐次方程.

经整理,原方程可改写成

$$\frac{\mathrm{d}y}{\mathrm{d}x} = \frac{y^2}{xy - x^2}$$

分子、分母同除以 x^2,得

$$\frac{\mathrm{d}y}{\mathrm{d}x} = \frac{(\frac{y}{x})^2}{\frac{y}{x} - 1}$$

设 $u = \frac{y}{x}$,则 $\frac{\mathrm{d}y}{\mathrm{d}x} = u + x\frac{\mathrm{d}u}{\mathrm{d}x}$,将其代入上式,得可分离变量方程

$$u + x\frac{\mathrm{d}u}{\mathrm{d}x} = \frac{u^2}{u - 1}$$

分离变量,得

$$\frac{\mathrm{d}x}{x} = \frac{u - 1}{u}\mathrm{d}u$$

两边积分,得

$$\ln|x| = u - \ln u + \ln C$$

即

$$xu = Ce^u$$

将上式代回原方程,得原方程的通解为

$$y = Ce^{\frac{y}{x}}$$

5.2.3 一阶线性微分方程

【定义 5.5】 形如

$$y' + P(x)y = Q(x) \tag{5.1}$$

的方程称为一阶线性微分方程,简称一阶线性方程.其中 $P(x), Q(x)$ 都是关于自变量的已知连续函数.它的特点是:右边是关于自变量 x 的已知函数 $Q(x)$,左边两项中仅含 y 和 y',且均为 y 或 y' 的一次项.

若 $Q(x) = 0$,则原方程

$$y' + P(x)y = 0 \tag{5.2}$$

称该方程为一阶线性齐次微分方程.若 $Q(x) \neq 0$,则称方程(5.1)为一阶线性非齐次微分方程.通常,方程(5.2)称为方程(5.1)所对应的线性齐次方程.

一阶线性齐次微分方程 $y' + P(x)y = 0$ 是可分离变量微分方程,其解法已讲过.

一阶线性非齐次微分方程 $y' + P(x)y = Q(x)$ 的解法称为常数变易法.其方法如下:

(1) 写出一阶线性非齐次方程

$$y' + P(x)y = Q(x)$$

所对应的线性齐次方程为

$$y' + P(x)y = 0$$

分离变量,得

$$\frac{dy}{y} = -P(x)dx$$

两边积分,得

$$\ln|y| = -\int P(x)dx + \ln C$$

所以,方程的通解公式为

$$y = Ce^{-\int P(x)dx}$$

(2) 根据一阶线性齐次微分方程 $y' + P(x)y = 0$ 的通解 $y = Ce^{-\int P(x)dx}$.

设一阶线性非齐次方程 $y' + P(x)y = Q(x)$ 的通解为

$$y = C(x)e^{-\int P(x)dx}$$

则

$$y' = C'(x)e^{-\int P(x)dx} + C(x)e^{-\int P(x)dx}[-P(x)]$$

代入方程

$$y' + P(x)y = Q(x)$$

则有

$$\{C'(x)e^{-\int P(x)dx} + C(x)e^{-\int P(x)dx}[-P(x)]\} + P(x)[C(x)e^{-\int P(x)dx}] = Q(x)$$

即

$$C'(x)e^{-\int P(x)dx} = Q(x)$$

$$C'(x) = Q(x)e^{\int P(x)dx}$$

$$C(x) = \int Q(x)e^{\int P(x)dx}dx + C$$

将上式代入表达式 $y = C(x)e^{-\int P(x)dx}$,有

$$y = e^{-\int P(x)dx}\left[\int Q(x)e^{\int P(x)dx}dx + C\right]$$

因此上式为方程 $y' + P(x)y = Q(x)$ 的解.

【例 9】 求方程 $y' + (\sin x)y = 0$ 的通解.

解 所给方程是一阶线性齐次方程,且 $P(x) = \sin x$.两边积分,得

$$-\int P(x)dx = -\int \sin x dx = \cos x$$

由通解公式即可得到方程的通解

$$y = Ce^{\cos x}$$

【例 10】 求方程 $xy' + y = \cos x$ 满足初始条件 $y(\pi) = 1$ 的特解.

解 使用常数变易法求解.将所给方程改写成下列形式

$$y' + \frac{1}{x}y = \frac{1}{x}\cos x$$

此方程的自由项 $Q(x) = \frac{1}{x}\cos x$,与其对应的线性齐次方程为
$$y' + \frac{1}{x}y = 0$$
求得该线性齐次方程的通解为
$$y = \frac{C}{x}$$
设所给线性非齐次方程的通解为
$$y = C(x)\frac{1}{x}$$
将 y 及 y' 代入该方程,得
$$C'(x)\frac{1}{x} = \frac{1}{x}\cos x$$
于是有
$$C(x) = \int \cos x \, dx = \sin x + C$$
因此,原方程的通解为
$$y = (\sin x + C)\frac{1}{x} = \frac{C}{x} + \frac{1}{x}\sin x$$
将初始条件 $y(\pi) = 1$ 代入上式,得 $C = \pi$,所以,所求的特解为
$$y = \frac{1}{x}(\pi + \sin x)$$

【例 11】 求方程 $y' - \frac{y}{x+2} = (x+2)^2$ 的通解.

解 运用通解公式,有
$$P(x) = -\frac{1}{x+2}, \quad Q(x) = (x+2)^2$$
则
$$\int P(x)dx = \int -\frac{1}{x+2}dx = -\int \frac{1}{x+2}d(x+2) = -\ln(x+2)$$
$$\int Q(x)e^{\int P(x)dx}dx = \int (x+2)^2 e^{-\ln(x+2)}dx = \int (x+2)dx = \frac{x^2}{2} + 2x$$
将上式代入通解公式,原方程的通解为
$$y = (x+2)\left(\frac{x^2}{2} + 2x + C\right)$$

用公式做题步骤简单,但需要牢记公式.

5.3 可降阶的二阶微分方程

二阶微分方程的一般形式为
$$F(x,y,y',y'') = 0 \quad \text{或} \quad y'' = f(x,y,y')$$
可降阶的二阶微分方程的求解方法:经过适当的变换可将二阶微分方程降为一阶微

分方程.

5.3.1 $y'' = f(x)$ 型

此类方程的特点是:只含有 y'' 和 x,不含有 y 及 y'. 这种方程的通解可经过两次积分求得,是最简单的二阶微分方程.

【例 12】 求微分方程 $y'' = \dfrac{1}{\sqrt{5x-6}}$ 的通解.

解 积分一次,得

$$y' = \int \frac{1}{\sqrt{5x-6}} dx = \frac{2}{5}\sqrt{5x-6} + C_1$$

再积分一次,得

$$y = \int \left(\frac{2}{5}\sqrt{5x-6} + C_1\right) dx = \frac{4}{75}(5x-6)^{\frac{3}{2}} + C_1 x + C_2$$

5.3.2 $y'' = f(x, y')$ 型

此类方程的特点是:不显含有 y. 令 $y' = p$,则 $y'' = p'$,于是可将其化成一阶微分方程.

【例 13】 解微分方程 $y'' - \dfrac{1}{x} y' = x^2$.

解 令 $y' = p, y'' = p'$,代入原方程得

$$p' - \frac{1}{x} p = x^2$$

$$P(x) = -\frac{1}{x}, \quad Q(x) = x^2$$

此方程为一阶线性非齐次微分方程,求解此方程

$$\int P(x) dx = \int -\frac{1}{x} dx = -\ln x$$

$$\int Q(x) e^{\int P(x) dx} dx = \int x^2 e^{-\ln x} dx = \int x \, dx = \frac{x^2}{2}$$

所以

$$y' = p = x\left(\frac{x^2}{2} + C_1\right)$$

两边积分,得

$$y = \frac{1}{8} x^4 + \frac{C_1 x^2}{2} + C_2$$

5.4 二阶常系数非齐次线性微分方程

形如

$$y'' + py' + qy = f(x), \quad p, q \text{ 是常数} \tag{5.3}$$

称之为二阶常系数非齐次线性微分方程,$f(x)$ 称为自由项.

当 $f(x) = 0$,方程
$$y'' + py' + qy = 0 \tag{5.4}$$
称之为式(5.3)所对应的二阶常系数齐次线性微分方程.

5.4.1 二阶常系数齐次微分方程

能否适当选取 r,使 $y = e^{rx}$ 满足二阶常系数齐次线性微分方程?为此将 $y = e^{rx}$ 代入方程
$$y'' + py' + qy = 0$$
得
$$(r^2 + pr + q)e^{rx} = 0$$
由此可见,只要 r 满足代数方程 $r^2 + pr + q = 0$,函数 $y = e^{rx}$ 就是微分方程的解.

求解二阶常系数齐次线性微分方程
$$y'' + py' + qy = 0$$
的步骤如下:

(1) 写出该方程的特征方程:$r^2 + pr + q = 0$,r 为常数,求解此二次方程,求出特征根;

(2) 根据特征根的不同情况,按照表 5.1,对应地写出微分方程的通解.

表 5.1

特征方程 $r^2 + pr + q = 0$	微分方程 $y'' + py' + qy = 0$ 的通解
两个不等的根 r_1, r_2	$y = C_1 e^{r_1 x} + C_2 e^{r_2 x}$
两个相等的根 $r_1 = r_2 = r$	$y = (C_1 + C_2 x) e^{rx}$
一对共轭复根 $r_{1,2} = \alpha \pm \beta i$	$y = e^{\alpha x}(C_1 \cos \beta x + C_2 \sin \beta x)$

【例 14】 求微分方程 $y'' - 2y' - 3y = 0$ 的通解.

解 所给微分方程的特征方程为
$$r^2 - 2r - 3 = 0$$
即
$$(r + 1)(r - 3) = 0$$
其根 $r_1 = -1$,$r_2 = 3$ 是两个不相等的实根,因此所求通解为
$$y = C_1 e^{-x} + C_2 e^{3x}$$

【例 15】 求方程 $y'' + 2y' + y = 0$ 满足初始条件 $y|_{x=0} = 4$,$y'|_{x=0} = -2$ 的特解.

解 所给方程的特征方程为
$$r^2 + 2r + 1 = 0$$
即
$$(r + 1)^2 = 0$$
其根 $r_1 = r_2 = -1$ 是两个相等的实根,因此所给微分方程的通解为
$$y = (C_1 + C_2 x) e^{-x}$$

将条件 $y|_{x=0} = 4$ 代入通解，得 $C_1 = 4$，从而
$$y = (4 + C_2 x)e^{-x}$$
将上式对 x 求导，得
$$y' = (C_2 - 4 - C_2 x)e^{-x}$$
再把条件 $y'|_{x=0} = -2$ 代入上式，得 $C_2 = 2$. 于是所求特解为
$$x = (4 + 2x)e^{-x}$$

【例16】 求微分方程 $y'' - 2y' + 5y = 0$ 的通解.

解 所给方程的特征方程为
$$r^2 - 2r + 5 = 0$$
特征方程的根为 $r_1 = 1 + 2i$, $r_2 = 1 - 2i$, 是一对共轭复根, 因此所求通解为
$$y = e^x(C_1\cos 2x + C_2\sin 2x)$$

5.4.2 二阶常系数非齐次线性微分方程

对于二阶常系数非齐次线性微分方程
$$y'' + py' + qy = f(x)$$
现只讨论自由项 $f(x)$ 为多项式 $p_n(x)$ 与 $Ae^{\alpha x}$ 两种类型.

1. 自由项为多项式 $p_n(x)$

设二阶常系数非齐次线性微分方程
$$y'' + py' + qy = p_n(x) \tag{5.5}$$
式中, $p_n(x)$ 为 x 的 n 次多项式. 因为方程中 p, q 均为常数且多项式的导数仍为多项式, 不难验证, 式(5.5)的特解为
$$y^* = x^k q_n(x)$$
其中 $q_n(x)$ 与 $p_n(x)$ 是同次多项式的一般形式, k 的取值见表 5.2:

表 5.2

$k = 0$	$q \neq 0$
$k = 1$	$q = 0, p \neq 0$
$k = 2$	$q = 0, p = 0$

将所设特解代入式(5.5), 比较等式两端, 使 x 同次幂系数相等, 从而确定 $q_n(x)$ 的各项的系数, 得到所求的特解.

【例17】 求方程 $y'' + 4y' + 3y = 3x^2 - x + 2$ 的一个特解.

解 因为自由项 $f(x) = 3x^2 - x + 2$ 是 x 的二次式, 且 y 的系数 $q \neq 0$, 取 $k = 0$, 所以设特解为
$$y^* = Ax^2 + Bx + C$$
于是
$$(y^*)' = 2Ax + B, \quad (y^*)'' = 2A$$
代入原方程, 有

$$3Ax^2 + (8A + 3B)x + (2A + 4B + 3C) = 3x^2 + 1$$

比较 x 同次幂系数,有

$$\begin{cases} 3A = 3 \\ 8A + 3B = -1 \\ 2A + 4B + 3C = 2 \end{cases}$$

解得

$$A = 1, \quad B = -3, \quad C = 4$$

故所求方程的特解为

$$y^* = x^2 - 3x + 4$$

【例 18】 求方程 $y'' + y' = 6x^2 - 2$ 的特解.

解 因为自由项 $f(x) = 6x^2 - 2$ 是 x 的二次式,且 y 的系数 $q = 0, p \neq 0$,取 $k = 1$,所以设特解为

$$y^* = x(Ax^2 + Bx + c)$$

于是

$$(y^*)' = 3Ax^2 + 2Bx + c, \quad (y^*)'' = 6Ax + 2B$$

代入原方程,有

$$3Ax^2 + (6A + 2B)x + (2B + C) = 6x^2 - 2$$

比较 x 同次幂系数,有

$$\begin{cases} 3A = 6 \\ 6A + 2B = 0 \\ 2B + C = -2 \end{cases}$$

解得

$$A = 2, \quad B = -6, \quad C = 10$$

故所求方程的特解为

$$y^* = 2x^3 - x^2 + 10x$$

2. 自由项为多项式 $Ae^{\alpha x}$ 型

设二阶常系数非齐次线性微分方程

$$y'' + py' + qy = Ae^{\alpha x} \tag{5.6}$$

其中 A, α 均为常数.因为方程中 p, q 均为常数且指数函数的导数仍为指数函数,不难验证,式(5.6)的特解为

$$y^* = Bx^k e^{\alpha x}$$

其中 B 为待定系数. k 的取值依赖于方程 $y'' + py' + qy = Ae^{\alpha x}$ 所对应的二阶常系数齐次线性微分方程 $y'' + py' + qy = 0$ 的特征方程 $r^2 + pr + q = 0$ 的解的情况(表 5.3).

表 5.3

$k = 0$	α 不是 $r^2 + pr + q = 0$ 的根
$k = 1$	α 是 $r^2 + pr + q = 0$ 的单根
$k = 2$	α 是 $r^2 + pr + q = 0$ 的重根

【例 19】 求方程 $y'' + y' + y = 2e^{2x}$ 的特解.

解 $\alpha = 2$ 不是特征方程 $r^2 + r + 1 = 0$ 的根. 取 $k = 0$, 所以设特解为
$$y^* = Be^{2x}$$
于是
$$(y^*)' = 2Be^{2x}, \quad (y^*)'' = 4Be^{2x}$$
代入原方程,得
$$B = \frac{2}{7}$$
故原方程得特解为
$$y^* = \frac{2}{7}e^{2x}$$

【例 20】 求方程 $y'' - y' - 2y = e^{-x}$ 的特解.

解 $\alpha = -1$ 是特征方程 $r^2 - r - 2 = 0$ 的单根. 取 $k = 1$, 所以设特解为
$$y^* = Bxe^{-x}$$
于是
$$(y^*)' = Be^{-x} - Bxe^{-x}, \quad (y^*)'' = -2Be^{-x} + Bxe^{-x}$$
代入原方程,得
$$B = -\frac{1}{3}$$
故原方程得特解为
$$y^* = -\frac{1}{3}xe^{-x}$$

通过对以上知识的学习,可以求解二阶常系数非齐次线性微分方程
$$y'' + py' + qy = f(x)$$
的通解. 首先来看一个定理.

【定理 5.1】 设 y^* 是 $y'' + py' + qy = f(x)$ 的特解,Y 是 $y'' + py' + qy = 0$ 的通解,则 $y = Y + y^*$ 是 $y'' + py' + qy = f(x)$ 的通解.

证明从略.

该定理明确地说明,求二阶常系数非齐次线性微分方程
$$y'' + py' + qy = f(x)$$
的通解的方法,结合所学看下面的例题.

【例 21】 求方程 $y'' + y = x^2$ 的通解.

解 因为自由项 $f(x) = x^2$ 是 x 的二次式,且 y 的系数 $q \neq 0$, 取 $k = 0$, 所以设特解为
$$y^* = Ax^2 + Bx + c$$
于是
$$(y^*)' = 2Ax + B, \quad (y^*)'' = 2A$$
代入原方程,有

$$Ax^2 + Bx + (2A + C) = x^2$$

于是比较 x 同次幂系数,有

$$\begin{cases} A = 1 \\ B = 0 \\ 2A + C = 0 \end{cases}$$

解得

$$A = 1, \quad B = 0, \quad C = -2$$

故所求方程的特解为

$$y^* = x^2 - 2$$

而对应齐次方程 $y'' + y = 0$ 的通解为

$$Y = C_1\cos x + C_2\sin x$$

故原方程的通解为

$$y = C_1\cos x + C_2\sin x + x^2 - 2$$

学习求解微分方程是应把方程进行归类,再用相应的方法求解方程.

习 题

1. 指出下列微分方程的阶数.

(1) $(\dfrac{dr}{ds})^3 = \sqrt{1 + \dfrac{d^2r}{ds^2}}$ (2) $y(xy + 1)dx + x(1 + xy + x^2y^2)dy = 0$

(3) $yy'' = 1 + y'^3$ (4) $y'' + y = e^x + \cos x$

(5) $\dfrac{d^2y}{dx^2} = \dfrac{xy}{1 + x^2}$ (6) $y^{(5)} + \cos y + 4x = 0$

2. 验证下列函数(C 为任意常数)是否为相应微分方程的解?是通解还是特解?

(1) $y'' - y' = 0, y = C_1e^x + C_2e^{-x}, y = C_1e^x + C_2$

(2) $\dfrac{dy}{dx} = y^2\cos x, y = -\dfrac{1}{\sin x}, y = -\cos x + C$

(3) $y'' = \cos x, y = C_1\cos x + C_2x, y = -\cos x + C_1x + C_2$

(4) $\begin{cases} y'' - 4y' + 3y = 0 \\ y|_{x=0} = 6 \\ y'|_{x=0} = 10 \end{cases}, y = 4e^x + 2e^{3x}, y = 2e^x + 3e^{3x}$

3. 验证 $y = \dfrac{1}{x}(e^x + 2e)$ 为 $xy' + y - e^x = 0$ 通解.

4. 求下列微分方程的解.

(1) $\begin{cases} \dfrac{dy}{dt} = \sin \omega t, \omega \text{ 为常数} \\ y|_{t=0} = 0 \end{cases}$ (2) $\begin{cases} y' = \dfrac{1}{x} \\ y|_{x=1} = 0 \end{cases}$

(3) $y'' = x + \sin x$

5. 一曲线通过点 $(1,0)$,且曲线上任意点 $M(x,y)$ 处切线斜率为 x^2,求曲线的方程.

6. 解下列微分方程.

(1) $\dfrac{dy}{dx} = 2xy$

(2) $y' = \dfrac{x^3}{\sin 3y}$

(3) $\dfrac{dy}{dx} = \dfrac{xy}{1+x^2}$

(4) $y' = \dfrac{xy+y}{x+xy}$

(5) $y dx + (x^2 - 4x) dy = 0$

(6) $\cos y\, dx + (1 + e^{-x}) \sin y\, dy = 0, y|_{x=0} = \dfrac{\pi}{4}$

(7) $\sqrt{1-y^2}\, dx + y\sqrt{1-x^2}\, dy = 0$

(8) $(e^{x+y} - e^x) dx + (e^{x+y} + e^y) dy = 0$

(9) $y \ln x\, dx + x \ln y\, dy = 0$

(10) $y' + \dfrac{1}{y^2} e^{y^3 + x} = 0$

(11) $xy' = y \ln \dfrac{y}{x}$

(12) $\dfrac{y - xy'}{x + yy'} = 2, y(1) = 1$

(13) $(y + x) dy + (y - x) dx = 0$

(14) $y' = \dfrac{6x^3 + 3xy^2}{3x^2 y + 2y^3}$

7. 求下列线性微分方程的通解或在给定的初始条件下求特解.

(1) $y' + x^2 y = 0$

(2) $xy' + y = \cos x$

(3) $y' + y = 4e^{-x}$

(4) $y' - y \cot x = 2x \sin x$

(5) $y' - y = 2xe^{2x}, y(0) = 1$

(6) $xy' + y - e^x = 0, y|_{x=1} = 3e$

8. 用降阶法求下列微分方程的通解.

(1) $y'' = 2x^2 + \sin 3x$

(2) $y''' = xe^x$

(3) $y'' + y' = e^x$

(4) $y'' - \dfrac{1}{x} y' = x$

(5) $xy'' = y' + x^2$

9. 求下列二阶微分方程的通解和特解.

(1) $y'' - 7y' + 6y = 0$

(2) $y'' - 4y' + 8y = 0$

(3) $y'' - 6y' + 9y = 0$

(4) $y'' - 25y = 0$

(5) $y'' + 4y' + 29y = 0$

(6) $y'' - 6y' = 0$

(7) $y'' - 5y' + 6y = 0, y(0) = 1, y'(0) = 2$

(8) $y'' - 2y' + 4y = 0, y(0) = 1, y'(0) = 1$

(9) $y'' - 5y' + 6y = 2e^x$

(10) $y'' - 4y' + 4y = x^3$

(11) $y'' - \dfrac{1}{x} y' = x$

(12) $y'' - y' = -6x + 2$

第 6 章 定 积 分

本章将讨论积分学的另一个基本问题——定积分问题.先从几何与力学问题出发引进定积分的定义,然后讨论它的性质与计算方法.

6.1 定积分的概念与性质

6.1.1 定积分问题举例——曲边梯形的面积问题

由于任何一个由曲线围成的平面图形,总可将它分成若干部分,使其中每部分都是如图 6.1 中的曲边梯形,即由 $x = a, x = b(b > a)$,x 轴及连续曲线 $y = f(x)$ 所围成的图形,其中 x 轴上的区间 $[a,b]$ 叫做底边,曲线弧 $\overset{\frown}{AB}$ 叫做曲边.

下面讨论如何求这种曲边梯形的面积.

由于矩形的高是不变的,它的面积公式为高与底的乘积.而曲边梯形的底边上各点处的高 $f(x)$ 在区间 $[a,b]$ 上是变动的,它的面积不能按上面的公式来定义和计算.因为 $f(x)$ 在 $[a,b]$ 上连续,所以它在很小的一段区间上的变化很小,近似于不变.将曲边梯形分成若干个小曲边梯形,对于每个小曲边梯形,用一个矩形近似代替它(图 6.2),所有小矩形面积的总和(台阶形面积)作为曲边梯形面积的近似值.把区间 $[a,b]$ 无限细分,使每个小区间的长度都趋于零,这时所有小矩形面积的总和的极限就可定义为曲边梯形的面积.这个定义同时也给出了计算曲边梯形面积的方法.具体做法如下:

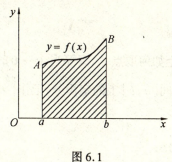

图 6.1

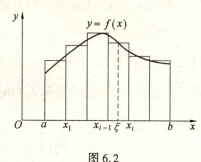

图 6.2

(1) 分割.

在区间 $[a,b]$ 中任意插入若干个分点,有
$$a = x_0 < x_1 < x_2 < \cdots < x_{i-1} < x_i < \cdots < x_{n-1} < x_n = b$$
把 $[a,b]$ 分成 n 个小区间,则
$$[x_0, x_1], [x_1, x_2], \cdots, [x_{i-1}, x_i], \cdots, [x_{n-1}, x_n]$$
它们的长度依次为

$$\Delta x_i = x_i - x_{i-1}, \quad i = 1, 2, \cdots, n$$

经过每个分点作平行于 y 轴的直线段,把曲边梯形分成 n 个窄曲边梯形.

(2) 代替.

在每个小区间 $[x_{i-1}, x_i]$ 上任取一点 ξ_i,以 $[x_{i-1}, x_i]$ 为底、$f(\xi_i)$ 为高的窄矩形面积为
$$f(\xi_i)\Delta x_i, \quad i = 1, 2, \cdots, n$$
近似代替相应的每个小曲边梯形的面积(以"直"代"曲").

(3) 求和.

将上述 n 个小矩形的面积加在一起,就可得到所要求的曲边梯形面积 A 的近似值,即
$$A \approx f(\xi_1)\Delta x_1 + f(\xi_2)\Delta x_2 + \cdots + f(\xi_n)\Delta x_n = \sum_{i=1}^{n} f(\xi_i)\Delta x_i$$

(4) 取极限.

把所有小区间的最大长度记为 λ,即
$$\lambda = \max\{\Delta x_1, \Delta x_2, \cdots, \Delta x_n\}$$
当 $\lambda \to 0$ 时,上述和式的极限如果存在,便得到曲边梯形的面积,即
$$A = \lim_{\lambda \to 0} \sum_{i=1}^{n} f(\xi_i)\Delta x_i$$

6.1.2 定积分的定义

【定义 6.1】 设函数 $f(x)$ 在 $[a, b]$ 上有定义,用分点
$$a = x_0 < x_1 < x_2 < \cdots < x_{i-1} < x_i < \cdots < x_{n-1} < x_n = b$$
把区间 $[a, b]$ 分成 n 个小区间,即 $[x_{i-1}, x_i]$,各个小区间的长度依次为 $\Delta x_i = x_i - x_{i-1}$ ($i = 1, 2, \cdots, n$),记作
$$\lambda = \max_{1 \leqslant i \leqslant n} \{\Delta x_i\}$$
在每个小区间 $[x_{i-1}, x_i]$ 上任取一点 ξ_i,作和式
$$S_n = \sum_{i=1}^{n} f(\xi_i)\Delta x_i$$
不论对 $[a, b]$ 怎样分划,也不管在小区间 $[x_{i-1}, x_i]$ 上如何取点 ξ_i,只要当 $\lambda \to 0$ 时,S_n 总趋于确定的极限 I,则称这个极限 I 为函数 $f(x)$ 在区间 $[a, b]$ 上的定积分,记作 $\int_a^b f(x)\mathrm{d}x$,即
$$\int_a^b f(x)\mathrm{d}x = \lim_{\lambda \to 0} \sum_{i=1}^{n} f(\xi_i)\Delta x_i = I$$

这时称 $f(x)$ 在 $[a, b]$ 上可积.其中 $f(x)$ 叫做被积函数;$f(x)\mathrm{d}x$ 叫做被积表达式;x 叫做积分变量;a 叫做积分下限;b 叫做积分上限;$[a, b]$ 叫做积分区间;S_n 叫做积分和数.

关于定积分的定义,作如下几点说明:

(1) 定积分是由被积函数与积分区间所决定的一个确定的数,它与积分变量的记号无关,即
$$I = \int_a^b f(x)\mathrm{d}x = \int_a^b f(u)\mathrm{d}u = \int_a^b f(t)\mathrm{d}t = \cdots$$

(2) 在定积分的上述定义中,实际上假定了 $a < b$. 当 $a > b$ 时,规定

$$\int_a^b f(x)\mathrm{d}x = -\int_b^a f(x)\mathrm{d}x$$

由此规定可知:交换定积分的积分上限与积分下限后,定积分的值改变符号.

(3) 当 $a = b$ 时,规定

$$\int_a^b f(x)\mathrm{d}x = 0$$

对于定积分,有这样一个重要问题:函数 $f(x)$ 在 $[a,b]$ 上满足怎样的条件, $f(x)$ 在 $[a,b]$ 上一定可积?这个问题不作深入讨论,而只给出以下两个充分条件.

【定理 6.1】 设 $f(x)$ 在区间 $[a,b]$ 上连续,则 $f(x)$ 在 $[a,b]$ 上可积.

【定理 6.2】 设 $f(x)$ 在区间 $[a,b]$ 上有界,且只有有限个间断点,则 $f(x)$ 在 $[a,b]$ 上可积.

6.1.3 定积分的几何意义

由曲边梯形的面积问题的讨论及定积分的定义知道,在 $[a,b]$ 上,当 $f(x) \geq 0$ 时,定积分 $\int_a^b f(x)\mathrm{d}x$ 在几何上表示由曲线 $y = f(x)$,两条直线 $x = a, x = b$ 与 x 轴所围成的曲边梯形的面积.

如果在 $[a,b]$ 上 $f(x) \leq 0$,则 $\int_a^b f(x)\mathrm{d}x$ 显然为负值.面积是一个几何量,总认为是正数.以 $[a,b]$ 为底边,曲线 $y = f(x)(f(x) \leq 0)$ 为曲边的曲边梯形位于 x 轴的下方,其面积 $A = -\int_a^b f(x)\mathrm{d}x$,即定积分 $\int_a^b f(x)\mathrm{d}x(f(x) \leq 0)$ 在几何上表示上述曲边梯形面积的相反数.

如果 $f(x)$ 在 $[a,b]$ 上有时取正值,有时取负值,则以 $[a,b]$ 为底边,以曲线 $y = f(x)$ 为曲边的曲边梯形可分成若干个部分,使得每部分都是位于 x 轴上方或下方的一个小曲边梯形(图 6.3).这时,定积分 $\int_a^b f(x)\mathrm{d}x$ 在几何上表示上述这些部分小曲边梯形面积的代数和.例如,就图 6.3 而言,有

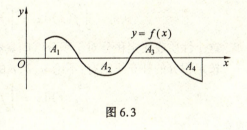

图 6.3

$$\int_a^b f(x)\mathrm{d}x = A_1 - A_2 + A_3 - A_4$$

其中, A_1, A_2, A_3, A_4 分别是图 6.3 中 4 个小曲边梯形的面积,它们都是正数.

6.1.4 定积分的性质

为了以后计算及应用方便起见,先对定积分作以下两点补充规定:

(1) 当 $a = b$ 时, $\int_a^b f(x)\mathrm{d}x = 0$;

(2) 当 $a > b$ 时,$\int_a^b f(x)\mathrm{d}x = -\int_b^a f(x)\mathrm{d}x$.

由上式可知,交换定积分的上下限时,积分的绝对值不变而符号相反.

下面讨论定积分的性质.下列各性质中积分上、下限的大小如不特别指明均不加限制,并假定各性质中所列出的定积分都是存在的.

【性质 1】 $\int_a^b [f(x) \pm g(x)]\mathrm{d}x = \int_a^b f(x)\mathrm{d}x \pm \int_a^b g(x)\mathrm{d}x$.

证明
$$\int_a^b [f(x) \pm g(x)]\mathrm{d}x = \lim_{\lambda \to 0} \sum_{i=1}^n [f(\xi_i) \pm g(\xi_i)]\Delta x_i =$$
$$\lim_{\lambda \to 0} \sum_{i=1}^n f(\xi_i)\Delta x_i \pm \lim_{\lambda \to 0} \sum_{i=1}^n g(\xi_i)\Delta x_i =$$
$$\int_a^b f(x)\mathrm{d}x \pm \int_a^b g(x)\mathrm{d}x$$

性质 1 对于任意有限个函数都是成立的.类似地,可以证明性质 2.

【性质 2】 $\int_a^b kf(x)\mathrm{d}x = k\int_a^b f(x)\mathrm{d}x$,$k$ 是常数.

【性质 3】 设 $a < c < b$,则
$$\int_a^b f(x)\mathrm{d}x = \int_a^c f(x)\mathrm{d}x + \int_c^b f(x)\mathrm{d}x$$

证明 因为函数 $f(x)$ 在区间 $[a,b]$ 上可积,所以不论把 $[a,b]$ 怎样分割,积分和的极限总是不变的.因此,在分区间时,可以使 c 永远是分点.那么,$[a,b]$ 上的积分和等于 $[a,c]$ 上的积分和加 $[c,b]$ 上的积分和,记为
$$\sum_{[a,b]} f(\xi_i)\Delta x_i = \sum_{[a,c]} f(\xi_i)\Delta x_i + \sum_{[c,b]} f(\xi_i)\Delta x_i$$

令 $\lambda \to 0$,上式两端同时取极限,得
$$\int_a^b f(x)\mathrm{d}x = \int_a^c f(x)\mathrm{d}x + \int_c^b f(x)\mathrm{d}x$$

这个性质表明定积分对于积分区间具有可加性.

按定积分的补充规定有:不论 a,b,c 的相对位置如何,总有等式
$$\int_a^b f(x)\mathrm{d}x = \int_a^c f(x)\mathrm{d}x + \int_c^b f(x)\mathrm{d}x$$

成立.

【性质 4】 如果在区间 $[a,b]$ 上有 $f(x) \equiv 1$,则
$$\int_a^b 1\mathrm{d}x = \int_a^b \mathrm{d}x = b - a$$

这个性质的证明请读者自己完成.

【性质 5】 如果在区间 $[a,b]$ 上有 $f(x) \geq 0$,则
$$\int_a^b f(x)\mathrm{d}x \geq 0, \quad a < b$$

证明 因为 $f(x) \geq 0$,所以
$$f(\xi_i) \geq 0, \quad i = 1,2,\cdots,n$$

又由于 $\Delta x_i \geqslant 0 (i = 1, 2, \cdots, n)$,因此
$$\sum_{i=1}^{n} f(\xi_i) \Delta x_i \geqslant 0$$
令 $\lambda = \max\{\Delta x_1, \cdots, \Delta x_n\} \to 0$,即得要证明的不等式.

【推论 1】 如果在区间 $[a,b]$ 上,$f(x) \leqslant g(x)$,则
$$\int_a^b f(x) \mathrm{d}x \leqslant \int_a^b g(x) \mathrm{d}x, \quad a < b$$

证明 因为 $g(x) - f(x) \geqslant 0$,由性质 5 得
$$\int_a^b [g(x) - f(x)] \mathrm{d}x \geqslant 0$$

再利用性质 1,即得要证明的不等式.

【推论 2】 $\left| \int_a^b f(x) \mathrm{d}x \right| \leqslant \int_a^b |f(x)| \mathrm{d}x, a < b.$

证明 因为
$$-|f(x)| \leqslant f(x) \leqslant |f(x)|$$

所以由推论 1 及性质 2 可得
$$-\int_a^b |f(x)| \mathrm{d}x \leqslant \int_a^b f(x) \mathrm{d}x \leqslant \int_a^b |f(x)| \mathrm{d}x$$

即
$$\left| \int_a^b f(x) \mathrm{d}x \right| \leqslant \int_a^b |f(x)| \mathrm{d}x$$

注意:$|f(x)|$ 在 $[a,b]$ 上的可积性可由 $f(x)$ 在 $[a,b]$ 上的可积性推出,这里不作证明.

【性质 6】 设 M 及 m 分别是函数 $f(x)$ 在区间 $[a,b]$ 上的最大值及最小值,则
$$m(b - a) \leqslant \int_a^b f(x) \mathrm{d}x \leqslant M(b - a)$$

证明 因为 $m \leqslant f(x) \leqslant M$,所以由性质 5 及推论 1,得
$$\int_a^b m \mathrm{d}x \leqslant \int_a^b f(x) \mathrm{d}x \leqslant \int_a^b M \mathrm{d}x$$

再由性质 2 及性质 4,即得所要证的不等式.

这个性质说明:由被积函数在积分区间上的最大值及最小值,可以估计积分值的大致范围.例如,定积分 $\int_{\frac{1}{2}}^{1} x^4 \mathrm{d}x$ 被积函数 $f(x) = x^4$ 在积分区间 $\left[\frac{1}{2}, 1\right]$ 上是单调增加的,于是有 $m = \left(\frac{1}{2}\right)^4 = \frac{1}{16}, M = (1)^4 = 1$.由性质 6,得
$$\frac{1}{16}\left(1 - \frac{1}{2}\right) \leqslant \int_{\frac{1}{2}}^{1} x^4 \mathrm{d}x \leqslant 1\left(1 - \frac{1}{2}\right)$$

即
$$\frac{1}{32} \leqslant \int_{\frac{1}{2}}^{1} x^4 \mathrm{d}x \leqslant \frac{1}{2}$$

【性质 7】(定积分中值定理)　如果函数 $f(x)$ 在闭区间 $[a,b]$ 上连续,则在积分区间 $[a,b]$ 上至少存在一个点 ξ,使

$$\int_a^b f(x)\mathrm{d}x = f(\xi)(b-a), \quad a \leqslant \xi \leqslant b$$

成立.这个公式叫做积分中值公式(图 6.4).

证明　把性质 6 中的不等式两边各除以 $b-a$,得

$$m \leqslant \frac{1}{b-a}\int_a^b f(x)\mathrm{d}x \leqslant M$$

这表明,确定的数值 $\frac{1}{b-a}\int_a^b f(x)\mathrm{d}x$ 介于函数 $f(x)$ 的最小值及最大值之间,根据闭区间上连续函数的介值定理,在 $[a,b]$ 上至少存在一点 ξ,使得函数 $f(x)$ 在点 ξ 处的值与这个确定的数值相等,即

$$\frac{1}{b-a}\int_a^b f(x)\mathrm{d}x = f(\xi), \quad a \leqslant \xi \leqslant b$$

两端各乘以 $b-a$,即得所要证的等式.

显然,积分中值公式

$$\int_a^b f(x)\mathrm{d}x = f(\xi)(b-a), \quad a \leqslant \xi \leqslant b$$

不论 $a < b$ 或 $a > b$ 都是成立的.

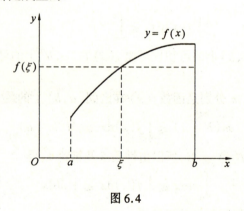

图 6.4

6.2　微积分的基本公式

6.2.1　变上限积分

设 $f(x)$ 在区间 $[a,b]$ 上连续,则对任意一点 $x \in [a,b]$,在 $[a,x]$ 上的积分

$$F(x) = \int_a^x f(t)\mathrm{d}t \tag{6.1}$$

存在,称之为变上限积分,$F(x)$ 是定义于 $[a,b]$ 上的一个函数,有

$$F(a) = 0$$

$$F(b) = \int_a^b f(x)\mathrm{d}x$$

若 $f(x) \geq 0 (a \leq x \leq b)$,则 $F(x)$ 表示如图 6.5 所示的区域的面积.

【定理 6.3】 设 $f(x)$ 在 $[a,b]$ 上连续. 若 $F(x)$ 由式(6.1)定义,则 $F'(x) = f(x)$,即

$$\frac{\mathrm{d}}{\mathrm{d}x}\int_a^x f(t)\mathrm{d}t = f(x), \quad a \leq x \leq b$$

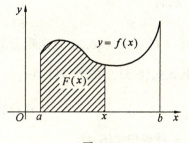

图 6.5

证明 取定 $x \in [a,b]$. 若

$$x < x + h < b$$

则由积分中值定理有 $\xi \in [x, x+h]$,使得

$$\frac{F(x+h) - F(x)}{h} = \frac{1}{h}\left[\int_a^{x+h} f(t)\mathrm{d}t - \int_a^x f(t)\mathrm{d}t\right] = \frac{1}{h}\int_x^{x+h} f(t)\mathrm{d}t = f(\xi) \quad (6.2)$$

若 $h \to 0^+$,则 $\xi \to x^+$,由连续性有 $f(\xi) \to f(x)$,故由式(6.2)及右导数定义得 $F'_+ = f(x)$. 同理可证,对任给 $x \in (a,b]$ 有 $F'_-(x) = f(x)$. 综合起来即得

$$F'(x) = f(x), \quad a \leq x \leq b$$

这个定理指出了一个重要结论:连续函数 $f(x)$ 取得上限 x 的定积分然后求导,其结果还原为 $f(x)$ 本身. 联想到原函数的定义,就可以从定理 6.3 推知:$F(x)$ 是连续函数 $f(x)$ 的一个原函数. 因此,引出如下的原函数存在定理.

【定理 6.4】 如果函数 $f(x)$ 在区间 $[a,b]$ 上连续,则函数

$$\Phi(x) = \int_a^x f(t)\mathrm{d}t \tag{6.3}$$

就是 $f(x)$ 在 $[a,b]$ 上的一个原函数.

这个定理的重要意义是:一方面,肯定了连续函数的原函数是存在的;另一方面,初步地揭示了积分学中的定积分与原函数之间的联系. 因此,就有可能通过原函数来计算定积分.

6.2.2 牛顿 - 莱布尼兹公式

【定理 6.5】 如果函数 $F(x)$ 是连续函数 $f(x)$ 在区间 $[a,b]$ 上的一个原函数,则

$$\int_a^b f(x)\mathrm{d}x = F(b) - F(a) \tag{6.4}$$

证明 已知函数 $F(x)$ 是连续函数 $f(x)$ 的一个原函数,又根据定理 6.4 可知,积分上限的函数

$$\Phi(x) = \int_a^x f(t)\mathrm{d}t$$

也是 $f(x)$ 的一个原函数. 于是这两个原函数之差 $F(x) - \Phi(x)$ 在 $[a,b]$ 上必定是某一个常数 C,即

$$F(x) - \Phi(x) = C, \quad a \leq x \leq b \tag{6.5}$$

令 $x = a$,得
$$F(a) - \Phi(a) = C$$
又由 $\Phi(x)$ 的定义式(6.3)及定积分的补充规定可知 $\Phi(a) = 0$,因此,$C = F(a)$. 将 $F(a)$ 代入式(6.5)中的 C,将 $\int_a^x f(t)dt$ 代入式(6.5)中的 $\Phi(x)$,可得
$$\int_a^x f(t)dt = F(x) - F(a)$$
令 $x = b$,就得到式(6.4).

为了方便起见,以后把 $F(b) - F(a)$ 记成 $F(x)\vert_a^b$,于是上式又可写成
$$\int_a^b f(x)dx = F(x)\vert_a^b$$

【例1】 求 $\int_0^1 x^2 dx$.

解 $\int_0^1 x^2 dx = \frac{1}{3}x^3 \vert_0^1 = \frac{1}{3} - 0 = \frac{1}{3}$.

【例2】 计算下列定积分.

(1) $\int_4^9 \sqrt{x}(\sqrt{x} + 1)dx$;

(2) $\int_2^5 |x - 3|dx$;

(3) $f(x) = \begin{cases} \dfrac{1}{1+x^2}, & x \geq 0 \\ \cos^2 x, & x < 0 \end{cases}$,求 $\int_{-\frac{\pi}{4}}^1 f(x)dx$.

解 (1) $\int_4^9 \sqrt{x}(\sqrt{x} + 1)dx = \int_4^9 (x + \sqrt{x})dx = \int_4^9 x dx + \int_4^9 \sqrt{x}dx =$
$$\frac{1}{2}x^2 \vert_4^9 + \frac{2}{3}x^{\frac{3}{2}}\vert_4^9 = \frac{1}{2}(81 - 16) + \frac{2}{3}(27 - 8) = \frac{271}{6}$$

(2) $\int_2^5 |x - 3|dx = \int_2^3 |x - 3|dx + \int_3^5 |x - 3|dx = \int_2^3 (3 - x)dx + \int_3^5 (x - 3)dx =$
$$\left(3x - \frac{1}{2}x^2\right)\Big\vert_2^3 + \left(\frac{1}{2}x^2 - 3x\right)\Big\vert_3^5 = \frac{5}{2}$$

(3) 利用定积分对区间的可加性,得
$$原式 = \int_0^1 \frac{1}{1+x^2}dx + \frac{1}{2}\int_{-\frac{\pi}{4}}^0 dx + \frac{1}{4}\int_{-\frac{\pi}{4}}^0 \cos 2x\, d2x$$
$$= \arctan x \vert_0^1 + \frac{1}{2}\left[0 - \left(-\frac{\pi}{4}\right)\right] + \frac{1}{4}\sin 2x \Big\vert_{-\frac{\pi}{4}}^0$$
$$= \left(\frac{\pi}{4} - 0\right) + \frac{\pi}{8} + \frac{1}{4}[0 - (-1)]$$
$$= \frac{3\pi + 2}{8}$$

【例3】 计算下列定积分.

(1) $\int_1^2 \dfrac{(x+1)(2x-1)}{x^2}dx$;

(2) $\int_0^1 \dfrac{x}{x+1}dx$;

(3) $\int_1^2 \dfrac{1}{x^2-2x+2}dx$;

(4) $\int_{-1}^1 \dfrac{e^x}{1+e^x}dx$.

解 (1) $\int_1^2 \dfrac{(x+1)(2x-1)}{x^2}dx = \int_1^2 \dfrac{2x^2+x-1}{x^2}dx = \int_1^2 (2+\dfrac{1}{x}-\dfrac{1}{x^2})dx =$
$(2x+\ln x+\dfrac{1}{x})\Big|_1^2 = (4+\ln 2+\dfrac{1}{2})-(2+\ln 1+1) = \dfrac{3}{2}+\ln 2$

(2) $\int_0^1 \dfrac{x}{x+1}dx = \int_0^1 \dfrac{x+1-1}{x+1}dx = \int_0^1 (1-\dfrac{1}{x+1})dx =$
$[x-\ln(x+1)]\Big|_0^1 = (1-\ln 2)-(0-\ln 1) = 1-\ln 2$

(3) $\int_1^2 \dfrac{1}{x^2-2x+2}dx = \int_1^2 \dfrac{1}{(x-1)^2+1}dx = \arctan(x-1)\Big|_1^2 =$

$$\arctan 1 - \arctan 0 = \dfrac{\pi}{4}$$

(4) $\int_{-1}^1 \dfrac{e^x}{1+e^x}dx = \int_{-1}^1 \dfrac{1}{1+e^x}d(1+e^x) = \ln(1+e^x)\Big|_{-1}^1 = \ln(1+e)-\ln\left(1+\dfrac{1}{e}\right) =$
$\ln(1+e)-\ln\left(\dfrac{e+1}{e}\right) = \ln(1+e)-[\ln(1+e)-\ln e] = \ln e = 1$

6.3 定积分的换元法

由牛顿-莱布尼兹公式可知:计算定积分 $\int_a^b f(x)dx$,只要求出 $f(x)$ 的原函数即可.有时需要通过变量代换的方法求 $f(x)$ 的原函数,这在不定积分一章中已经介绍过了,这里要介绍定积分的换元积分法.

假设要求的积分是 $\int_a^b f(x)dx$,其中 $f(x)$ 是连续函数(如果 $f(x)$ 是分段连续函数,那么可以把它分为有限个子区间,使它在各子区间上是连续的).令 $x = \varphi(t)$,如果函数 $\varphi(t)$ 满足下列条件:

(1) $\varphi(\alpha) = a, \varphi(\beta) = b$;

(2) $\varphi'(t)$ 在区间 $[\alpha,\beta]$ 或 $[\beta,\alpha]$ 上连续;

(3) 当 $t \in \begin{cases}[\alpha,\beta], \alpha<\beta \\ [\beta,\alpha], \alpha>\beta\end{cases}$ 时,有

$$\varphi(t) \in \begin{cases}[a,b], a<b \\ [b,a], a>b\end{cases}$$

则

$$\int_a^b f(x)\mathrm{d}x = \int_\alpha^\beta f[\varphi(t)]\varphi'(t)\mathrm{d}t$$

事实上,如果设 $F(x)$ 是 $f(x)$ 的原函数,则

$$\int f(x)\mathrm{d}x = F(x) + C = F[\varphi(t)] + C$$

以及

$$\int f[\varphi(t)]\varphi'(t)\mathrm{d}t = F[\varphi(t)] + C$$

故得

$$\int_a^b f(x)\mathrm{d}x = F(x)\Big|_a^b = F(b) - F(a)$$

所以

$$\int_\alpha^\beta f[\varphi(t)]\varphi'(t)\mathrm{d}t = F[\varphi(t)]\Big|_\alpha^\beta = F[\varphi(\beta)] - F[\varphi(\alpha)] = F(b) - F(a)$$

由此得

$$\int_a^b f(x)\mathrm{d}x = \int_\alpha^\beta f[\varphi(t)]\varphi'(t)\mathrm{d}t$$

注意:在用换元法求不定积分时,一般要经过两个步骤:第一步是将变量 x 变换为变量 t;第二步是将变量 t 变回到变量 x。第二步有时也称为回代过程。在用换元法求定积分时,积分上、下限已跟着变动,因此第二步回代过程是不需要的。

【例4】 计算下列定积分。

(1) $\int_0^4 \dfrac{1-\sqrt{x}}{1+\sqrt{x}}\mathrm{d}x$;

(2) $\int_0^4 \dfrac{x+2}{\sqrt{2x+1}}\mathrm{d}x$。

解 (1) 应用换元积分法,注意在换元时必须同时换限。

令 $t = \sqrt{x}$,则 $x = t^2, \mathrm{d}x = 2t\mathrm{d}t$。当 $x = 0$ 时, $t = 0$;当 $x = 4$ 时, $t = 2$。于是由定积分的换元公式有

$$\int_0^4 \frac{1-\sqrt{x}}{1+\sqrt{x}}\mathrm{d}x = \int_0^2 \frac{1-t}{1+t}2t\mathrm{d}t =$$

$$2\int_0^2 \frac{t-t^2}{1+t}\mathrm{d}t = 2\int_0^2 \frac{(1+t)-(t^2-1)-2}{1+t}\mathrm{d}t =$$

$$2\int_0^2 \left[1 - (t-1) - \frac{2}{1+t}\right]\mathrm{d}t =$$

$$2\int_0^2 \left(-t + 2 - \frac{2}{1+t}\right)\mathrm{d}t =$$

$$2\left(2t - \frac{t^2}{2} - 2\ln|1+t|\right)\Big|_0^2 = 4 - 4\ln 3$$

(2) 令 $\sqrt{2x+1} = t$,则 $x = \dfrac{t^2-1}{2}, \mathrm{d}x = t\mathrm{d}t$,且当 $x = 0$ 时, $t = 1$;当 $x = 4$ 时, $t = 3$。则

原式 $= \int_1^3 \dfrac{\dfrac{t^2-1}{2}+2}{t} t\,dt = \dfrac{1}{2}\int_1^3 (t^2+3)\,dt = \dfrac{1}{2}\left(\dfrac{1}{3}t^3+3t\right)\Big|_1^3 =$
$\dfrac{1}{2}\left[\left(\dfrac{27}{3}+9\right)-\left(\dfrac{1}{3}+3\right)\right] = \dfrac{22}{3}$

【例 5】 求 $\int_{-a}^{a} \sqrt{a^2-x^2}\,dx$，其中 $a > 0$.

解 设 $x = a\sin t$，则 $dx = a\cos t\,dt$. 当 $x = -a$ 时，$t = -\dfrac{\pi}{2}$；当 $x = a$ 时，$t = \dfrac{\pi}{2}$. 于是得

$$\int_{-a}^{a}\sqrt{a^2-x^2}\,dx = \int_{-\frac{\pi}{2}}^{\frac{\pi}{2}} a\cos t \cdot a\cos t\,dt =$$

$$a^2\int_{-\frac{\pi}{2}}^{\frac{\pi}{2}}\cos^2 t\,dt = \dfrac{a^2}{2}\int_{-\frac{\pi}{2}}^{\frac{\pi}{2}}(1+\cos 2t)\,dt =$$

$$\dfrac{a^2}{2}\left(t+\dfrac{1}{2}\sin 2t\right)\Big|_{-\frac{\pi}{2}}^{\frac{\pi}{2}} = \dfrac{1}{2}\pi a^2$$

如果注意到定积分的几何意义，那么所求的积分等于半径为 a 的半圆面积 $\dfrac{\pi a^2}{2}$.

【例 6】 设 $f(x)$ 是在 $[-a, a]$ 上的连续函数，则

$$\int_{-a}^{a} f(x)\,dx = \begin{cases} 2\int_0^a f(x)\,dx, & \text{当 } f(x) \text{ 为偶函数} \\ 0, & \text{当 } f(x) \text{ 为奇函数} \end{cases}$$

证明 $\int_{-a}^{a} f(x)\,dx = \int_{-a}^{0} f(x)\,dx + \int_0^a f(x)\,dx$

对等式右边第一个积分作变换 $x = -t$，得

$$\int_{-a}^{0} f(x)\,dx = \int_a^0 f(-t)(-dt) = \int_0^a f(-t)\,dt = \int_0^a f(-x)\,dx$$

于是

$$\int_{-a}^{a} f(x)\,dx = \int_0^a f(-x)\,dx + \int_0^a f(x)\,dx = \int_0^a [f(-x)+f(x)]\,dx$$

若 $f(x)$ 为偶函数，则 $f(-x) = f(x)$，故

$$\int_{-a}^{a} f(x)\,dx = 2\int_0^a f(x)\,dx$$

若 $f(x)$ 为奇函数，则 $f(-x) = -f(x)$，故

$$\int_{-a}^{a} f(x)\,dx = 0$$

【例 7】 计算下列定积分.

(1) $\int_{-\pi}^{\pi} x^4 \sin x\,dx$；

(2) $\int_{-2}^{2} |x|\,dx$；

(3) $\int_{-1}^{1}(x\cos x + e^x - 5x^3)dx$.

解 (1) 因为 $f(x) = x^4\sin x$ 是奇函数,且积分区间 $[-\pi,\pi]$ 关于原点对称,所以
$$\int_{-\pi}^{\pi} x^4\sin x dx = 0.$$

(2) 因为被积函数 $f(x) = |x|$ 是偶函数,且积分区间 $[-2,2]$ 关于原点对称,所以
$$\int_{-2}^{2}|x|dx = 2\int_{0}^{2}xdx = x^2\Big|_{0}^{2} = 4$$

(3) 被积函数中 $x\cos x - 5x^3$ 是奇函数,e^x 是非奇非偶函数,且积分区间 $[-1,1]$ 关于原点对称,所以
$$\int_{-1}^{1}(x\cos x + e^x - 5x^3)dx = \int_{-1}^{1}e^x dx = e^x\Big|_{-1}^{1} = e - e^{-1}$$

6.4 定积分的分部积分法

由不定积分的分部积分公式
$$\int u dv = uv - \int v du$$

立即推出定积分的分部积分公式
$$\int_{a}^{b} u dv = uv\Big|_{a}^{b} - \int_{a}^{b} v du$$

这里假定 u 和 v 都具有连续导数.

【例8】 计算 $\int_{0}^{1} x e^x dx$.

解 $\int_{0}^{1} x e^x dx = \int_{0}^{1} x de^x = x e^x\Big|_{0}^{1} - \int_{0}^{1} e^x dx = e - e^x\Big|_{0}^{1} = 1.$

【例9】 计算 $\int_{0}^{\pi} x\sin x dx$.

解 $\int_{0}^{\pi} x\sin x dx = -\int_{0}^{\pi} x d\cos x =$
$$-x\cos x\Big|_{0}^{\pi} + \int_{0}^{\pi}\cos x dx = \pi + \sin x\Big|_{0}^{\pi} = \pi$$

【例10】 计算 $\int_{0}^{\frac{1}{2}}\arcsin x dx$.

解 $\int_{0}^{\frac{1}{2}}\arcsin x dx = (x\arcsin x)\Big|_{0}^{\frac{1}{2}} - \int_{0}^{\frac{1}{2}}\frac{x}{\sqrt{1-x^2}}dx =$
$$\frac{1}{2}\cdot\frac{\pi}{6} + (\sqrt{1-x^2})\Big|_{0}^{\frac{1}{2}} = \frac{\pi}{12} + \frac{\sqrt{3}}{2} - 1$$

【例11】 计算 $\int_{0}^{1} e^{\sqrt{x}} dx$.

解 先用换元法,令 $\sqrt{x} = t$,则 $x = t^2$,$dx = 2t dt$,且当 $x = 0$ 时,$t = 0$;当 $x = 1$ 时,

$t = 1$. 于是
$$\int_0^1 e^{\sqrt{x}} dx = 2\int_0^1 te^t dt = 2\int_0^1 t de^t =$$
$$2\left[(te^t)\big|_0^1 - \int_0^1 e^t dt\right] = 2[e - (e^t)\big|_0^1] =$$
$$2[e - (e-1)] = 2$$

6.5 反常积分

在一些实际问题中,常遇到积分区间为无穷区间,或者被积函数为无界函数的积分,它们已经不属于前面所说的定积分了.因此,我们对定积分作如下两种推广,从而形成反常积分的概念.

6.5.1 无穷限的反常积分

【定义 6.2】 设函数 $f(x)$ 在区间 $[a, +\infty)$ 上连续,取 $t > a$. 如果极限
$$\lim_{t \to +\infty} \int_a^t f(x) dx$$
存在,则称此极限为函数 $f(x)$ 在无穷区间 $[a, +\infty)$ 上的反常积分,记作 $\int_a^{+\infty} f(x) dx$, 即
$$\int_a^{+\infty} f(x) dx = \lim_{t \to +\infty} \int_a^t f(x) dx$$
这时也称反常积分 $\int_a^{+\infty} f(x) dx$ 收敛;如果上述极限不存在, 函数 $f(x)$ 在无穷区间 $[a, +\infty)$ 上的反常积分 $\int_a^{+\infty} f(x) dx$ 就没有意义,习惯上称为反常积分 $\int_a^{+\infty} f(x) dx$ 发散,这时记号 $\int_a^{+\infty} f(x) dx$ 不再表示数值了.

类似地,设函数 $f(x)$ 在区间 $(-\infty, b]$ 上连续,取 $t < b$, 如果极限
$$\lim_{t \to -\infty} \int_t^b f(x) dx$$
存在,则称此极限为函数 $f(x)$ 在无穷区间 $(-\infty, b]$ 上的反常积分,记作 $\int_{-\infty}^b f(x) dx$, 即
$$\int_{-\infty}^b f(x) dx = \lim_{t \to -\infty} \int_t^b f(x) dx$$
这时也称反常积分 $\int_{-\infty}^b f(x) dx$ 收敛;如果上述极限不存在,就称反常积分 $\int_{-\infty}^b f(x) dx$ 发散.

设函数 $f(x)$ 在区间 $(-\infty, +\infty)$ 上连续,如果反常积分
$$\int_{-\infty}^0 f(x) dx \quad \text{和} \quad \int_0^{+\infty} f(x) dx$$
都收敛,则称上述两反常积分之和为函数 $f(x)$ 在无穷区间 $(-\infty, +\infty)$ 上的反常积分,记

作 $\int_{-\infty}^{+\infty} f(x)dx$,即

$$\int_{-\infty}^{+\infty} f(x)dx = \int_{-\infty}^{0} f(x)dx + \int_{0}^{+\infty} f(x)dx = \lim_{t \to -\infty} \int_{t}^{0} f(x)dx + \lim_{t \to +\infty} \int_{0}^{t} f(x)dx$$

这时也称反常积分 $\int_{-\infty}^{+\infty} f(x)dx$ 收敛;否则就称反常积分 $\int_{-\infty}^{+\infty} f(x)dx$ 发散.

上述反常积分统称为无穷限的反常积分.

由上述定义及牛顿 – 莱布尼兹公式,可得如下结果:

设 $F(x)$ 为 $f(x)$ 在 $[a, +\infty)$ 上的一个原函数,若 $\lim_{x \to +\infty} F(x)$ 存在,则反常积分

$$\int_{a}^{+\infty} f(x)dx = \lim_{x \to +\infty} F(x) - F(a)$$

【例 12】 计算反常积分 $\int_{-\infty}^{+\infty} \frac{dx}{1+x^2}$.

解 $\int_{-\infty}^{+\infty} \frac{dx}{1+x^2} = (\arctan x)\Big|_{-\infty}^{+\infty} = \lim_{x \to +\infty} \arctan x - \lim_{x \to -\infty} \arctan x = \frac{\pi}{2} - \left(-\frac{\pi}{2}\right) = \pi$

这个反常积分值的几何意义是:当 $a \to -\infty, b \to +\infty$ 时,虽然图 6.6 中阴影部分向左、右无限延伸,但其面积却有极限值 π.简单地说,它是位于曲线 $y = \frac{1}{1+x^2}$ 的下方、x 轴上方的图形面积.

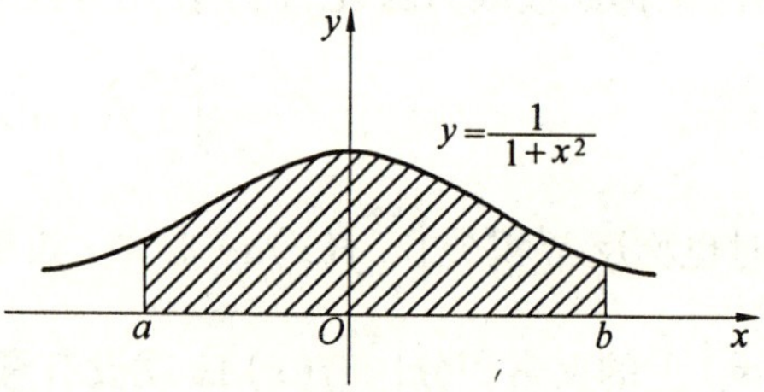

图 6.6

【例 13】 证明:反常积分 $\int_{a}^{+\infty} \frac{dx}{x^p}(a > 0)$,当 $p > 1$ 时收敛,当 $p \leqslant 1$ 时发散.

证明 当 $p = 1$ 时,有

$$\int_{a}^{+\infty} \frac{dx}{x^p} = \int_{a}^{+\infty} \frac{dx}{x} = (\ln x)\Big|_{0}^{+\infty} = +\infty$$

当 $p \neq 1$ 时,有

$$\int_{a}^{+\infty} \frac{dx}{x^p} = \left(\frac{x^{1-p}}{1-p}\right)\Big|_{a}^{+\infty} = \begin{cases} +\infty, p < 1 \\ \frac{a^{1-p}}{p-1}, p > 1 \end{cases}$$

因此,当 $p > 1$ 时,反常积分收敛,其值为 $\frac{a^{1-p}}{p-1}$;当 $p \leqslant 1$ 时,反常积分发散.

6.5.2 无界函数的反常积分

现在把定积分推广到被积函数为无界函数的情形.

如果函数 $f(x)$ 在点 a 的任一邻域内都无界,那么点 a 称为函数 $f(x)$ 的瑕点(也称为

无界间断点),无界函数的反常积分又称为瑕积分.

【定义 6.3】 设函数 $f(x)$ 在 $(a,b]$ 上连续,点 a 为 $f(x)$ 的瑕点,取 $t > a$. 如果极限

$$\lim_{t \to a^+} \int_t^b f(x) dx$$

存在,则称此极限为函数 $f(x)$ 在 $(a,b]$ 上的反常积分,仍然记作 $\int_a^b f(x) dx$,即

$$\int_a^b f(x) dx = \lim_{t \to a^+} \int_t^b f(x) dx$$

这时也称反常积分 $\int_a^b f(x) dx$ 收敛;如果上述极限不存在,就称反常积分 $\int_a^b f(x) dx$ 发散.

类似地,设函数 $f(x)$ 在 $[a,b)$ 上连续,点 b 为 $f(x)$ 的瑕点,取 $t < b$,如果极限

$$\lim_{t \to b^-} \int_a^t f(x) dx$$

存在,则定义

$$\int_a^b f(x) dx = \lim_{t \to b^-} \int_a^t f(x) dx$$

否则,就称反常积分 $\int_a^b f(x) dx$ 发散.

设函数 $f(x)$ 在 $[a,b]$ 上除点 $c(a < c < b)$ 外连续,点 c 为 $f(x)$ 的瑕点. 如果两个反常积分

$$\int_a^c f(x) dx \quad \text{与} \quad \int_c^b f(x) dx$$

都收敛,则定义

$$\int_a^b f(x) dx = \int_a^c f(x) dx + \int_c^b f(x) dx = \lim_{t \to c^-} \int_a^t f(x) dx + \lim_{t \to c^+} \int_t^b f(x) dx$$

否则,就称反常积分 $\int_a^b f(x) dx$ 发散.

计算无界函数的反常积分,也可借助于牛顿 – 莱布尼兹公式.

设 $x = a$ 为 $f(x)$ 的瑕点,在 $(a,b]$ 上 $F'(x) = f(x)$,如果极限 $\lim\limits_{x \to a^+} F(x)$ 存在,则反常积分

$$\int_a^b f(x) dx = F(b) - \lim_{x \to a^+} F(x) = F(b) - F_+(a)$$

如果 $\lim\limits_{x \to a^+} F(x)$ 不存在,则反常积分 $\int_a^b f(x) dx$ 发散.

【例 14】 讨论反常积分 $\int_{-1}^1 \dfrac{dx}{x^2}$ 的收敛性.

解 被积函数 $f(x) = \dfrac{1}{x^2}$ 在积分区间 $[-1,1]$ 上除 $x = 0$ 外连续,且 $\lim\limits_{x \to 0} \dfrac{1}{x^2} = \infty$.

由于

$$\int_{-1}^0 \frac{dx}{x^2} = \left(-\frac{1}{x}\right)\bigg|_{-1}^0 = \lim_{x \to 0^-}\left(-\frac{1}{x}\right) - 1 = +\infty$$

即反常积分 $\int_{-1}^{0} \dfrac{\mathrm{d}x}{x^2}$ 发散,所以反常积分 $\int_{-1}^{1} \dfrac{\mathrm{d}x}{x^2}$ 发散.

习 题

1. 利用定积分定义计算下列积分.

(1) $\int_{a}^{b} x \mathrm{d}x \quad (a < b)$

(2) $\int_{0}^{1} \mathrm{e}^{x} \mathrm{d}x$

2. 利用定积分的几何意义,证明下列等式.

(1) $\int_{0}^{1} 2x \mathrm{d}x = 1$

(2) $\int_{0}^{1} \sqrt{1 - x^2} \mathrm{d}x = \dfrac{\pi}{4}$

(3) $\int_{-\pi}^{\pi} \sin x \mathrm{d}x = 0$

(4) $\int_{-\frac{\pi}{2}}^{\frac{\pi}{2}} \cos x \mathrm{d}x = 2\int_{0}^{\frac{\pi}{2}} \cos x \mathrm{d}x$

3. 计算下列各定积分.

(1) $\int_{0}^{a} (3x^2 - x + 1) \mathrm{d}x$

(2) $\int_{1}^{2} \left(x^2 + \dfrac{1}{x^4} \right) \mathrm{d}x$

(3) $\int_{4}^{9} \sqrt{x}(1 + \sqrt{x}) \mathrm{d}x$

(4) $\int_{\frac{1}{\sqrt{3}}}^{\sqrt{3}} \dfrac{\mathrm{d}x}{1 + x^2}$

(5) $\int_{-\frac{1}{2}}^{\frac{1}{2}} \dfrac{\mathrm{d}x}{\sqrt{1 - x^2}}$

(6) $\int_{0}^{\sqrt{3}a} \dfrac{\mathrm{d}x}{a^2 + x^2}$

(7) $\int_{0}^{1} \dfrac{\mathrm{d}x}{\sqrt{4 - x^2}}$

(8) $\int_{-1}^{0} \dfrac{3x^4 + 3x^2 + 1}{x^2 + 1} \mathrm{d}x$

(9) $\int_{-\mathrm{e}-1}^{-2} \dfrac{\mathrm{d}x}{1 + x}$

(10) $\int_{0}^{\frac{\pi}{4}} \tan^2 \theta \mathrm{d}\theta$

(11) $\int_{0}^{2\pi} |\sin x| \mathrm{d}x$

(12) $\int_{\frac{\pi}{3}}^{\pi} \sin\left(x + \dfrac{\pi}{3} \right) \mathrm{d}x$

(13) $\int_{-2}^{1} \dfrac{\mathrm{d}x}{(11 + 5x)^3}$

(14) $\int_{0}^{\frac{\pi}{2}} \sin \varphi \cos^3 \varphi \mathrm{d}\varphi$

(15) $\int_{0}^{\pi} (1 - \sin^3 \theta) \mathrm{d}\theta$

(16) $\int_{\frac{\pi}{6}}^{\frac{\pi}{2}} \cos^2 u \mathrm{d}u$

(17) $\int_{0}^{\sqrt{2}} \sqrt{2 - x^2} \mathrm{d}x$

(18) $\int_{0}^{a} x^2 \sqrt{a^2 - x^2} \mathrm{d}x$

(19) $\int_{1}^{\sqrt{3}} \dfrac{\mathrm{d}x}{x^2 \sqrt{1 + x^2}}$

(20) $\int_{-1}^{1} \dfrac{x \mathrm{d}x}{\sqrt{5 - 4x}}$

(21) $\int_{1}^{4} \dfrac{\mathrm{d}x}{1 + \sqrt{x}}$

4. 利用函数的奇偶性计算下列积分.

(1) $\int_{-\pi}^{\pi} x^4 \sin x \mathrm{d}x$

(2) $\int_{-\frac{\pi}{2}}^{\frac{\pi}{2}} 4\cos^4 \theta \mathrm{d}\theta$

(3) $\int_{-\frac{1}{2}}^{\frac{1}{2}} \dfrac{(\arcsin x)^2}{\sqrt{1-x^2}} dx$ 　　(4) $\int_{-5}^{5} \dfrac{x^3 \sin^2 x}{x^4+3x^2+1} dx$

5. 计算下列定积分.

(1) $\int_0^1 x e^{-x} dx$ 　　(2) $\int_1^e x \ln x \, dx$

(3) $\int_0^{\frac{2\pi}{\omega}} t \sin \omega t \, dt$（$\omega$ 为常数）　　(4) $\int_{\frac{\pi}{4}}^{\frac{\pi}{3}} \dfrac{x}{\sin^2 x} dx$

(5) $\int_1^4 \dfrac{\ln x}{\sqrt{x}} dx$ 　　(6) $\int_0^1 x \arctan x \, dx$

6. 判定下列各反常积分的收敛性. 如果收敛, 计算反常积分的值.

(1) $\int_1^{+\infty} \dfrac{dx}{x^4}$ 　　(2) $\int_1^{+\infty} \dfrac{dx}{\sqrt{x}}$

(3) $\int_0^{+\infty} e^{-ax} dx \; (a>0)$ 　　(4) $\int_{-\infty}^{+\infty} \dfrac{dx}{x^2+2x+2}$

(5) $\int_0^1 \dfrac{x \, dx}{\sqrt{1-x^2}}$ 　　(6) $\int_0^2 \dfrac{dx}{(1-x)^2}$

第 7 章 定积分的应用

本章将应用前面学过的定积分理论来分析和解决一些几何、物理中的问题.其目的不仅在于建立计算这些几何、物理量的公式,而且更重要的还在于介绍运用微元法将一个量表达成为定积分的分析方法.

7.1 定积分的微元法

在定积分的应用中经常采用所谓微元法.为了说明这种方法,先回顾第 6 章所讨论过的曲边梯形的面积问题.

设 $f(x)$ 在区间 $[a,b]$ 上连续,且 $f(x) \geqslant 0$,求以曲线 $y = f(x)$ 为曲边、底为 $[a,b]$ 的曲边梯形的面积 A.把这个面积 A 表示为定积分

$$A = \int_a^b f(x) dx$$

的步骤是:

(1) 用任意一组分点把区间 $[a,b]$ 分成长度为 $\Delta x_i (i = 1,2,\cdots,n)$ 的 n 个小区间,相应的把曲边梯形分成 n 个窄曲边梯形,第 i 个窄曲边梯形的面积设为 ΔA_i,于是有

$$A = \sum_{i=1}^n \Delta A_i$$

(2) 计算 ΔA_i 的近似值,即

$$\Delta A_i \approx f(\xi_i) \Delta x_i, \quad x_{i-1} \leqslant \xi_i \leqslant x_i$$

(3) 求和,得 A 的近似值为

$$A \approx \sum_{i=1}^n f(\xi_i) \Delta x_i$$

(4) 求极限,得

$$A = \lim_{\lambda \to 0} \sum_{i=1}^n f(\xi_i) \Delta x_i = \int_a^b f(x) dx$$

在上述问题中应注意到,所求量(即面积 A)与区间 $[a,b]$ 有关,如果把区间 $[a,b]$ 分成许多部分区间,则所求量相应的分成许多部分量(即 ΔA_i),而所求量等于所有部分量之和(即 $A = \sum_{i=1}^n \Delta A_i$),这一性质称为所求量对于区间 $[a,b]$ 具有可加性.还要指出,以 $f(\xi_i) \Delta x_i$ 近似代替部分量 ΔA_i 时,它们只相差一个比 Δx_i 高阶的无穷小,因此和式 $\sum_{i=1}^n f(\xi_i) \Delta x_i$ 的极限是 A 的精确值,而 A 可以表示为定积分

$$A = \int_a^b f(x) dx$$

在引出 A 的积分表达式的4个步骤中，最主要的是第二步．这一步是要确定 ΔA_i 的近似值 $f(\xi_i)\Delta x_i$，使得

$$A = \lim_{\lambda \to 0}\sum_{i=1}^{n} f(\xi_i)\Delta x_i = \int_a^b f(x)\mathrm{d}x \tag{7.1}$$

在实用上，为了简便起见，省略下标 i，用 ΔA 表示任一小区间 $[x, x + \mathrm{d}x]$ 上的窄曲边梯形的面积，因此

$$A = \sum \Delta A$$

式(7.1) 右端 $f(x)\mathrm{d}x$ 叫做面积元素，记为 $\mathrm{d}A = f(x)\mathrm{d}x$，见图7.1．于是

$$A \approx \sum f(x)\mathrm{d}x$$

则

$$A = \lim\sum f(x)\mathrm{d}x = \int_a^b f(x)\mathrm{d}x$$

一般的，如果某一实际问题中的所求量 U 符合下列条件：

(1) U 是与一个变量 x 的变化区间 $[a,b]$ 有关的量；

(2) U 对于区间 $[a,b]$ 具有可加性，也就是说，如果把区间 $[a,b]$ 分成许多部分区间，则 U 相应的分成许多部分量，而 U 等于所有部分量之和；

(3) 部分量 ΔU_i 的近似值可表示为 $f(\xi_i)\Delta x_i$，那么就可考虑用定积分来表达这个量 U，通常写出这个量 U 的积分表达式的步骤是：

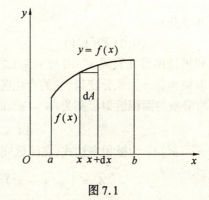

图7.1

① 根据问题的具体情况，选取一个变量，如 x 为积分变量，并确定它的变化区间 $[a, b]$；

② 设想把区间 $[a,b]$ 分成 n 个小区间，取其中任一小区间并记作 $[x, x + \mathrm{d}x]$，求出相应于这个小区间的部分量 ΔU 的近似值，如果 ΔU 能近似地表示为 $[a,b]$ 上的一个连续函数在 x 处的值 $f(x)$ 与 $\mathrm{d}x$ 的乘积，就把 $f(x)\mathrm{d}x$ 称为量 U 的元素，记作 $\mathrm{d}U$，即

$$\mathrm{d}U = f(x)\mathrm{d}x$$

③ 以所求量 U 的元素 $f(x)\mathrm{d}x$ 为被积表达式，在区间 $[a,b]$ 上作定积分，得

$$U = \int_a^b f(x)\mathrm{d}x$$

这就是所求量 U 的积分表达式．

这个方法通常叫做微元法．下面两节中将应用这个方法来讨论几何、物理中的一些问题．

7.2 定积分在几何方面的应用

7.2.1 平面图形的面积

应用定积分,不但可以计算曲边梯形面积,还可以计算一些比较复杂的平面图形的面积.

【例1】 计算由两条抛物线 $y^2 = x, y = x^2$ 所围成的图形的面积.

解 这两条抛物线所围成的图形如图 7.2 所示,为了具体定出图形的所在范围,先求出这两条抛物线的交点.为此,解方程组

$$\begin{cases} y^2 = x \\ y = x^2 \end{cases}$$

得到两个交点

$$(0,0) \text{ 和 } (1,1)$$

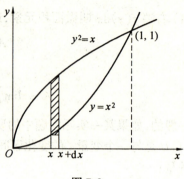

图 7.2

从而知道这图形在直线 $x = 0$ 与 $x = 1$ 之间.

取横坐标 x 为积分变量,它的变化区间为 $[0,1]$,相应于 $[0,1]$ 上的任一小区间 $[x, x + \mathrm{d}x]$ 的窄条的面积近似于高为 $\sqrt{x} - x^2$、底为 $\mathrm{d}x$ 的窄矩形的面积,从而得到面积元素

$$\mathrm{d}A = (\sqrt{x} - x^2)\mathrm{d}x$$

以 $(\sqrt{x} - x^2)\mathrm{d}x$ 为被积表达式,在闭区间 $[0,1]$ 上作定积分,便得所求面积为

$$A = \int_0^1 (\sqrt{x} - x^2)\mathrm{d}x = \left(\frac{2}{3} x^{\frac{3}{2}} - \frac{x^3}{3} \right) \Big|_0^1 = \frac{1}{3}$$

【例2】 计算抛物线 $y^2 = 2x$ 与直线 $y = x - 4$ 所围成的图形的面积.

解 这个图形如图 7.3 所示,为了定出这图形所在的范围,先求出所给抛物线和直线的交点,解方程组

$$\begin{cases} y^2 = 2x \\ y = x - 4 \end{cases}$$

得交点 $(2, -2)$ 和 $(8, 4)$,从而知道这图形在直线 $y = -2$ 及 $y = 4$ 之间.

现在,选取纵坐标 y 为积分变量,它的变化区间为 $[-2, 4]$(读者可以思考一下,取横坐标 x 为积分变量,有什么不方便的地方),

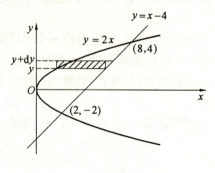

图 7.3

相应于 $[-2, 4]$ 上任一小区间 $[y, y + \mathrm{d}y]$ 的窄条面积近似于高为 $\mathrm{d}y$,底为 $(y + 4) - \frac{1}{2}y^2$ 的窄矩形的面积,从而得到面积元素

$$dA = \left(y + 4 - \frac{1}{2}y^2\right)dy$$

以 $\left(y + 4 - \frac{1}{2}y^2\right)dy$ 为被积表达式,在闭区间 $[-2,4]$ 上作定积分,便得所求的面积为

$$A = \int_{-2}^{4}\left(y + 4 - \frac{1}{2}y^2\right)dy = \left(\frac{y^2}{2} + 4y - \frac{y^3}{6}\right)\bigg|_{-2}^{4} = 18$$

由例 2 可以看到,积分变量选得适当,就可使计算方便.

【例 3】 求椭圆 $\dfrac{x^2}{a^2} + \dfrac{y^2}{b^2} = 1$ 所围成的图形的面积.

解 该椭圆关于两坐标轴都对称(图 7.4),所以椭圆所围成的图形的面积为

$$A = 4A_1$$

其中 A_1 为该椭圆在第一象限部分与两坐标轴所围图形的面积,因此

$$A = 4A_1 = 4\int_0^a y\,dx$$

利用椭圆的参数方程

$$\begin{cases} x = a\cos t \\ y = b\sin t \end{cases}, \quad 0 \leqslant t \leqslant \frac{\pi}{2}$$

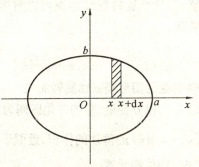

图 7.4

其中 $0 \leqslant t \leqslant \dfrac{\pi}{2}$.应用积分换元法,令 $x = a\cos t$,则

$$y = b\sin t, \quad dx = -a\sin t\,dt$$

当 x 由 0 变到 a 时,t 由 $\dfrac{\pi}{2}$ 变到 0,所以

$$A = 4\int_{\frac{\pi}{2}}^{0} b\sin t(-a\sin t)dt = -4ab\int_{\frac{\pi}{2}}^{0}\sin^2 t\,dt =$$

$$4ab\int_0^{\frac{\pi}{2}}\sin^2 t\,dt = 4ab\cdot\frac{1}{2}\cdot\frac{\pi}{2} = \pi ab$$

当 $a = b$ 时,就得到圆的面积公式 $A = \pi a^2$.

7.2.2 旋转体的体积

旋转体就是由一个平面图形绕平面内一条直线旋转一周而成的立体.这条直线叫做旋转轴.圆柱、圆锥、圆台、球体可以分别看成是由绕矩形的一条边、绕直角三角形的直角边、绕直角梯形的直角腰、绕半圆的直径旋转一周而成的立体,所以它们都是旋转体.

上述旋转体都可以看做是由曲线 $y = f(x)$、直线 $x = a$、$x = b$ 及 x 轴所围成的曲边梯形绕 x 轴旋转一周而成的立体.现在考虑用定积分来计算这种旋转体的体积.

取横坐标 x 为积分变量,它的变化区间为 $[a,b]$,相应于 $[a,b]$ 上的任一小区间 $[x, x + dx]$ 的窄曲边梯形绕 x 轴旋转而成的薄片的体积近似于以 $f(x)$ 为底半径、dx 为高的扁圆柱体的体积(图 7.5),即体积元素

$$dV = \pi[f(x)]^2 dx$$

以 $x[f(x)]^2 dx$ 为被积表达式,在闭区间$[a, b]$上作定积分,便得所求旋转体体积为

$$V = \int_a^b \pi [f(x)]^2 dx$$

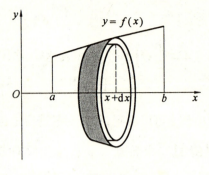

图 7.5

【例4】 计算由椭圆$\dfrac{x^2}{a^2} + \dfrac{y^2}{b^2} = 1$所围成的图形绕 x 轴旋转而成的旋转体(叫做旋转椭球体)的体积.

解 这个旋转椭球体也可以看做是由半个椭圆

$$y = \frac{b}{a}\sqrt{a^2 - x^2}$$

及 x 轴围成的图形绕 x 轴旋转而成的立体.

取 x 为积分变量,它的变化区间为$[-a, a]$.旋转椭球体中相应于$[-a, a]$上任一小区间$[x, x+dx]$的薄片的体积,近似于底半径为$\dfrac{b}{a}\sqrt{a^2 - x^2}$、高为 dx 的扁圆柱体的体积(图 7.6),即体积元素

$$dV = \frac{\pi b^2}{a^2}(a^2 - x^2)dx$$

以$\dfrac{\pi b^2}{a^2}(a^2 - x^2)dx$为被积表达式,在闭区间$[-a, a]$上作定积分,便得所求旋转椭球体的体积,即

$$V = \int_{-a}^{a} \pi \frac{b^2}{a^2}(a^2 - x^2)dx = \pi \frac{b^2}{a^2}\left(a^2 x - \frac{x^3}{3}\right)\Big|_{-a}^{a} = \frac{4}{3}\pi ab^2$$

当 $a = b$ 时,旋转椭球体就成为半径为 a 的球体,它的体积为$\dfrac{4}{3}\pi a^3$.

用与上面类似的方法可以推出:由曲线 $x = \varphi(y)$、直线 $y = c$、$y = d(c < d)$ 与 y 轴所围成的曲边梯形,绕 y 轴旋转一周而成的旋转体(图 7.7)的体积为

$$V = \pi \int_c^d [\varphi(y)]^2 dy$$

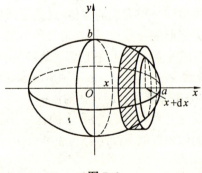

图 7.6

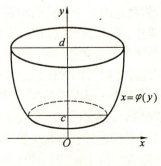

图 7.7

7.3 平面曲线的弧长

7.3.1 直角坐标情形

现在计算曲线 $y = f(x)$ 上自变量 x 从 a 到 b 的一段弧(图7.8)的长度.

取横坐标 x 为积分变量,它的变化区间为 $[a,b]$. 如果函数 $y = f(x)$ 具有一阶连续导数,则曲线 $y = f(x)$ 上相应于 $[a,b]$ 上任一小区间 $[x, x + dx]$ 的一段弧的长度,可以用该曲线在点 $(x, f(x))$ 处的切线上相应的一小段的长度来近似代替.而切线上这相应的小段的长度为

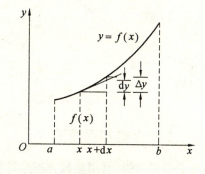

图7.8

$$\sqrt{(dx)^2 + (dy)^2} = \sqrt{1 + y'^2}dx$$

从而得弧长元素(即弧微分)

$$ds = \sqrt{1 + y'^2}dx$$

以 $\sqrt{1 + y'^2}dx$ 为被积表达式,在闭区间 $[a,b]$ 上作定积分,便得所求的弧长为

$$s = \int_a^b \sqrt{1 + y'^2}dx$$

【例5】 计算曲线 $y = \dfrac{2}{3}x^{\frac{3}{2}}$ 上自变量 x 从 a 到 b 的一段弧(图7.9)的长度.

解 由于 $y' = x^{\frac{1}{2}}$,故弧长元素为

$$ds = \sqrt{1 + (x^{\frac{1}{2}})^2}dx = \sqrt{1 + x}dx$$

因此,所求弧长为

$$s = \int_a^b \sqrt{1 + x}dx = \left[\frac{2}{3}(1 + x)^{\frac{3}{2}}\right]\bigg|_a^b = \frac{2}{3}\left[(1 + b)^{\frac{3}{2}} - (1 + a)^{\frac{3}{2}}\right]$$

【例6】 两根电线杆之间的电线,由于其本身的质量,下垂成曲线形.这样的曲线叫做悬链线.适当选取坐标系后,悬链线的方程为

$$y = C \cdot \operatorname{ch}\frac{x}{C}$$

其中 C 为常数.计算悬链线上介于 $x = -b$ 与 $x = b$ 之间一段弧(图7.10)的长度.

解 由于对称性,要计算的弧长为相应于 x 从 0 到 b 的一段曲线弧长的两倍.由于 $y' = \operatorname{sh}\dfrac{x}{C}$,从而弧长元素为

$$ds = \sqrt{1 + \operatorname{sh}^2\frac{x}{C}}dx = \operatorname{ch}\frac{x}{C}dx$$

因此,所求弧长为

$$s = 2\int_0^b \operatorname{ch}\frac{x}{C}dx = 2C\left(\operatorname{sh}\frac{x}{C}\right)\Big|_0^b = 2C\operatorname{sh}\frac{b}{C}$$

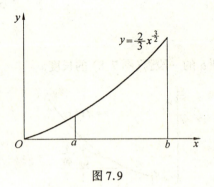

图 7.9

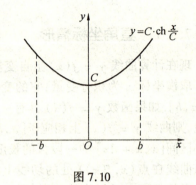

图 7.10

7.3.2 参数方程情形

对于有些曲线,利用参数方程来计算它的弧长比较方便.

设曲线弧的参数方程为

$$\begin{cases} x = \varphi(t) \\ y = \psi(t) \end{cases}$$

其中 $\alpha \leqslant t \leqslant \beta$. 现在来计算这个曲线弧的长度.

取参数 t 为积分变量,它的变化区间为 $[\alpha,\beta]$,相应于 $[\alpha,\beta]$ 上任一小区间 $[t,t+dt]$ 的小弧段的长度的近似(弧微分),即弧长元素为

$$ds = \sqrt{(dx)^2+(dy)^2} = \sqrt{\varphi'^2(t)(dt)^2+\psi'^2(t)(dt)^2} = \sqrt{\varphi'^2(t)+\psi'^2(t)}dt$$

从而,所求弧长为

$$s = \int_\alpha^\beta \sqrt{\varphi'^2(t)+\psi'^2(t)}dt$$

【例 7】 计算摆线

$$\begin{cases} x = a(\theta - \sin\theta) \\ y = a(1 - \cos\theta) \end{cases}$$

的一拱 $(0 \leqslant \theta \leqslant 2\pi)$ 的长度(图 7.11).

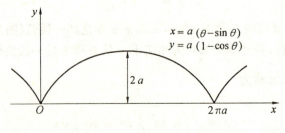

图 7.11

解 由于弧长元素为
$$ds = \sqrt{a^2(1-\cos\theta)^2 + a^2\sin^2\theta}\,d\theta = a\sqrt{2(1-\cos\theta)}\,d\theta = 2a\sin\frac{\theta}{2}\,d\theta$$
从而,所求弧长为
$$s = \int_0^{2\pi} 2a\sin\frac{\theta}{2}\,d\theta = 2a\left(-2\cos\frac{\theta}{2}\right)\bigg|_0^{2\pi} = 8a$$

7.4 定积分在物理方面的应用

7.4.1 变力所做的功

设一物体在力 f 的作用下沿 x 轴从点 a 移动至点 b,假定 f 的方向与物体位移的方向一致,因而 $f = f(x)$ 是区间 $[a,b]$ 上的非负函数. 现要求力 f 所做的功 W. 因当物体从点 x 移至点 $x+dx$ 时,f 所做的功是 $dW = f(x)dx$,故
$$W = \int_a^b f(x)\,dx$$

【例 8】 将一弹簧从自然长度拉长 1 m 需做功 98 N·m. 若将此弹簧从自然长度拉长 2 m(假定依然在弹性限度内),需做功多少?

解 由 Hooke 定理可知,拉力 $f(x) = kx$,x 是弹簧从自然长度拉伸的长度,由已知条件有
$$98 = \int_0^1 kx\,dx = \frac{k}{2}$$
故得 $k = 196$,于是拉长 2 m 所做的功为
$$W = \int_0^2 196x\,dx = 392$$

【例 9】 自地面垂直向上发射火箭,问火箭应达到什么速度才可在无动力的情况下飞离地球?

解 设火箭的质量为 m,速度为 v,则其动能为 $mv^2/2$. 当火箭从地面上升至无穷远处,地球引力所做的功为 W,则仅当 $mv^2/2 \geq W$,即 $v \geq \sqrt{2W/m}$ 时,火箭可仅凭消耗其动能克服地球引力. 现计算 W. 由万有引力定律可知,地球对火箭的引力 F 为
$$F = \frac{kMm}{(R+h)^2}$$
其中 k 是引力常数;M 是地球质量;R 是地球半径;h 是火箭上升高度. 当 $h = 0$,得 $F = kMmR^{-2} = mg$($g = 9.18 \text{ m/s}^2$ 是地面的重力加速度). 因此 $kM = R^2 g$,以此代入上式得
$$F = R^2 mg(R+h)^{-2}$$
所以
$$W = \int_0^\infty F\,dh = R^2 mg \int_0^\infty \frac{dh}{(R+h)^2} = Rmg$$

于是 $\sqrt{2W/m} = \sqrt{2Rg}$. 将 $R = 6.371 \times 10^6, g = 9.81$ 代入，得

$$\sqrt{2Rg} \approx 11.2 \times 10^3$$

因此火箭飞离地球的速度是 11.2 km/s(第二宇宙速度).

7.4.2 液体的静压力

设一平面薄板 D 垂直地浸没在密度为 ρ 的均质液体中，求液体对 D 一侧的静压力 F. 在 D 所在的平面上设置 xy 坐标系，使 x 轴朝下，y 轴在液面上(图 7.12). 设 D 表为

$$y_1(x) \leq y \leq y_2(x), \quad a \leq x \leq b$$

其中 $y_i(x)(i = 1,2)$ 是 $[a,b]$ 上的连续函数，且 $y_1(x) \leq y_2(x)(a \leq x \leq b)$，在 D 上任取一如图所示的水平长条，其面积为 $[y_2(x) - y_1(x)]dx$. 由 Pascal 原理，此长条一侧所受到的液体静压力为

$$dF = \rho x[y_2(x) - y_1(x)]dx$$

因此

$$F = \int_a^b \rho x[y_2(x) - y_1(x)]dx$$

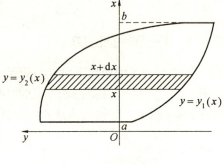

图 7.12

【例10】 一底为 8 m、高为 6 m 的等腰三角形铅直地浸没在静水中，底在下且与水面平行，顶点在水下 3 m. 求此三角形的一侧所受到的水压力 F.

解 如图 7.13 放置坐标系，三角形三顶点的坐标分别为 $(3,0),(9,4),(9,-4)$，两腰的方程为

$$y = \pm \frac{2}{3}(x - 3)$$

于是依上式有($\rho = 1$)

$$F = 9.8 \times \int_3^9 \frac{4}{3}x(x - 3)dx = 9.8 \times 168$$

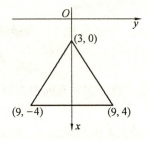

图 7.13

习　　题

1. 求图 7.14 中各画斜线部分的面积.
2. 求由下列各曲线所围成的图形的面积.

   (1) $y = \frac{1}{2}x^2$ 与 $x^2 + y^2 = 8$(两部分都要计算).

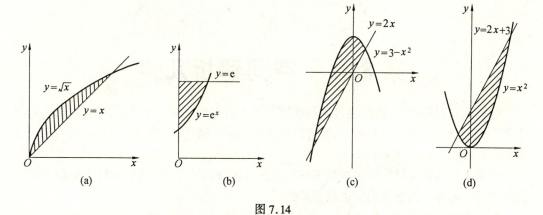

图 7.14

(2) $y = \dfrac{1}{x}$ 与直线 $y = x$ 及 $x = 2$.

(3) $y = x^2$ 与直线 $y = x$ 及 $y = 2x$.

3. 求抛物线 $y = -x^2 + 4x - 3$ 及其在点 $(0, -3)$ 和 $(3, 0)$ 处的切线所围成的图形的面积.

4. 求由抛物线 $y^2 = 4ax$ 与过焦点的弦所围成的图形面积的最小值.

5. 由 $y = x^2, x = 2, y = 0$ 所围成的图形，分别绕 x 轴及 y 轴旋转，计算所得两个旋转体的体积.

6. 求下列已知曲线所围成的图形，按指定的轴旋转所产生的旋转体的体积：

(1) $y = x^2, x = y^2$，绕 y 轴.

(2) $x^2 + (y - 5)^2 = 16$，绕 x 轴.

7. 直径为 20 cm、高为 80 cm 的圆柱体内充满压强为 10 kg/cm² 的蒸汽. 设温度保持不变，要使蒸汽体积缩小一半，问需要做多少功？

8. 有一闸门，它的形状和尺寸见图 7.15，水面超过门顶 2 m. 求闸门上所受的水压力.

9. 洒水车上的水箱是一个横放的椭圆柱体，尺寸见图 7.16. 当水箱装满水时，计算水箱的一个端面所受的压力.

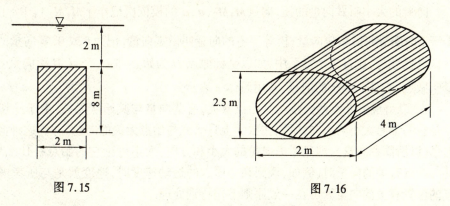

图 7.15　　　　图 7.16

第8章 空间解析几何

在平面解析几何中,曾经通过坐标法把平面上的点与一对有次序的数对应起来,再把平面上的图形和方程对应起来,从而可以用代数方法来确定几何问题.空间解析几何也是按照类似的方法建立起来的.

正像平面解析几何的知识对学习一元函数微积分是不可缺少的一样,空间解析几何的知识对学习多元函数微积分也是必要的.

本章首先建立空间直角坐标系,并引进在工程技术上有着广泛应用的向量,介绍向量的一些运算,然后以向量为工具来讨论空间的平面和直线,最后介绍空间曲面的部分内容.

8.1 向量及其运算

8.1.1 向量的概念

在研究力学、物理学以及其他应用科学时,通常会遇到这样一类量,它们既有大小,又有方向,如力、力矩、位移、速度、加速度等,这一类量叫做向量.

在数学上,往往用一条有方向的线段,即有向线段来表示向量.有向线段的长度表示向量的大小,有向线段的方向表示向量的方向.以 M_1 为始点、M_2 为终点的有向线段所表示的向量,记为 $\overrightarrow{M_1M_2}$(图 8.1).有时也用一个粗体字母或用一个上面加箭头的字母来表示向量,如向量 a,i,v,F 或 $\vec{a}$,$\vec{i}$,$\vec{v}$,$\vec{F}$(用于手写体)等.

图 8.1

向量的大小叫做向量的模.向量 $\overrightarrow{M_1M_2}$,a,$\vec{a}$ 的模依次记作 $|\overrightarrow{M_1M_2}|$,$|a|$,$|\vec{a}|$.模等于1的向量叫做单位向量;模等于零的向量叫做零向量,记为 $\mathbf{0}$ 或 $\vec{0}$.零向量的方向可以看做是任意的,在直角坐标系中,如以坐标原点 O 为始点,向一个点 M 引向量 $\overrightarrow{OM}$,这个向量叫做点 M 对于点 O 的向径,常用黑体 r 表示.

在实际问题中,有些向量与其始点有关,有些向量与其始点无关.由于一切向量的共性是它们都有大小与方向,所以在数学上只研究与始点无关的向量,并称这种向量为自由向量(以后简称向量),即只考虑向量的大小和方向,而不讨论它的始点在什么地方.当遇到与始点有关的向量时(例如,谈到某一质点的运动速度时,速度就是与所考虑的那一质点的位置有关的向量),可在一般原则下作特别处理.

由于只讨论自由向量,所以如果两个向量 a 和 b 的模相等,又互相平行(即在同一直线上或在平行直线上),且指向相同,就说向量 a 和 b 是相等的,记作 $a = b$.这就是说,经过平行移动后能完全重合的向量是相等的.

8.1.2 向量的加减法

根据力学上实验的结果,可以得到求两力的合力的平行四边形法则.对于速度、加速度也有相同的结果.因此,对一般向量规定加法运算如下.

设 $a = \overrightarrow{OA}, b = \overrightarrow{OB}$,以 $\overrightarrow{OA}, \overrightarrow{OB}$ 为边作一平行四边形 $OACB$,取对角线 $\overrightarrow{OC}$, $\overrightarrow{OC}$ 也表示一向量,记作 $c = \overrightarrow{OC}$(图 8.2),称向量 c 为向量 a 与向量 b 的和,记作

$$c = a + b$$

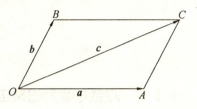

图 8.2

这种用平行四边形的对角线向量来规定两个向量的和的方法叫做向量加法的平行四边形法则.

如果两向量 $a = \overrightarrow{OA}$ 与 $b = \overrightarrow{OB}$ 在同一直线上,那么规定它们的和是这样一个向量:当 $\overrightarrow{OA}$ 与 $\overrightarrow{OB}$ 的指向相同时,和向量的方向与原来两向量的方向相同,其模等于两向量的模的和;当 $\overrightarrow{OA}$ 与 $\overrightarrow{OB}$ 的指向相反时,和向量的方向与较长的向量的方向相同,而模等于两向量的模的差.

从图 8.2 可以看出,由于平行四边形的对边平行且相等,因此还可以这样来作出两向量的和:作向量 $\overrightarrow{OA} = a$,以 $\overrightarrow{OA}$ 的终点 A 为起点作 $\overrightarrow{AC} = b$,连结 OC,就得 $a + b = c = \overrightarrow{OC}$,这一方法叫做向量加法的三角形法则.

向量的加法符合下列运算规律:
(1) 交换律:$a + b = b + a$;
(2) 结合律:$(a + b) + c = a + (b + c) = a + b + c$.

这是因为,由向量加法运算的规定,显然可知符合交换律;而由向量加法的三角形法则可知,先作 $a + b$,再与 c 相加,即得它们的和 $(a + b) + c$.由图 8.3 中可以看出,如果 a 与 $b + c$ 相加,则得同一结果,因而符合结合律.

由向量加法的交换律与结合律,得任意多个向量加法的法则如下:使前一向量的终点作为次一向量的起点,相继作向量 $A_1, A_2, \cdots, A_n$,再以第一向量的起点为起点,最后一向量的终点为终点作一向量,该向量即为所求的向量和.

设 a 为一向量,与 a 的模相同且方向相反的向量叫做 a 的负向量,记作 $-a$(图 8.4).由此,规定两个向量 a 与 b 的差为

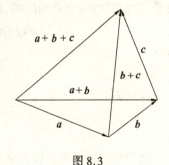

图 8.3

$$a - b = a + (-b)$$

特殊地

$$a - a = a + (-a) = 0$$

由三角形法则可以看出:要从 a 减去 b,只要把与 b 长度相等而方向相反的向量 $-b$ 加到向量 a 上去即可(图 8.5).

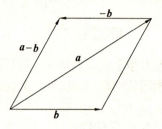

图 8.4 图 8.5

8.1.3 向量与数量的乘法

设 λ 是一数量,向量 a 与 λ 的乘积 λa 规定为:

当 $\lambda > 0$ 时,λa 表示一个向量,它的方向与 a 的方向相同,它的模等于 $|a|$ 的 λ 倍,即 $|\lambda a| = \lambda |a|$.

当 $\lambda = 0$ 时,λa 是零向量,即 $\lambda a = \mathbf{0}$.

当 $\lambda < 0$ 时,λa 表示一个向量,它的方向与 a 的方向相反,它的模等于 $|a|$ 的 $|\lambda|$ 倍,即 $|\lambda a| = |\lambda||a|$(图 8.6).

特别是向量 a 乘以 (-1) 时,得到 $(-1)a$,它的模与 a 的模相等而方向与 a 的方向相反,所以有

$$(-1)a = -a$$

向量与数量的乘积符合下列运算规律:

图 8.6

(1) 结合律.

$$\lambda(\mu a) = \mu(\lambda a) = (\lambda\mu)a$$

这是因为由向量与数量的乘积的规定可知,向量 $\lambda(\mu a), \mu(\lambda a), (\lambda\mu)a$ 都是平行的向量,它们的指向也是相同的,而且

$$|\lambda(\mu a)| = |\mu(\lambda a)| = |(\lambda\mu)a| = |\lambda\mu||a|$$

所以

$$\lambda(\mu a) = \mu(\lambda a) = (\lambda\mu)a$$

(2) 分配律.

$$(\lambda + \mu)a = \lambda a + \mu a \quad (8.1)$$

$$\lambda(a + b) = \lambda a + \lambda b \quad (8.2)$$

这个规律同样可以按向量与数量乘积的规定来证明,证明从略.

根据向量与数量乘积的规定,可以推出下面的结论:如果 $b = \lambda a$,其中 λ 为数量,那么向量 a 与 b 平行;反之,如果两向量 a 与 b 平行,那么 $b = \lambda a$,其中 λ 为数量.

前面已经讲过,模等于1的向量叫做单位向量.设 a^0 表示与非零向量 a 同方向的单位向量,那么按照向量与数量乘积的规定,由于 $|a| > 0$,所以 $|a|a^0$ 与 a^0 的方向相同,又因为 $|a|a^0$ 的模是

$$|a||a^0| = |a|\cdot 1 = |a|$$

即 $|a|a^0$ 与 a 的模也相同,因此

$$a = |a|a^0 \qquad (8.3)$$

规定当 $\lambda \neq 0$ 时,$\dfrac{a}{\lambda} = \dfrac{1}{\lambda}a$. 由此,式(8.3)又可写成

$$\dfrac{a}{|a|} = a^0$$

这表示一个非零向量除以它的模的结果是一个与原向量同方向的单位向量.

8.2 空间直角坐标系及向量的坐标表示

在平面解析几何中引进了直角坐标系,使平面上的点与一对有序实数之间建立了一一对应关系. 为了把向量与数量联系起来,下面将引进空间直角坐标系,从而建立向量与有序实数之间的对应关系.

8.2.1 空间直角坐标系

在空间作三条互相垂直的数轴 Ox,Oy 及 Oz,一般情况下,它们取相同的单位长度. 它们的交点 O 称为坐标原点. Ox 轴称为横轴或 x 轴;Oy 轴称为纵轴或 y 轴;Oz 轴称为竖轴或 z 轴. 它们统称坐标轴(图8.7).

习惯上,将 x 轴与 y 轴置于水平面上,而 z 轴垂直于此平面. 取从后到前作为 x 轴的正向;从左到右作为 y 轴的正向;从下到上作为 z 轴的正向.

3 条坐标轴 Ox,Oy 和 Oz 两两确定的平面称为坐标平面,分别称为 xOy 面、yOz 面和 zOx 面.

以后如无特别声明,这 3 条轴的正向取作右手系,即拇指表示 x 轴,食指表示 y 轴,中指表示 z 轴,即从 z 轴的正向看去,由 x 轴正向按逆时针方向旋转 $\dfrac{\pi}{2}$ 到 y 轴正向(图8.8).
于是,这 3 条坐标轴构成一个空间直角坐标系.

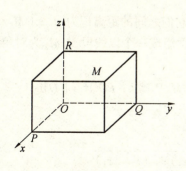

图 8.7

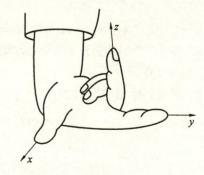

图 8.8

设 M 为空间一点,过这点作三个平面分别垂直于 x 轴、y 轴和 z 轴,交点依次为 P,Q,R. 它们是点 M 在 x 轴、y 轴和 z 轴上的投影. 与有向线段的值 OP,OQ,OR 相对应的实数

x,y,z 称为点 M 的坐标,记作 $M(x,y,z)$,其中 x 称为横坐标,y 称为纵坐标,z 称为竖坐标 (或立坐标).这样,空间一点确定了 3 个有序的实数;反之,3 个有序实数可确定空间一点.于是空间的点与 3 个有序实数之间建立起一一对应关系.

3 个坐标平面把空间分成 8 个部分,每个部分称为一个卦限,它们分别称为第 Ⅰ 卦限、第 Ⅱ 卦限、…、第 Ⅷ 卦限(图 8.9).每一卦限中,点的坐标的符号见表 8.1.

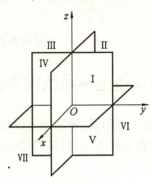

图 8.9

表 8.1

卦限	x 坐标	y 坐标	z 坐标
Ⅰ	+	+	+
Ⅱ	-	+	+
Ⅲ	-	-	+
Ⅳ	+	-	+
Ⅴ	+	+	-
Ⅵ	-	+	-
Ⅶ	-	-	-
Ⅷ	+	-	-

8.2.2 距离公式

设有两定点 $M_1(x_1,y_1,z_1)$ 和 $M_2(x_2,y_2,z_2)$,它们之间的距离记为 $d=|M_1M_2|$.过 M_1,M_2 各作 3 个平面垂直于 3 条坐标轴,这 6 个平面组成一个以线段 M_1M_2 为对角线的长方体(图 8.10).

$$d^2=|M_1M_2|^2=|M_1Q|^2+|QM_2|^2=|M_1P|^2+|PQ|^2+|QM_2|^2= \\ (x_2-x_1)^2+(y_2-y_1)^2+(z_2-z_1)^2$$

因此

$$d=\sqrt{(x_2-x_1)^2+(y_2-y_1)^2+(z_2-z_1)^2}$$

也就是说,两点之间的距离等于它们同各坐标差的平方和的平方根.

特别地,点 $M(x,y,z)$ 到原点 $O(0,0,0)$ 的距离为

$$|OM|=\sqrt{x^2+y^2+z^2}$$

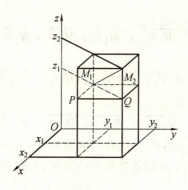

图 8.10

8.2.3 向量在坐标轴上的分向量与向量的坐标

通过坐标法,使平面上或空间的点与有序数组之间建立了一一对应关系,从而为沟通数与形的研究提供了条件.类似地,为了沟通数量与向量的研究,需要建立向量与有序数组之间的对应关系,这可借助于向量在坐标轴上的投影来实现.

设 $\boldsymbol{a} = \overrightarrow{M_1M_2}$ 为空间一向量,u 为一条数轴,点 M_1, M_2 在 u 轴上的投影分别为点 P_1, P_2(图 8.11).又设 P_1, P_2 在 u 轴上的坐标依次为 u_1, u_2.由于向量 $\overrightarrow{M_1M_2}$ 在 u 轴上投影 a_u(即 $\mathrm{Prj}_u \overrightarrow{M_1M_2}$)就是有向线段的值 P_1P_2,而

$$P_1P_2 = OP_2 - OP_1 = u_2 - u_1$$

所以

$$a_u = u_2 - u_1$$

如果 $\boldsymbol{\xi}$ 是与 u 轴正向一致的单位向量,那么由前面可知

$$\overrightarrow{P_1P_2} = a_u\boldsymbol{\xi} = (u_2 - u_1)\boldsymbol{\xi}$$

设 $\boldsymbol{a} = \overrightarrow{M_1M_2}$ 是以 $M_1(x_1, y_1, z_1)$ 为始点、$M_2(x_2, y_2, z_2)$ 为终点的向量.过点 M_1, M_2 作垂直于 3 个坐标轴的平面.这 6 个平面围成一个以线段 M_1M_2 为对角线的长方体.从图 8.12 可以看出

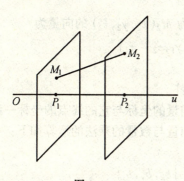

图 8.11

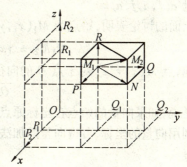

图 8.12

$$\overrightarrow{M_1P} + \overrightarrow{M_1Q} = \overrightarrow{M_1N}$$
$$\overrightarrow{M_1N} + \overrightarrow{M_1R} = \overrightarrow{M_1M_2}$$

从而得
$$\overrightarrow{M_1M_2} = \overrightarrow{M_1P} + \overrightarrow{M_1Q} + \overrightarrow{M_1R}$$

但是
$$\overrightarrow{M_1P} = \overrightarrow{P_1P_2}, \quad \overrightarrow{M_1Q} = \overrightarrow{Q_1Q_2}, \quad \overrightarrow{M_1R} = \overrightarrow{R_1R_2}$$

所以
$$\overrightarrow{M_1M_2} = \overrightarrow{P_1P_2} + \overrightarrow{Q_1Q_2} + \overrightarrow{R_1R_2}$$

上式右端的向量 $\overrightarrow{P_1P_2}, \overrightarrow{Q_1Q_2}, \overrightarrow{R_1R_2}$ 分别称为向量 $\overrightarrow{M_1M_2}$ 在 x, y, z 轴上的分向量.

以 i, j, k 分别表示沿 x, y, z 轴正向的单位向量,并称它们为这一坐标系的基本向量,那么
$$\overrightarrow{P_1P_2} = a_x i = (x_2 - x_1)i$$
$$\overrightarrow{Q_1Q_2} = a_y j = (y_2 - y_1)j$$
$$\overrightarrow{R_1R_2} = a_z k = (z_2 - z_1)k$$

因此
$$a = a_x i + a_y j + a_z k$$

或者
$$\overrightarrow{M_1M_2} = (x_2 - x_1)i + (y_2 - y_1)j + (z_2 - z_1)k$$

上式称为向量 a 按基本向量的分解式.

从上面的推导过程可以看出:一方面,从向量 a 可以唯一地定出它在 3 条坐标轴上的投影 a_x, a_y, a_z;另一方面,从 a_x, a_y, a_z 可以唯一地定出向量 a. 这样,有序数组 a_x, a_y, a_z 就与向量 a 一一对应起来了. 向量 a 在 3 条坐标轴上的投影 a_x, a_y, a_z 叫做向量 a 的坐标,并把表达式
$$a = \{a_x, a_y, a_z\}$$

叫做向量 a 的坐标表示式.

注意:向量在坐标轴上的分向量与向量在坐标轴上的投影(即向量的坐标)有本质的区别. 向量 a 在坐标轴上的投影是 3 个数值 a_x, a_y, a_z,而向量 a 在坐标轴上的分向量是 3 个向量 $a_x i, a_y j, a_z k$.

上面的讨论表明,始点为 $M_1(x_1, y_1, z_1)$、终点为 $M_2(x_2, y_2, z_2)$ 的向量为
$$\overrightarrow{M_1M_2} = \{x_2 - x_1, y_2 - y_1, z_2 - z_1\}$$

特别地,点 $M(x, y, z)$ 对于点 O 的向径为
$$\overrightarrow{OM} = \{x, y, z\}$$

也就是说,如果向量的始点在坐标原点,那么这个向量的坐标与它的终点的坐标一致.

利用向量的坐标,可得向量的加法、减法以及向量与数量的乘法的运算如下:

设
$$a = \{a_x, a_y, a_z\}, \quad b = \{b_x, b_y, b_z\}$$

则
$$a = a_x i + a_y j + a_z k$$
$$b = b_x i + b_y j + b_z k$$

利用向量加法的交换律与结合律,以及向量与数量乘法的结合律与分配律,有
$$a + b = (a_x + b_x)i + (a_y + b_y)j + (a_z + b_z)k$$
$$a - b = (a_x - b_x)i + (a_y - b_y)j + (a_z - b_z)k$$
$$\lambda a = (\lambda a_x)i + (\lambda a_y)j + (\lambda a_z)k, \quad \lambda 为数量$$
即
$$a + b = \{a_x + b_x, a_y + b_y, a_z + b_z\}$$
$$a - b = \{a_x - b_x, a_y - b_y, a_z - b_z\}$$
$$\lambda a = \{\lambda a_x, \lambda a_y, \lambda a_z\}$$

由此可见,对向量进行加、减及与数量相乘,只需对向量的各个坐标分别进行相应的数量运算即可.

【例1】 已知两个向量 $a = \{1, -3, 2\}$ 和 $b = \{2, 4, -5\}$,求 $a + b$.

解 $a + b = \{1+2, -3+4, 2-5\} = \{3, 1, -3\}$.

【例2】 设两定点为 $M_1(x_1, y_1, z_1)$ 和 $M_2(x_2, y_2, z_2)$,求向量 $\overrightarrow{M_1M_2}$ 的坐标表达式.

解 作3个向量 $\overrightarrow{OM_1}, \overrightarrow{OM_2}, \overrightarrow{M_1M_2}$,则
$$\overrightarrow{OM_1} = \{x_1, y_1, z_1\}, \quad \overrightarrow{OM_2} = \{x_2, y_2, z_2\}$$
$$\overrightarrow{M_1M_2} = \overrightarrow{OM_2} - \overrightarrow{OM_1} = \{x_2 - x_1, y_2 - y_1, z_2 - z_1\}$$

8.2.4 向量的模与方向余弦的坐标表示式

向量可以用它的模和方向来表示,也可以用它的坐标来表示.为了应用上的方便,有必要找出这两种表示法之间的联系,也就是说,要找出向量的坐标与向量的模、方向之间的联系.为此,先介绍表达向量方向的方法.

与平面解析几何里用倾角表示直线对坐标轴的倾斜程度相类似,可以用向量 $a = \overrightarrow{M_1M_2}$ 与三条坐标轴的正向的夹角 α, β, γ 来表示这向量的方向,并规定 $0 \le \alpha \le \pi, 0 \le \beta \le \pi, 0 \le \gamma \le \pi$(图8.13),称 α, β, γ 为向量 a 的方向角.

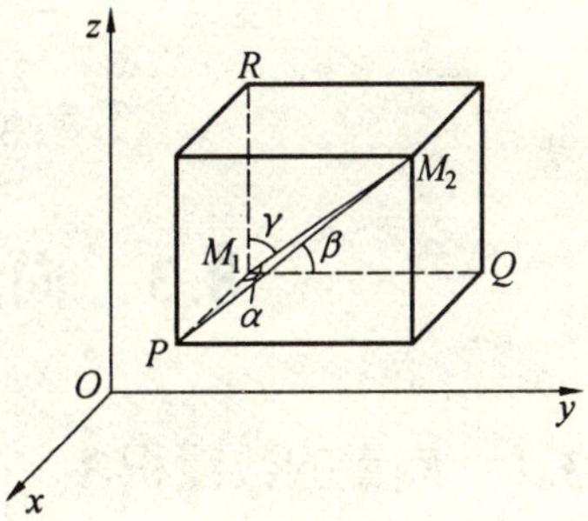

因为向量的坐标就是向量在坐标轴上的投影,所以由前面结论,得

$$\left.\begin{array}{l} a_x = |\overrightarrow{M_1M_2}| \cos\alpha = |a| \cos\alpha \\ a_y = |\overrightarrow{M_1M_2}| \cos\beta = |a| \cos\beta \\ a_z = |\overrightarrow{M_1M_2}| \cos\gamma = |a| \cos\gamma \end{array}\right\}$$

图 8.13

(8.4)

公式(8.4)中出现的 $\cos\alpha, \cos\beta, \cos\gamma$ 叫做向量 a 的方向余弦.通常也用向量的方向余弦来表示向量的方向.

由图8.13可以看出,向量 a 的模为

$$|\boldsymbol{a}| = |\overrightarrow{M_1M_2}| = \sqrt{|\overrightarrow{M_1P}|^2 + |\overrightarrow{M_1Q}|^2 + |\overrightarrow{M_1R}|^2}$$

因 $\overrightarrow{M_1P} = a_x, \overrightarrow{M_1Q} = a_y, \overrightarrow{M_1R} = a_z$,故

$$|\boldsymbol{a}| = \sqrt{a_x^2 + a_y^2 + a_z^2} \tag{8.5}$$

再把公式(8.5)代入公式(8.4)中,得

$$\left. \begin{array}{l} \cos\alpha = \dfrac{a_x}{\sqrt{a_x^2 + a_y^2 + a_z^2}} \\[2mm] \cos\beta = \dfrac{a_y}{\sqrt{a_x^2 + a_y^2 + a_z^2}} \\[2mm] \cos\gamma = \dfrac{a_z}{\sqrt{a_x^2 + a_y^2 + a_z^2}} \end{array} \right\} \tag{8.6}$$

式(8.5)和式(8.6)是用向量的坐标表示向量的模和方向余弦的公式.

把公式(8.6)的3个等式两边分别平方后相加,得

$$\cos^2\alpha + \cos^2\beta + \cos^2\gamma = \frac{a_x^2 + a_y^2 + a_z^2}{a_x^2 + a_y^2 + a_z^2} = 1 \tag{8.7}$$

也就是说,任一向量的方向余弦的平方和等于1.

【例3】 设已知两点 $M_1(2,2,\sqrt{2})$ 和 $M_2(1,3,0)$.计算向量 $\overrightarrow{M_1M_2}$ 的模、方向余弦和方向角.

解 $\overrightarrow{M_1M_2} = \{1-2, 3-2, 0-\sqrt{2}\} = \{-1, 1, -\sqrt{2}\}$

$|\overrightarrow{M_1M_2}| = \sqrt{(-1)^2 + 1^2 + (-\sqrt{2})^2} = \sqrt{1+1+2} = \sqrt{4} = 2$

$\cos\alpha = -\dfrac{1}{2}, \quad \cos\beta = \dfrac{1}{2}, \quad \cos\gamma = -\dfrac{\sqrt{2}}{2}$

$\alpha = \dfrac{2\pi}{3}, \quad \beta = \dfrac{\pi}{3}, \quad \gamma = \dfrac{3\pi}{4}$

8.3 向量的数量积与向量积

8.3.1 向量的数量积

设一物体在常力 F 作用下沿直线从点 M_1 移动到点 M_2,以 s 表示位移 $\overrightarrow{M_1M_2}$.由物理学知识,力 F 所做的功为

$$W = |F||s|\cos\theta$$

其中 θ 为 F 与 s 的夹角(图8.14).

从这个问题看出,有时要对两个向量 $\boldsymbol{a}$ 和 $\boldsymbol{b}$ 作这样的运算,运算的结果是一个数.它等于 $|\boldsymbol{a}|$、$|\boldsymbol{b}|$ 及它们的夹角 θ 的余弦的乘积,把它叫做向量 $\boldsymbol{a}$ 与 $\boldsymbol{b}$ 的数量积,记作 $\boldsymbol{a} \cdot \boldsymbol{b}$(图8.15),即

$$\boldsymbol{a} \cdot \boldsymbol{b} = |\boldsymbol{a}| \cdot |\boldsymbol{b}|\cos\theta$$

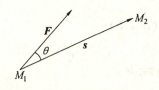
图 8.14

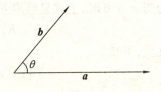
图 8.15

根据这个定义,上述问题中力所做的功 W 是力 F 与位移 s 的数量积,即
$$W = F \cdot s$$

由于 $b\cos\theta = |b|\cos(a,b)$,当 $a \neq 0$ 时,向量 b 在向量 a 的方向上的投影,用 $\text{Prj}_a b$ 来表示这个投影,便有
$$a \cdot b = |a|\text{Prj}_a b$$

同理,当 $b \neq 0$ 时,有
$$a \cdot b = |b|\text{Prj}_b a$$

也就是说,两向量的数量积等于其中一个向量的模和另一个向量在这向量的方向上的投影的乘积.

由数量积的定义可以推得:

(1) $a \cdot a = |a|^2$.

这是因为夹角 $\theta = 0$,所以
$$a \cdot a = |a|^2 \cos 0 = |a|^2$$

(2) 对于两个非零向量 a,b,如果 $a \cdot b = 0$,那么 $a \perp b$;反之,如果 $a \perp b$,那么 $a \cdot b = 0$.

这是因为如果 $a \cdot b = 0$,由于 $|a| \neq 0$,$|b| \neq 0$,所以 $\cos\theta = 0$,从而 $\theta = \frac{\pi}{2}$,即 $a \perp b$;反之,如果 $a \perp b$,那么 $\theta = \frac{\pi}{2}$,$\cos\theta = 0$,于是 $a \cdot b = |a| \cdot |b| \cos\theta = 0$.

数量积符合下列运算规律:

(1) 交换律.
$$a \cdot b = b \cdot a$$

因根据定义有
$$a \cdot b = |a| \cdot |b| \cos(a,b) = b \cdot a = |b||a|\cos(b,a)$$

而
$$|a| \cdot |b| = |b||a|$$

且
$$\cos(\widehat{a,b}) = \cos(\widehat{b,a})$$

所以
$$a \cdot b = b \cdot a$$

(2) 分配律.
$$(a + b) \cdot c = a \cdot c + b \cdot c$$

因为当 $c = 0$ 时,上式显然成立;当 $c \neq 0$ 时,有
$$(a + b) \cdot c = |c| \cdot \text{Prj}_c(a + b)$$
由投影性质,可知
$$\text{Prj}_c(a + b) = \text{Prj}_c a + \text{prj}_c b$$
所以
$$(a + b) \cdot c = |c|(\text{Prj}_c a + \text{Pri}_c b) =$$
$$|c|\text{Prj}_c a + |c|\text{Prj}_c b =$$
$$a \cdot c + b \cdot c$$

(3) 数量积还符合如下的结合律.
$$(\lambda a) \cdot b = \lambda(a \cdot b), \quad \lambda \text{ 为常数}$$
这是因为当 $b = 0$ 时,上式显然成立;当 $b \neq 0$ 时,按投影性质,可得
$$(\lambda a) \cdot b = |b|\text{Prj}_b(\lambda a) = |b|\lambda\text{Prj}_b a = \lambda|b|\text{Prj}_b a = \lambda(a \cdot b)$$
由上述结合律,利用交换律,容易推得
$$a \cdot (\lambda b) = \lambda(a \cdot b) \text{ 及} (\lambda a) \cdot (\mu b) = \lambda\mu(a \cdot b)$$
这是因为
$$a \cdot (\lambda b) = (\lambda b) \cdot a = \lambda(b \cdot a) = \lambda(a \cdot b)$$
$$(\lambda a) \cdot (\mu b) = \lambda[a \cdot (\mu b)] = \lambda[\mu(a \cdot b)] = \lambda\mu(a \cdot b)$$

下面推导数量积的坐标表示式.

设 $a = a_x i + a_y j + a_z k, b = b_x i + b_y j + b_z k$,按数量积的运算规律可得
$$a \cdot b = (a_x i + a_y j + a_z k) \cdot (b_x i + b_y j + b_z k) =$$
$$a_x i \cdot (b_x i + b_y j + b_z k) + a_y j \cdot (b_x i + b_y j + b_z k) +$$
$$a_z k \cdot (b_x i + b_y j + b_z k) =$$
$$a_x b_x i \cdot i + a_x b_y i \cdot j + a_x b_z i \cdot k +$$
$$a_y b_x j \cdot i + a_y b_y j \cdot j + a_y b_z j \cdot k +$$
$$a_z b_x k \cdot i + a_z b_y k \cdot j + a_z b_z k \cdot k$$
由于 i, j, k 互相垂直,所以 $i \cdot j = j \cdot k = k \cdot i = 0, j \cdot i = k \cdot j = i \cdot k = 0$. 又由于 i, j, k 的模均为1,所以 $i \cdot j = j \cdot j = k \cdot k = 1$. 因而得
$$a \cdot b = a_x b_x + a_y b_y + a_z b_z$$
这就是两个向量的数量积的坐标表示式.

由于 $a \cdot b = |a| \cdot |b| \cos \theta$,所以当 a, b 都不是零向量时,有
$$\cos \theta = \frac{a \cdot b}{|a||b|}$$
以数量积的坐标表示式及向量的模的坐标表示式代入上式,得
$$\cos \theta = \frac{a_x b_x + a_y b_y + a_z b_z}{\sqrt{a_x^2 + a_y^2 + a_z^2}\sqrt{b_x^2 + b_y^2 + b_z^2}}$$
这就是两向量夹角余弦的坐标表示式.

【例4】 已知3点 $M(1,1,1)$、$A(2,2,1)$ 和 $B(2,1,2)$,求 $\angle AMB$.

解 作向量 $\overrightarrow{MA}$ 及 $\overrightarrow{MB}$，$\angle AMB$ 就是向量 $\overrightarrow{MA}$ 与 $\overrightarrow{MB}$ 的夹角．这里，$\overrightarrow{MA} = \{1,1,0\}$，$\overrightarrow{MB} = \{1,0,1\}$，从而

$$\overrightarrow{MA} \cdot \overrightarrow{MB} = 1 \times 1 + 1 \times 0 + 0 \times 1 = 1$$

$$|\overrightarrow{MA}| = \sqrt{1^2 + 1^2 + 0^2} = \sqrt{2}$$

$$|\overrightarrow{MB}| = \sqrt{1^2 + 0^2 + 1^2} = \sqrt{2}$$

代入两向量夹角余弦的表达式，得

$$\cos \angle AMB = \frac{\overrightarrow{MA} \cdot \overrightarrow{MB}}{|\overrightarrow{MA}||\overrightarrow{MB}|} = \frac{1}{\sqrt{2} \cdot \sqrt{2}} = \frac{1}{2}$$

由此得

$$\angle AMB = \frac{\pi}{3}$$

8.3.2 向量的向量积

在研究物体转动问题时，不但要考虑这物体所受的力，还要分析这些力所产生的力矩．下面就举一个简单的例子来说明表达力矩的方法．

设 O 为一根杠杆 L 的支点，有一个力 F 作用于这杠杆上点 P 处，F 与 $\overrightarrow{OP}$ 的夹角为 θ（图 8.16）．由力学规定，为 F 对支点 O 的力矩是一向量 M，它的模为

$$|M| = |\overrightarrow{OQ}||F| = |\overrightarrow{OP}||F|\sin \theta$$

而 M 的方向垂直于 $\overrightarrow{OP}$ 与 F 所决定的平面，M 的指向量按右手规则从 $\overrightarrow{OP}$ 以不超过 π 的角转向 F 来确定的．即当右手的四个手指从 $\overrightarrow{OP}$ 以不超过 π 的角转向 F 握拳时，大拇指的指向就是 M 的指向（图 8.17）．

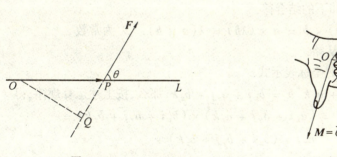

图 8.16

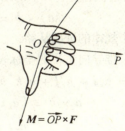

图 8.17

这种由两个已知向量按上面的规则来确定另一个向量的情况，在其他力学和物理问题中也会遇到，从而可以抽象出两个向量的向量积概念．

设向量 c 由两个向量 a 与 b 按下列方式定义：

① c 的模 $|c| = |a||b|\sin \theta$，其中 θ 为 a,b 间的夹角；

② c 的方向垂直于 a 与 b 所决定的平面（即 c 既垂直于 a，又垂直于 b），c 的指向按右手规则从 a 转向 b 来确定（图 8.18）．

那么，向量 c 叫做向量 a 与 b 的向量积，记作 $a \times b$，即

$$c = a \times b$$

因此，上面的力矩 M 等于 $\overrightarrow{OP}$ 与 F 的向量积，即

$$M = \overrightarrow{OP} \times F$$

由向量积的定义可以推得：

(1) $a \times a = 0$.

这是因为夹角 $\theta = 0$，所以 $|a \times a| = |a|^2 \sin\theta = 0$.

(2) 对于两个非零向量 a, b，如果 $a \times b = 0$，那么 $a /\!/ b$；反之，如果 $a /\!/ b$，那么 $a \times b = 0$.

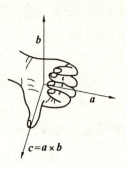

图 8.18

这是因为如果 $a \times b = 0$，由于 $|a| \neq 0, |b| \neq 0$，故必有 $\sin\theta = 0$. 于是 $\theta = 0$ 或 π，即 $a /\!/ b$；反之，如果 $a /\!/ b$，那么 $\theta = 0$ 或 π，于是 $\sin\theta = 0$. 从而 $|a \times b| = 0$，即 $a \times b = 0$.

由于可以认为零向量与任何向量都平行，因此，上述结论可叙述为：向量 $a /\!/ b$ 的充分必要条件是 $a \times b = 0$.

向量积符合下列运算规律：

(1) $b \times a = -a \times b$.

这是因为按右手规则从 b 转向 a 定出的方向恰好与按右手规则从 a 转向 b 定出的方向相反，它表明交换律对向量积不成立.

(2) 分配律.

$$(a + b) \times c = a \times c + b \times c$$

(3) 向量积还符合如下的结合律.

$$(\lambda a) \times b = a \times (\lambda b) = \lambda(a \times b), \quad \lambda \text{ 为常数}$$

这两个规律的证明从略.

下面来推导向量积的坐标表示式.

设 $a = a_x i + a_y j + a_z k, b = b_x i + b_y j + b_z k$，那么，按上述运算规律，得

$$a \times b = (a_x i + a_y j + a_z k) \times (b_x i + b_y j + b_z k) =$$
$$a_x i \times (b_x i + b_y j + b_z k) +$$
$$a_y j \times (b_x i + b_y j + b_z k) + a_z k \times (b_x i + b_y j + b_z k) =$$
$$a_x b_x (i \times i) + a_x b_y (i \times j) + a_x b_z (i \times k) +$$
$$a_y b_x (j \times i) + a_y b_y (j \times j) + a_y b_z (j \times k) +$$
$$a_z b_x (k \times i) + a_z b_y (k \times j) + a_z b_z (k \times k)$$

由于 $i \times i = j \times j = k \times k = 0, i \times j = k, j \times k = i, k \times i = j, j \times i = -k, k \times j = i, i \times k = -j$. 所以

$$a \times b = (a_y b_z - a_z b_y)i + (a_z b_x - a_x b_z)j + (a_x b_y - a_y b_x)k$$

为了帮助记忆，利用三阶行列式，上式可写成

$$\boldsymbol{a} \times \boldsymbol{b} = \begin{vmatrix} \boldsymbol{i} & \boldsymbol{j} & \boldsymbol{k} \\ a_x & a_y & a_z \\ b_x & b_y & b_z \end{vmatrix}$$

【例 5】 设 $\boldsymbol{a} = (2,1,-1), \boldsymbol{b} = (1,-1,2)$,计算 $\boldsymbol{a} \times \boldsymbol{b}$.

解
$$\boldsymbol{a} \times \boldsymbol{b} = \begin{vmatrix} \boldsymbol{i} & \boldsymbol{j} & \boldsymbol{k} \\ 2 & 1 & -1 \\ 1 & -1 & 2 \end{vmatrix} = \boldsymbol{i} - 5\boldsymbol{j} - 3\boldsymbol{k}$$

8.4 平面及其方程

8.4.1 平面的点法式方程

如果一非零向量垂直于一平面,这个向量就叫做该平面的法线向量. 容易知道,平面上的任一向量均与该平面的法线向量垂直.

由于过空间一点可以作而且只能作一个平面垂直于一已知直线,所以当平面 Π 上一点 $M_0(x_0,y_0,z_0)$ 和它的一个法线向量 $\boldsymbol{n} = \{A,B,C\}$ 为已知时,平面 Π 的位置就完全确定了. 下面建立平面 Π 的方程.

设 $M(x,y,z)$ 是平面 Π 上的任一点(图 8.19),那么向量 $\overrightarrow{M_0M}$ 必与平面 Π 的法线向量 $\boldsymbol{n}$ 垂直,即它们的数量积等于零,即

$$\boldsymbol{n} \cdot \overrightarrow{M_0M} = \boldsymbol{0}$$

由于 $\boldsymbol{n} = \{A,B,C\}, \overrightarrow{M_0M} = \{x-x_0, y-y_0, z-z_0\}$,所以有

$$A(x-x_0) + B(y-y_0) + C(z-z_0) = 0 \tag{8.8}$$

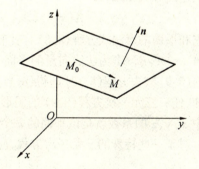

图 8.19

这就是平面 Π 上任一点 M 的坐标 (x,y,z) 所满足的方程.

方程(8.8)是由平面 Π 上的一点 $M_0(x_0,y_0,z_0)$ 及它的一个法线向量 $\boldsymbol{n} = \{A,B,C\}$ 来确定的,所以方程(8.8)叫做平面的点法式方程.

【例 6】 求过点 $(2,-3,0)$ 且以 $\boldsymbol{n} = \{1,-2,3\}$ 为法线向量的平面的方程.

解 根据平面的点法式方程(8.8),得所求平面的方程为

$$(x-2) - 2(y+3) + 3z = 0$$

即

$$x - 2y + 3z - 8 = 0$$

【例 7】 求过 3 点 $M_1(2,-1,4), M_2(-1,3,-2)$ 和 $M_3(0,2,3)$ 的平面的方程.

解 先找出这平面的法线向量 $\boldsymbol{n}$. 由于法线向量 $\boldsymbol{n}$ 与向量 $\overrightarrow{M_1M_2}, \overrightarrow{M_1M_3}$ 都垂直,而 $\overrightarrow{M_1M_2} = \{-3,4,-6\}, \overrightarrow{M_1M_3} = \{-2,3,-1\}$,所以可取它们的向量积为 $\boldsymbol{n}$,即

$$n = \overrightarrow{M_1M_2} \times \overrightarrow{M_1M_3} = \begin{vmatrix} i & j & k \\ -3 & 4 & -6 \\ -2 & 3 & -1 \end{vmatrix} = 14i + 9j - k$$

即
$$n = \{14, 9, -1\}$$

根据平面的点法式方程(8.8),得所求平面的方程为
$$14(x-2) + 9(y+1) - (z-4) = 0$$

即
$$14x + 9y - z - 15 = 0$$

8.4.2 平面的一般式方程

方程(8.8)是 x, y, z 的一次方程. 因为任一平面都可以用它上面的一点及它的法线向量来确定,而平面的点法式方程是三元一次方程,所以任一平面都可以用三元一次方程来表示.

反过来,设有三元一次方程
$$Ax + By + Cz + D = 0 \tag{8.9}$$

任取满足该方程的一组数 x_0, y_0, z_0,即
$$Ax_0 + By_0 + Cz_0 + D = 0 \tag{8.10}$$

把上述两等式相减,得
$$A(x - x_0) + B(y - y_0) + C(z - z_0) = 0 \tag{8.11}$$

把它和平面的点法式方程(8.8)作比较,可以知道方程(8.11)是通过点 $M_0(x_0, y_0, z_0)$ 且以 $n = \{A, B, C\}$ 为法线向量的平面方程. 但方程(8.9)与方程(8.11)具有同解,这是因为由(8.9)减去方程(8.10)即得(8.11),又由于方程(8.11)加上方程(8.10)得(8.9). 由此可知,任一三元一次方程(8.9)的图形总是一个平面. 方程(8.9)称为平面的一般式方程,其中 x, y, z 的系数就是该平面的一个法线向量 n 的坐标,即 $n = \{A, B, C\}$.

对于一些特殊的三元一次方程,应该熟悉它们的图形的特点. 如方程
$$3x + 4y + 5z = 0, \quad D = 0$$

因为 $x = 0, y = 0, z = 0$ 满足这个方程,即原点在这方程所表示的平面上,所以这方程表示一个通过原点的平面.

又如,方程
$$4x + 3y - 12 = 0$$

这个方程(该方程缺 z 项)所表示的平面的一个法线向量为
$$n = \{4, 3, 0\}$$

由于此法线向量 n 在 z 轴上的投影为零,因此 n 垂直于 z 轴,所以这平面平行于 z 轴.

再如,方程
$$z = 2$$

表示过点 $(0, 0, 2)$ 且平行于 xOy 面的平面.

【例8】 求通过 x 轴和点 $(4, -3, -1)$ 的平面的方程.

解 因为平面通过 x 轴,从而它的法线向垂直于 x 轴,于是法线向量在 x 轴上的投影为零,即 $A = 0$;又由于平面通过 x 轴,它必通过原点,于是 $D = 0$,所以可设这平面的方程为
$$By + Cz = 0$$
又因为这平面通过点 $(4, -3, -1)$,因此有
$$-3B - C = 0$$
或
$$C = -3B$$
以此代入所设方程并除以 $B(B \neq 0)$,便得所求的平面方程为
$$y - 3z = 0$$

【例 9】 设一平面与 x, y, z 轴分别交于 $P(2,0,0), Q(0,3,0), R(0,0,4)$ 3 点(图 8.20).求这平面的方程.

解 设所求平面的方程为
$$Ax + By + Cz + D = 0$$
因 $P(2,0,0), Q(0,3,0), R(0,0,4)$ 3 点都在这个平面上,所以点 P, Q, R 的坐标都满足方程 (8.9),即
$$\begin{cases} 2A + D = 0 \\ 3B + D = 0 \\ 4C + D = 0 \end{cases}$$
由此可得
$$A = -\frac{D}{2}, \quad B = -\frac{D}{3}, \quad C = -\frac{D}{4}$$

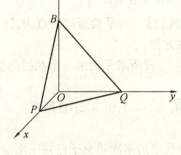

图 8.20

以此代入式 (8.9) 并除以 $D(D \neq 0)$,便得所求的平面方程为
$$\frac{x}{2} + \frac{y}{3} + \frac{z}{4} = 1$$

一般的,如果一平面与 x, y, z 3 轴分别交于 $P(a,0,0), Q(0,b,0), R(0,0,c)$ 3 点,那么该平面的方程为
$$\frac{x}{a} + \frac{y}{b} + \frac{z}{c} = 1$$

该方程叫做平面的截距式方程,而 a, b, c 依次叫做平面在 x, y, z 轴上的截距.

8.4.3 两平面的夹角

两平面的法线向量的夹角称为两平面的夹角.

设有平面 $\Pi_1: A_1x + B_1y + C_1z + D_1 = 0$ 和平面 $\Pi_2: A_2x + B_2y + C_2z + D_2 = 0$.下面来计算这两平面的夹角(图 8.21).

由于平面 Π_1 有法线向量 $\boldsymbol{n}_1 = \{A_1, B_1, C_1\}$,平面 Π_2 有法线向量 $\boldsymbol{n}_2 = \{A_2, B_2, C_2\}$,按两向量的夹角的余弦公式,平面 Π_1 和平面 Π_2 的夹角 θ 可由

$$\cos\theta = \frac{A_1A_2 + B_1B_2 + C_1C_2}{\sqrt{A_1^2 + B_1^2 + C_1^2} \cdot \sqrt{A_2^2 + B_2^2 + C_2^2}}$$

$$(8.12)$$

来确定.

从两向量垂直、平行的条件立即推得下列结论：

平面 Π_1、Π_2 互相垂直相当于 $A_1A_2 + B_1B_2 + C_1C_2 = 0$；

平面 Π_1、Π_2 互相平行相当于 $\dfrac{A_1}{A_2} = \dfrac{B_1}{B_2} = \dfrac{C_1}{C_2}$.

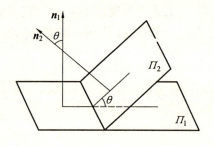

图 8.21

【例 10】 求两平面 $x - y + 2z - 6 = 0, 2x + y + z - 5 = 0$ 的夹角.

解 由公式(8.12)有

$$\cos\theta = \frac{1\times 2 + (-1)\times 1 + 2\times 1}{\sqrt{1^2 + (-1)^2 + 2^2} \cdot \sqrt{2^2 + 1^2 + 1^2}} = \frac{1}{2}$$

因此,所求夹角 $\theta = \dfrac{\pi}{3}$.

【例 11】 一平面通过两点 $M_1(1,1,1)$ 和 $M_2(0,1,-1)$ 且垂直于平面 $x + y + z = 0$, 求它的方程.

解 设所求平面的一个法线向量为

$$\boldsymbol{n} = \{A, B, C\}$$

因 $\overrightarrow{M_1M_2} = \{-1, 0, -2\}$ 在所求平面上,它必与 $\boldsymbol{n}$ 垂直,所以有

$$-A - 2C = 0 \qquad (1)$$

又因为所求的平面垂直于已知平面 $x + y + z = 0$,所以又有

$$A + B + C = 0 \qquad (2)$$

由式(1)、式(2)得

$$A = -2C$$
$$B = C$$

由平面的点法式方程可知,所求平面方程可设为

$$A(x - 1) + B(y - 1) + C(z - 1) = 0$$

将 $A = -2C$ 及 $B = C$ 代入上式,并约去 $C(C \neq 0)$,便得

$$-2(x - 1) + (y - 1) + (z - 1) = 0$$

或

$$2x - y - z = 0$$

这就是所求的平面方程.

8.5 空间直线及其方程

8.5.1 空间直线的一般式方程

空间直线 L 可以看做是两个平面 Π_1 和 Π_2 的交线(图 8.22). 如果两个相交的平面 Π_1 和 Π_2 的方程分别为 $A_1 x + B_1 y + C_1 z + D_1 = 0$ 和 $A_2 x + B_2 y + C_2 z + D_2 = 0$,那么空间直线 L 上的任何点的坐标应同时满足这两个平面的方程,即应满足方程组

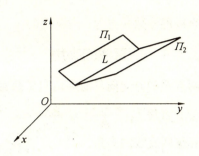

图 8.22

$$\begin{cases} A_1 x + B_1 y + C_1 z + D_1 = 0 \\ A_2 x + B_2 y + C_2 z + D_2 = 0 \end{cases} \quad (8.13)$$

反之,如果点 M 不在直线 L 上,那么它不可能同时在平面 Π_1 和 Π_2 上,所以它的坐标不满足方程组(8.13). 因此,直线 L 可以用方程组(8.13) 来表示. 方程组(8.13) 叫做空间直线的一般式方程.

8.5.2 空间直线的对称式方程与参数式方程

如果一个非零向量平行于一条已知直线,这个向量就叫做这条直线的方向向量. 容易知道,直线上任一向量都平行于该直线的方向向量.

由于过空间一点可作而且只能作一条直线平行于一已知直线,所以当直线 L 上一点 $M_0(x_0, y_0, z_0)$ 和它的一方向向量 $s = \{m, n, p\}$ 为已知时,直线 L 的位置就完全确定了. 下面建立这条直线的方程.

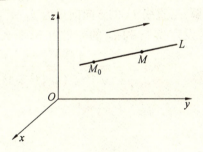

图 8.23

设点 $M(x, y, z)$ 是直线 L 上的任一点,那么向量 $\overrightarrow{M_0 M}$ 与 L 的方向向量 s 平行(图 8.23). 所以两向量的对应坐标成比例,由于 $\overrightarrow{M_0 M} = \{x - x_0, y - y_0, z - z_0\}, s = \{m, n, p\}$,从而

$$\frac{x - x_0}{m} = \frac{y - y_0}{n} = \frac{z - z_0}{p} \quad (8.14)$$

叫做直线的对称式方程.

直线的任一方向向量 s 的坐标 m, n, p 叫做这条直线的一组方向数,而向量 s 的方向余弦叫做该直线的方向余弦.

直线 L 上点的坐标 x, y, z 还可以用另一变量 t(称为参数) 的函数来表达. 如设

$$\frac{x - x_0}{m} = \frac{y - y_0}{n} = \frac{z - z_0}{p} = t$$

那么

$$\begin{cases} x = x_0 + mt \\ y = y_0 + nt \\ z = z_0 + pt \end{cases} \tag{8.15}$$

叫做直线的参数式方程.

8.5.3 两直线的夹角

两直线的方向向量的夹角叫做两直线的夹角.

设有直线 $L_1: \dfrac{x-x_1}{m_1} = \dfrac{y-y_1}{n_1} = \dfrac{z-z_1}{p_1}$ 和直线 $L_2: \dfrac{x-x_2}{m_2} = \dfrac{y-y_2}{n_2} = \dfrac{z-z_2}{p_2}$. 下面来计算这两直线的夹角.

由于直线 L_1 的方向向量为 $s_1 = \{m_1, n_1, p_1\}$, 直线 L_2 的方向向量为 $s_2 = \{m_2, n_2, p_2\}$, 按两向量的夹角的余弦公式, 直线 L_1 和直线 L_2 的夹角 φ 可由

$$\cos \varphi = \frac{m_1 m_2 + n_1 n_2 + p_1 p_2}{\sqrt{m_1^2 + n_1^2 + p_1^2} \cdot \sqrt{m_2^2 + n_2^2 + p_2^2}} \tag{8.16}$$

来确定.

从两向量垂直、平行的条件立即推得下列结论:

(1) 两直线 L_1, L_2 互相垂直相当于 $m_1 m_2 + n_1 n_2 + p_1 p_2 = 0$;

(2) 两直线 L_1, L_2 互相平行相当于 $\dfrac{m_1}{m_2} = \dfrac{n_1}{n_2} = \dfrac{p_1}{p_2}$.

【例 12】 求直线 $L_1: \dfrac{x-1}{1} = \dfrac{y}{-4} = \dfrac{z+3}{1}$ 和直线 $L_2: \dfrac{x}{2} = \dfrac{y+2}{-2} = \dfrac{z}{-1}$ 的夹角.

解 直线 L_1 的方向向量为 $s_1 = \{1, -4, 1\}$; 直线 L_2 的方向向量为 $s_2 = \{2, -2, -1\}$. 设直线 L_1 和 L_2 的夹角为 φ, 那么由公式(8.17) 有

$$\cos \varphi = \frac{1 \times 2 + (-4) \times (-2) + 1 \times (-1)}{\sqrt{1^2 + (-4)^2 + 1^2} \cdot \sqrt{2^2 + (-2)^2 + (-1)^2}} = \frac{1}{\sqrt{2}} = \frac{\sqrt{2}}{2}$$

所以

$$\varphi = \frac{\pi}{4}$$

8.5.4 直线与平面的夹角

直线和它在平面上的投影直线所做成的两邻角中的任何一个均可定义为直线与平面的夹角 φ(图 8.24). 这两个角互为补角, 它们的正弦相等. 不妨规定 $0 \leqslant \varphi \leqslant \dfrac{\pi}{2}$.

设直线的方程是

$$\frac{x-x_0}{m} = \frac{y-y_0}{n} = \frac{z-z_0}{p}$$

平面的方程是

$$Ax + By + Cz + D = 0$$

因为直线的方向向量 $s = \{m, n, p\}$ 与平面的法线向量 $n = \{A, B, C\}$ 的夹角为 $\dfrac{\pi}{2} - \varphi$ 或

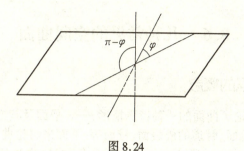

图 8.24

$\frac{\pi}{2} + \varphi$,又因

$$\sin \varphi = \cos\left(\frac{\pi}{2} - \varphi\right) = \left|\cos\left(\frac{\pi}{2} + \varphi\right)\right|$$

所以由两向量夹角余弦的坐标公式有

$$\sin \varphi = \cos\left(\frac{\pi}{2} - \varphi\right) = \left|\cos\left(\frac{\pi}{2} + \varphi\right)\right| = \frac{|Am + Bn + Cp|}{\sqrt{A^2 + B^2 + C^2}\sqrt{m^2 + n^2 + p^2}} \quad (8.17)$$

因为直线与平面垂直相当于直线的方向向量与平面的法线向量平行,所以,直线与平面垂直相当于

$$\frac{A}{m} = \frac{B}{n} = \frac{C}{p} \quad (8.18)$$

因为直线与平面平行相当于直线的方向向量与平面的法线向量垂直,所以,直线与平面平行相当于

$$Am + Bn + Cp = 0 \quad (8.19)$$

【例 13】 求过点$(1, -2, 4)$且与平面$2x - 3y + z - 4 = 0$垂直的直线的方程.

解 因为所求直线垂直于已知平面,所以可以取已知平面的法线向量$\{2, -3, 1\}$作为所求直线的方向向量.由此可得所求直线的方程为

$$\frac{x-1}{2} = \frac{y+2}{-3} = \frac{z-4}{1}$$

【例 14】 求过点$(-3, 2, 5)$且与两平面$x - 4z = 3$和$2x - y - 5z = 1$的交线平行的直线的方程.

解 设所求直线的方向向量为$\{m, n, p\}$.因为所求直线与两平面的交线平行,也就是直线的方向向量一定同时与两平面的法线向量垂直,所以有

$$\begin{cases} m - 4p = 0 \\ 2m - n - 5p = 0 \end{cases}$$

由上列方程组得

$$m = 4p, \quad n = 3p$$

从而

$$\frac{m}{4} = \frac{n}{3} = \frac{p}{1}$$

因此所求直线的方程为

$$\frac{x+3}{4} = \frac{y-2}{3} = \frac{z-5}{1}$$

8.6 几种常见的空间曲面

8.6.1 曲面方程的概念

在 8.5 节中已经讨论了曲面的一种特殊情形 —— 平面及其方程. 实践中还经常遇到各种曲面, 如反光镜的镜面、管道的外表面、锥面等. 下面来讨论曲面方程的概念.

在空间解析几何中, 任何曲面都可看做点的几何轨迹. 在这样的意义下, 如果曲面 S 与三元方程

$$F(x,y,z) = 0 \tag{8.20}$$

有下述关系:

(1) 曲面 S 上任一点的坐标都满足方程(8.20);

(2) 不在曲面 S 上的点的坐标都不满足方程(8.20).

那么, 方程(8.20) 就叫做曲面 S 的方程, 而曲面 S 就叫做方程(8.20) 的图形(图 8.25).

现在建立几个常见曲面的方程.

【例 15】 建立球心在点 $M_0(x_0, y_0, z_0)$, 半径为 R 的球面的方程.

解 设 $M(x, y, z)$ 是球面上的任一点(图 8.26), 那么

$$|M_0 M| = R$$

由于

$$|M_0 M| = \sqrt{(x - x_0)^2 + (y - y_0)^2 + (z - z_0)^2}$$

所以

$$\sqrt{(x - x_0)^2 + (y - y_0)^2 + (z - z_0)^2} = R$$

或者

$$(x - x_0)^2 + (y - y_0)^2 + (z - z_0)^2 = R^2 \qquad ①$$

这就是球面上的点的坐标所满足的方程. 而不在球面上的点的坐标都不满足这方程. 所以方程 ① 就是以 $M_0(x_0, y_0, z_0)$ 为球心、R 为半径的球面方程.

如果球心在原点, 那么 $x_0 = y_0 = z_0 = 0$, 从而球面方程为

$$x^2 + y^2 + z^2 = R^2$$

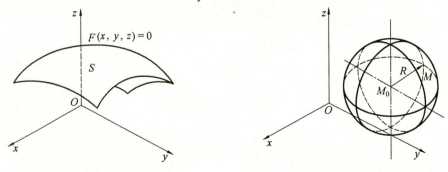

图 8.25　　　　　　　　图 8.26

【例 16】 设有点 $A(1,2,3)$ 和 $B(2, -1, 4)$, 求线段 AB 的垂直平分面的方程.

解 由题意可知道, 所求的平面就是与 A 和 B 等距离的点的几何轨迹. 设所求平面

上的任何一点为 $M(x,y,z)$,由于
$$|AM|=|BM|$$
所以
$$\sqrt{(x-1)^2+(y-2)^2+(z-3)^2}=\sqrt{(x-2)^2+(y+1)^2+(z-4)^2}$$
等式两边平方,然后化简得
$$2x-6y+2z-7=0$$
这就是所求的平面的方程.

8.6.2 旋转曲面

先讨论一个特殊的例子.

【例17】 设一直线绕一条定直线在空间转动,转动时始终与定直线保持定角 $\alpha\left(0<\alpha<\dfrac{\pi}{2}\right)$.这条动直线所形成的曲面叫做圆锥面(图 8.27),动直线与定直线的交点叫做圆锥面的顶点,定角 α 叫做圆锥面的半顶角.现在来建立顶点在坐标原点 O,定直线为 z 轴,半顶角为 α 的圆锥面的方程.

解 设动直线在开始时位于 yOz 平面上,M_1 是这条直线上的一点,这点的空间坐标为 $(0,y_1,z_1)$,则有
$$z_1=y_1\cot\alpha \qquad (1)$$

当动直线转动时,点 M_1 转到点 $M(x,y,z)$.由于动直线在转动过程中,点 M 的竖坐标总有 $z=z_1$,且点 M 到 z 轴的距离
$$d=\sqrt{x^2+y^2}=|y_1|$$

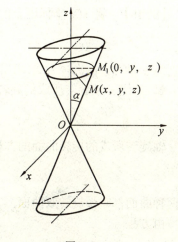

图 8.27

由此,得 $z_1=z$,$y_1=\pm\sqrt{x^2+y^2}$,将它们代入式(1),有
$$z=\pm\sqrt{x^2+y^2}\cot\alpha$$
或
$$z^2=a^2(x^2+y^2) \qquad (2)$$
其中 $a=\cot\alpha$.

上述讨论说明,圆锥面上任一点 M 的坐标一定满足方程(2).如果点 M 不在圆锥面上,那么直线 OM 与 z 轴的夹角就不等于 α,于是点 M 的坐标就不满足方程(2).因此,方程(2)就是所求的圆锥面的方程.

一般的,一条平面曲线绕其平面上的一条定直线旋转一周所成的曲面叫做旋转曲面,这条定直线叫做旋转曲面的轴.

从上例看到,关于 yOz 坐标面上的直线 $z=y\cot\alpha$ 绕 z 轴旋转所成的圆锥面,只要将方程 $z=y\cot\alpha$ 中的 y 改成 $\pm\sqrt{x^2+y^2}$,便得到这圆锥面的方程
$$z=\pm\sqrt{x^2+y^2}\cot\alpha$$
实际上,也可用这种方法求得一般的旋转曲面的方程.设在 yOz 坐标面上有一已知曲线

C, 它的方程为
$$f(y, z) = 0$$
把这曲线绕 z 轴旋转一周, 就得到一个以 z 轴为轴的旋转曲面(图 8.28). 经过类似的讨论可知, 只要将 $f(y, z) = 0$ 中的 y 改成 $\pm\sqrt{x^2 + y^2}$ 便可得到这个旋转曲面的方程, 即
$$f(\pm\sqrt{x^2 + y^2}, z) = 0$$
同理, 曲线 C 绕 y 轴旋转所成的旋转曲面的方程为
$$f(y, \pm\sqrt{x^2 + z^2}) = 0$$

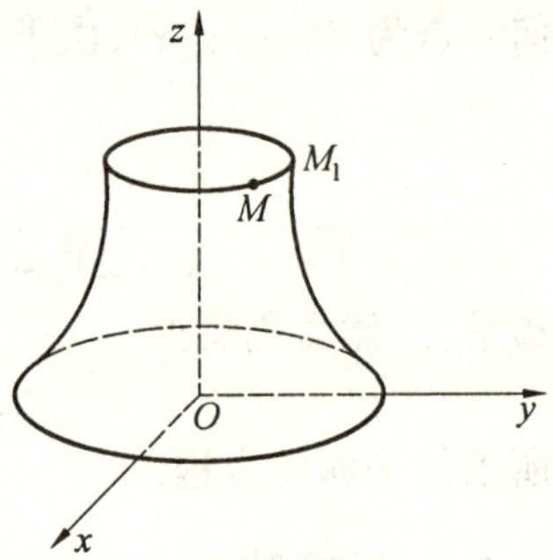

图 8.28

【例 18】 将 xOz 坐标面上的双曲线
$$\frac{x^2}{a^2} - \frac{z^2}{c^2} = 1$$
分别绕 x 轴和 z 轴旋转一周, 求所生成的旋转曲面的方程.

解 绕 x 轴旋转所成的旋转曲面的方程为
$$\frac{x^2}{a^2} - \frac{y^2 + z^2}{c^2} = 1$$
绕 z 轴旋转所成的旋转曲面的方程为
$$\frac{x^2 + y^2}{a^2} - \frac{z^2}{c^2} = 1$$
这两种曲面都叫做旋转双曲面.

由方程
$$\frac{x^2}{a^2} + \frac{y^2}{b^2} - \frac{z^2}{c^2} = 1$$
所确定的曲面称为单叶双曲面, 其中 a, b, c 称为它的半轴(图 8.29)

由方程
$$-\frac{x^2}{a^2} - \frac{y^2}{b^2} + \frac{z^2}{c^2} = 1 \tag{1}$$
所确定的曲面称为双叶双曲面, 其中 a, b, c 称为它的半轴(图 8.30).

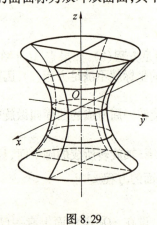

图 8.29

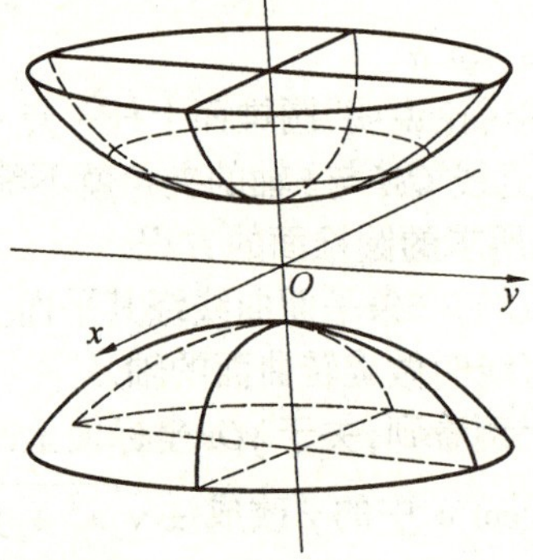

图 8.30

8.6.3 柱面

先分析一个具体的例子.

【例 19】 方程 $x^2 + y^2 = R^2$ 表示怎样的曲面?

解 方程 $x^2 + y^2 = R^2$ 在 xOy 面上表示圆心在原点 O、半径为 R 的圆. 在空间直角坐标系中,这方程不含竖坐标 z,即不论空间点的竖坐标 z 怎样,只要它的横坐标 x 和纵坐标 y 能满足这方程,那么这些点就在这曲面上. 这就是说,凡是通过 xOy 面内圆 $x^2 + y^2 = R^2$ 上一点且平行于 z 轴的直线都在这曲面上. 因此,这曲面可以看做是由于行于 z 轴的直线沿 xOy 面上的圆 $x^2 + y^2 = R^2$ 移动而形成的. 这个曲面叫做圆柱面(图 8.31),平面 xOy 面上的圆 $x^2 + y^2 = R^2$ 叫做它的准线,这些平行于 z 轴的直线叫做它的母线.

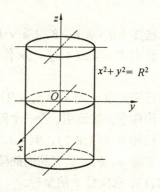

图 8.31

一般的,平行于定直线并沿定曲线 C 移动的直线 L 形成的轨迹叫做柱面,定曲线 C 叫做柱面的准线,动直线 L 叫做柱面的母线.

类似地,方程 $y^2 = 2x$ 表示母线平行于 z 轴的柱面,它的准线是 xOy 面上的抛物线 $y^2 = 2x$,该柱面叫做抛物柱面(图 8.32).

又如,平面 $x - y = 0$ 也可以看成母线平行于 z 轴的柱面,其准线是 xOy 面上的直线 $x - y = 0$. 所以它是过 z 轴的平面(图 8.33).

一般的,只含 x,y 而缺 z 的方程 $F(x,y) = 0$,在空间直角坐标系中表示母线平行于 z 轴的柱面,其准线是 xOy 面上的曲线 $C: F(x,y) = 0$.

类似地可知,只含 x,z 而缺 y 的方程 $G(x,z) = 0$ 和只含 y,z 而缺 x 的方程 $H(y,z) = 0$ 分别表示母线平行于 y 轴和 x 轴的柱面.

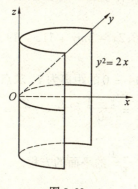

图 8.32

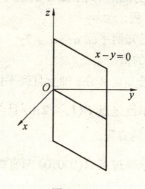

图 8.33

习　题

1. 已知 $|a|=1$, $|b|=4$, $|c|=5$, 并且 $a+b+c=0$. 计算 $a\times b+b\times c+c\times a$.

2. 已知 $|a\cdot b|=3$, $|a\times b|=4$, 求 $|a|\cdot|b|$.

3. 设力 $F=-2i+3j+5k$ 作用在点 $A(3,6,1)$, 求力 F 对点 $B(1,7,-2)$ 的力矩的大小.

4. 已知向量 x 与 $a(1,5,-2)$ 共线, 且满足 $a\cdot x=3$, 求向量 x 的坐标.

5. 用向量方法证明, 若一个四边形的对角线互相平分, 则该四边形为平行四边形.

6. 已知点 $A(3,8,7)$, $B(-1,2,-3)$, 求线段 AB 的中垂面的方程.

7. 向量 a,b,c 具有相同的模, 且两两所成的角相等, 若 a,b 的坐标分别为 $(1,1,0)$ 和 $(0,1,1)$, 求向量 c 的坐标.

8. 求经过点 $A(3,2,1)$ 和 $B(-1,2,-3)$ 且与坐标平面 xOz 垂直的平面的方程.

9. 讨论下列平面、直线的位置关系.

(1) $x+2y-3z=6$ 与 $2x+4y-6z=1$

(2) $x+2y-3z=6$ 与 $2x+4y-6z=12$

(3) $\dfrac{x-2}{3}=\dfrac{y+2}{-1}=\dfrac{z}{-2}$ 与 $3x-y-2z+11=0$

(4) $\dfrac{x-2}{3}=\dfrac{y+2}{-1}=\dfrac{z}{-2}$ 与 $\dfrac{x-2}{16}=\dfrac{y-3}{-1}=\dfrac{z+2}{-3}$

10. 求直线 $l:\dfrac{x+3}{4}=\dfrac{y-2}{1}=\dfrac{z}{0}$ 与平面 $\alpha:x-y+z-11=0$ 的夹角.

11. 求到两平面 $\alpha:3x-y+2z-6=0$ 和 $\beta:\dfrac{x}{2}+\dfrac{y}{-5}+\dfrac{z}{1}=1$ 距离相等的点的轨迹方程.

12. 已知原点到平面 α 的距离为 120, 且 α 在三个坐标轴上的截距之比为 $-2:6:5$, 求 α 的方程.

13. 已知两平面 $\alpha:mx+7y-6z-24=0$ 与平面 $\beta:2x-3my+11z-19=0$ 相互垂直, 求 m 的值.

14. 已知点 A 在 z 轴上且到平面 $\alpha:4x-2y-7z+14=0$ 的距离为 7, 求点 A 的坐标.

15. 求经过点 $P(1,-2,0)$ 且与直线 $\dfrac{x-1}{1}=\dfrac{y-1}{1}=\dfrac{z-1}{0}$ 和 $\dfrac{x}{1}=\dfrac{y}{-1}=\dfrac{z+1}{0}$ 都平行的平面的方程.

16. 求通过点 $A(0,0,0)$ 与直线 $\dfrac{x-3}{2}=\dfrac{y+4}{1}=\dfrac{z-4}{1}$ 的平面的方程.

17. 求点 $P(1,-1,0)$ 到直线 $\dfrac{x-2}{1}=\dfrac{y}{-1}=\dfrac{z+1}{0}$ 的距离.

18. 求过点 $(-3,25)$ 且与两平面 $x-4z=3$ 和 $3x-y+z=1$ 平行直线方程.

19. 一平面经过直线(即直线在平面上) $l:\dfrac{x+5}{3}=\dfrac{y-2}{1}=\dfrac{z}{4}$, 且垂直于平面 $x+y-$

$z + 15 = 0$,求该平面的方程.

20. 一动点 P 到定点 $A(-4,0,0)$ 的距离是它到 $B(2,0,0)$ 的距离的两倍,求该动点的轨迹方程.

21. 已知椭圆抛物面的顶点在原点,xOy 面和 xOz 面是它的两个对称面,且过点 $(6,1,2)$ 与 $(1,\frac{1}{3},-1)$,求该椭圆抛物面的方程.

22. 求顶点为 $O(0,0,0)$,轴与平面 $x + y + z = 0$ 垂直,且经过点 $(3,2,1)$ 的圆锥面的方程.

23. 已知平面 α 过 z 轴,且与球面 $x^2 + y^2 + z^2 - 6x - 8y + 10z + 41 = 0$ 相交得到一个半径为 2 的圆,求该平面的方程.

24. 求以 z 轴为母线,直线 $\begin{cases} x = 1 \\ y = 1 \end{cases}$ 为中心轴的圆柱面的方程.

25. 求以 z 轴为母线,经过点 $A(4,2,2)$ 以及 $B(6,-3,7)$ 的圆柱面的方程.

26. 根据 k 的取值,说明 $(9-k)x^2 + (4-k)y^2 + (1-k)z^2 = 1$ 表示的各是什么图形.

第9章 多元函数微积分学

在很多实际问题中,常常遇到含有两个或更多个自变量的函数,即多元函数.本章将在一元函数的基础上研究二元函数微积分学的基本理论、方法及其应用.

9.1 二元函数

9.1.1 二元函数的概念

1. 二元函数的定义

【定义9.1】 设有3个变量 x, y, z,如果当变量 x, y 在一定范围内任意取定一对数值时,变量 z 按照一定的规律 f,总有确定的数值与它们对应,则称 z 是 x, y 的二元函数,记为 $z = f(x, y)$.其中 x, y 称为自变量,z 称为因变量.自变量 x, y 的取值范围称为函数的定义域.二元函数在点 (x_0, y_0) 所取的函数值记为

$$z\bigg|_{\substack{x=x_0 \\ y=y_0}} \quad \text{或} \quad z\big|_{(x_0, y_0)} \quad \text{或} \quad f(x_0, y_0)$$

类似地,可以定义多元函数 $u = f(x_1, x_2, \cdots, x_n)$,即多于一个自变量的函数称为多元函数.

【例1】 设 $z = \cos(x \cdot y) - \sqrt{1 + y^2}$,求 $z(\pi, 1)$.

解 $z\big|_{(\pi, 1)} = \cos(\pi \times 1) - \sqrt{1 + 1^2} = -1 - \sqrt{2}.$

【例2】 设 $z = \arcsin\dfrac{x}{2} + \arcsin\dfrac{y}{3}$,求 $z\big|_{(2,3)}$.

解 $z\big|_{(2,3)} = \arcsin 1 + \arcsin 1 = \dfrac{\pi}{2} + \dfrac{\pi}{2} = \pi.$

2. 二元函数的定义域

在一元函数中,使得表达式有意义的自变量的取值范围就是该一元函数的定义域.同样在二元函数 $z = f(x, y)$ 中,使表达式有意义的自变量的取值范围叫做二元函数的定义域.相对于一元函数,二元函数的定义域比较复杂.

平面区域是坐标平面上满足某些条件的点的集合.围成平面区域的曲线称为该区域的边界.包含边界的平面区域称为闭区域;不含边界的平面区域称为开区域;包含部分边界的平面区域称为半开区域;如果一个区域总可以被包含在一个以原点为圆心的一个圆域内部,则此区域称为有界区域,否则称为无界区域.

3. 二元函数的几何意义

一元函数一般表示平面上的一条曲线.对于二元函数,在空间直角坐标系中一般表示曲面.设 $P(x, y)$ 是二元函数 $z = f(x, y)$ 的定义域 D 内的任意点,则相应的函数值是 $z =$

$f(x,y)$,于是,有序数组(x,y,z)确定了空间一点$M(x,y,z)$.当点P在定义域D内变动时,对应的点M就在空间变动,一般的形成一张曲面Σ,称它为二元函数$z = f(x,y)$的图形,定义域D就是曲面Σ在xOy面上的投影区.

【例3】 求下列函数的定义域.

(1) $z = \sqrt{4 - x^2 - y^2}$;

(2) $z = \arcsin \dfrac{x}{2} + \arcsin \dfrac{y}{3}$.

解 (1) 因为要使式子$z = \sqrt{4 - x^2 - y^2}$有意义,应有
$$4 - x^2 - y^2 \geq 0$$
即
$$x^2 + y^2 \leq 4$$
所以,函数的定义域是以原点为圆心、以2为半径的圆形闭区域,见图9.1.

(2) 因为要使函数$z = \arcsin \dfrac{x}{2} + \arcsin \dfrac{y}{3}$有意义,应有
$$\begin{cases} \left|\dfrac{x}{2}\right| \leq 1 \\ \left|\dfrac{y}{3}\right| \leq 1 \end{cases}$$
即
$$\begin{cases} -2 \leq x \leq 2 \\ -3 \leq y \leq 3 \end{cases}$$
所以,函数的定义域是以$x = \pm 2, y = \pm 3$为边界的矩形闭区间,见图9.2.

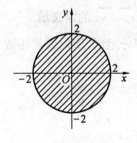

图9.1

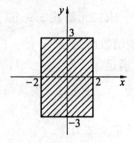

图9.2

【例4】 求函数$z = \sqrt{4 - x^2 - y^2} + \ln(y^2 - 2x + 1)$的定义域.

解 要使函数表达式有意义,应有
$$\begin{cases} 4 - x^2 - y^2 \geq 0 \\ y^2 - 2x + 1 > 0 \end{cases}$$
即
$$\begin{cases} x^2 + y^2 \leq 4 \\ y^2 > 2x - 1 \end{cases}$$

【例5】 求函数$z = \sqrt{xy} + \arcsin \dfrac{y}{2}$的定义域.

解 要使函数表达式有意义,应有

$$xy \geq 0, \quad \left|\frac{y}{2}\right| \leq 1$$

即

$$\begin{cases} xy \geq 0 \\ \left|\frac{y}{2}\right| \leq 1 \end{cases}$$

解得

$$\begin{cases} -2 \leq y \leq 0 \\ x \leq 0 \end{cases} \quad \text{或} \quad \begin{cases} 0 \leq y \leq 2 \\ x \geq 0 \end{cases}$$

所以函数的定义域为

$$\begin{cases} -2 \leq y \leq 0 \\ x \leq 0 \end{cases} \quad \text{或} \quad \begin{cases} 0 \leq y \leq 2 \\ x \geq 0 \end{cases}$$

【例6】 求二元函数 $z = \ln(x+y)$ 的定义域.

解 自变量 x, y 所取的值必须满足不等式 $x + y > 0$. 即定义域为 $D = \{(x, y) | x + y > 0\}$,点集 D 在 xOy 面上表示一个在直线上方的半平面(不包含边界 $x + y = 0$),此时 D 为无界开区域,见图 9.3.

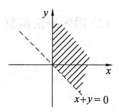

图 9.3

【例7】 求二元函数 $z = \sqrt{a^2 - x^2 - y^2}\,(a > 0)$ 的定义域.

解 要使函数有意义,x, y 应满足不等式 $a^2 - x^2 - y^2 \geq 0$. 于是

$$D = \{(x < y) | x^2 + y^2 \leq a^2\}$$

【例8】 求二元函数 $z = \ln(x^2 + y^2 - 1) + \sqrt{9 - x^2 - y^2}$ 的定义域.

解 该函数由 $\ln(x^2 + y^2 - 1)$ 与 $\sqrt{9 - x^2 - y^2}$ 两部分组成,所以要使函数 z 有意义,x, y 应同时满足

$$\begin{cases} x^2 + y^2 - 1 > 0 \\ 9 - x^2 - y^2 \geq 0 \end{cases}$$

因此,函数的定义域为

$$D = \{(x, y) | 1 < x^2 + y^2 \leq 9\}$$

9.1.2 二元函数的极限与连续

与一元函数情况类似,对于二元函数 $z = f(x, y)$,也需要考察当自变量 (x, y) 无限趋近于常数 (x_0, y_0) 时,对应的函数值的变化趋势. 这就是二元函数的极限问题.

显然 (x, y) 趋向于 (x_0, y_0) 也可以看成点 $P(x, y)$ 趋向于点 $P_0(x_0, y_0)$,记为 $P \to P_0$ 或 $(x, y) \to (x_0, y_0)$. 若记 $\rho = |PP_0|$,即

$$\rho = |PP_0| = \sqrt{(x - x_0)^2 + (y - y_0)^2}$$

则可用 $\rho \to 0$ 表示 $(x, y) \to (x_0, y_0)$.

【定义9.2】 设函数 $z = f(x, y)$ 在点 $P_0(x_0, y_0)$ 的某一邻域内有定义(点 P_0 可以除

外),如果当点 $P(x,y)$ 无限地接近于点 $P_0(x_0,y_0)$ 时,恒有 $|f(P) - A| < \varepsilon$ (ε 是指任意小的正数),则称 A 为函数 $z = f(x,y)$ 当 $(x,y) \to (x_0,y_0)$ 时的极限,记为

$$\lim_{\substack{x \to x_0 \\ y \to y_0}} f(x,y) = A$$

或

$$\lim_{P \to P_0} f(P) = A$$

应当注意的是,在一元函数 $y = f(x)$ 的极限定义中,点 x 只是沿 x 轴趋向于点 x_0,但在二元函数极限的定义中,要求点 $P(x,y)$ 以任意方式趋向于 P_0.只取某些特殊方式,例如,沿平行于坐标轴的直线或沿某一曲线趋向于点 P_0,即使这时函数趋向于某一定值,也不能判断函数极限就一定存在.因此,如果点 P 沿不同路径趋向于点 P_0 时,即使趋向数值相同时,则函数的极限也不一定存在.

9.1.3 二元函数的连续性

1. 二元函数的连续性的定义

有了二元函数极限的定义,就很容易给出二元函数连续的定义.

【**定义** 9.3】 设函数 $z = f(x,y)$ 在点 $P_0(x_0,y_0)$ 的某一邻域内有定义,如果当点 $P(x,y)$ 趋向于点 $P_0(x_0,y_0)$ 时,函数 $z = f(x,y)$ 的极限存在,且等于它在点 P_0 处的数值,即

$$\lim_{\substack{x \to x_0 \\ y \to y_0}} f(x,y) = f(x_0,y_0) \tag{9.1}$$

或

$$\lim_{P \to P_0} f(P) = f(P_0)$$

则称函数 $z = f(x,y)$ 在点 $P_0(x_0,y_0)$ 处连续.

若令 $x = x_0 + \Delta x, y = y_0 + \Delta y$,则当 $x \to x_0$ 时,$\Delta x \to 0$;当 $y \to y_0$ 时,$\Delta y \to 0$.因此式 (9.1) 可以改写成

$$\lim_{\substack{x \to x_0 \\ y \to y_0}} [f(x_0 + \Delta x, y_0 + \Delta y) - f(x_0,y_0)] = 0$$

其中 $f(x_0 + \Delta x, y_0 + \Delta y)$ 称为当自变量 x,y 分别有增量 $\Delta x, \Delta y$ 时,函数 $z = f(x,y)$ 的全增量记为 Δz,即

$$\Delta z = f(x_0 + \Delta x, y_0 + \Delta y) - f(x_0,y_0) \tag{9.2}$$

利用全增量的概念,二元函数的连续性的定义可用另一种形式表述.

【**定义** 9.4】 设函数 $z = f(x,y)$ 在点 $P_0(x_0,y_0)$ 的某一邻域内有定义,若当自变量 x,y 的增量 $\Delta x, \Delta y$ 趋向于零时,对应的函数的增量 Δz 也趋向于零,即

$$\lim_{\substack{\Delta x \to 0 \\ \Delta y \to 0}} \Delta z = 0 \tag{9.3}$$

则称函数 $z = f(x,y)$ 在点 (x_0,y_0) 处连续.

因为当 $\Delta x \to 0, \Delta y \to 0$ 时,$\rho = \sqrt{(x - x_0)^2 - (y - y_0)^2} = \sqrt{\Delta x^2 - \Delta y^2} \to 0$,所以式

(9.3) 又可改写成

$$\lim_{\rho \to 0} \Delta z = 0 \tag{9.4}$$

如果函数 $z = f(x, y)$ 在区域 D 内任意点处都连续,则称函数 $z = f(x, y)$ 在区域 D 内连续.

2. 有界闭区间上连续函数的性质

与闭区间上一元函数连续的性质相类似,在有界闭区域上连续的二元函数有如下性质:

【性质1】(最大值、最小值定理) 在有界闭区域上的连续二元函数在该区间上一定能得到最大值和最小值.(证明略)

【性质2】(介值定理) 在有界闭区域上的连续二元函数必能取得介于它的两个不同函数值之间的任何值至少一次.(证明略)

9.2 偏导数

9.2.1 偏导数的概念

在一元函数微分学中,曾经研究过函数 $y = f(x)$ 的导数,即函数 y 对于自变量 x 的变化率,可知

$$\frac{dy}{dx} = \lim_{\Delta x \to 0} \frac{f(x + \Delta x) - f(x)}{\Delta x}$$

对于多元函数,也常常遇到研究它对某个自变量的变化率的问题,这就产生了偏导数的概念.

【定义9.5】 设函数 $z = f(x, y)$ 在点 (x_0, y_0) 的某一邻域内有定义,当自变量 x 在 x_0 处取得改变量 $\Delta x (\Delta x \neq 0)$,而自变量 $y = y_0$ 保持不变时,函数相应的改变量

$$\Delta_x z = f(x_0 + \Delta x, y_0) - f(x_0, y_0)$$

称为函数 $f(x, y)$ 关于 x 的偏增量.类似地,函数 $f(x, y)$ 关于 y 的偏增量为

$$\Delta_y z = f(x_0, y_0 + \Delta y) - f(x_0, y_0)$$

当自变量 x, y 分别关于 x_0, y_0 取得改变量 $\Delta x, \Delta y$ 时,函数 $f(x, y)$ 相应的改变量

$$\Delta z = f(x_0 + \Delta x, y_0 + \Delta y) - f(x_0, y_0)$$

称为函数 $f(x, y)$ 的全增量.

设函数 $z = f(x, y)$ 在点 (x_0, y_0) 的某一邻域内有定义,如果极限

$$\lim_{\Delta x \to 0} \frac{\Delta_x z}{\Delta x} = \lim_{\Delta x \to 0} \frac{f(x_0 + \Delta x, y_0) - f(x_0, y_0)}{\Delta x}$$

存在,则称极限值为函数 $f(x, y)$ 在点 (x_0, y_0) 处对 x 的偏导数,记作

$$f'_x(x_0, y_0) \quad 或 \quad \frac{\partial z}{\partial x}\bigg|_{\substack{x = x_0 \\ y = y_0}} \quad 或 \quad z'_x\bigg|_{\substack{x = x_0 \\ y = y_0}}$$

类似地,对 y 的偏导数为

$$f'_y(x_0,y_0) = \lim_{\Delta y \to 0} \frac{f(x_0, y_0 + \Delta y) - f(x_0, y_0)}{\Delta y}$$

如果函数 $z = f(x,y)$ 在区域 D 内每一点 (x_0,y_0) 处都存在偏 $f'_x(x_0,y_0)$, $f'_y(x_0,y_0)$, 且它们也是区域 D 上的函数, 称为 $z = f(x,y)$ 在区域 D 上的偏导数, 记为 $\frac{\partial z}{\partial x}$ 或 $\frac{\partial f}{\partial x}, z'_x, f'_x; \frac{\partial z}{\partial y}$ 或 $\frac{\partial f}{\partial y}, z'_y, f'_y$.

由上述偏导数定义可知,求多元函数对某一个自变量的偏导数时,只需将其他自变量看成常量,用一元函数求导公式和法则计算即可.

【例 9】 求函数 $z = x^3 - 3xy + 2y^2$ 在点 $(2,1)$ 处的两个偏导数.

解 因为

$$\frac{\partial z}{\partial x} = 3x^2 - 3y, \quad \frac{\partial z}{\partial y} = -3x + 4y$$

所以

$$\left.\frac{\partial z}{\partial x}\right|_{\substack{x=2\\y=1}} = 3 \times 2^2 - 3 \times 1 = 9$$

$$\left.\frac{\partial z}{\partial y}\right|_{\substack{x=2\\y=1}} = -3 \times 2 + 4 \times 1 = -2$$

【例 10】 已知 $z = xy + x^3$, 求 $\frac{\partial z}{\partial x} + \frac{\partial z}{\partial y}$.

解 因为

$$\frac{\partial z}{\partial x} = y + 3x^2, \quad \frac{\partial z}{\partial y} = x$$

所以

$$\frac{\partial z}{\partial x} + \frac{\partial z}{\partial y} = y + 3x^2 + x$$

【例 11】 设 $u = \sqrt{x^2 + y^2 + z^2}$, 求证: $\left(\frac{\partial u}{\partial x}\right)^2 + \left(\frac{\partial u}{\partial y}\right)^2 + \left(\frac{\partial u}{\partial z}\right)^2 = 1$.

证明 $\frac{\partial u}{\partial x} = \frac{1}{2\sqrt{x^2+y^2+z^2}}(x^2+y^2+z^2)'_x = \frac{x}{\sqrt{x^2+y^2+z^2}} = \frac{x}{u}$

同理得

$$\frac{\partial u}{\partial y} = \frac{y}{u}, \quad \frac{\partial u}{\partial z} = \frac{z}{u}$$

代入等式左边,得

$$\left(\frac{\partial u}{\partial x}\right)^2 + \left(\frac{\partial u}{\partial y}\right)^2 + \left(\frac{\partial u}{\partial z}\right)^2 = \frac{x^2+y^2+z^2}{u^2} = 1$$

所以有

$$\left(\frac{\partial u}{\partial x}\right)^2 + \left(\frac{\partial u}{\partial y}\right)^2 + \left(\frac{\partial u}{\partial z}\right)^2 = 1$$

【例 12】 设函数 $z = \ln\left(1 + \frac{y}{x}\right)$, 求 $\left.\frac{\partial z}{\partial x}\right|_{(1,1)}$ 和 $\left.\frac{\partial z}{\partial y}\right|_{(1,1)}$.

解 由于

$$f(x,1) = \ln(1 + \frac{1}{x})$$

$$f(1,y) = \ln(1 + y)$$

$$f'_x(x,1) = \frac{1}{1 + \frac{1}{x}}\left(-\frac{1}{x^2}\right), \quad f'_y(1,y) = \frac{1}{1 + y}$$

所以 $f'_x(1,1) = -\frac{1}{2}, f'_y(1,1) = \frac{1}{2}$.

【例 13】 设函数 $z = xy + x^3$，求 $\frac{\partial z}{\partial x} + \frac{\partial z}{\partial y}$.

解 因为

$$\frac{\partial z}{\partial x} = y + 3x^2, \quad \frac{\partial z}{\partial y} = x$$

所以

$$\frac{\partial z}{\partial x} + \frac{\partial z}{\partial y} = x + y + 3x^2$$

【例 14】 求函数 $z = x^2\sin 2y$ 在点 $(1, \frac{\pi}{8})$ 处的两个偏导数.

解 把 y 看作常量，对 x 求导数得

$$\frac{\partial z}{\partial x} = 2x\sin 2y, \quad \left.\frac{\partial z}{\partial x}\right|_{(1,\frac{\pi}{8})} = 2\sin\frac{\pi}{4} = \sqrt{2}$$

把 x 看作常量，对 y 求导数得

$$\frac{\partial z}{\partial y} = 2x^2\cos 2y, \quad \left.\frac{\partial z}{\partial y}\right|_{(1,\frac{\pi}{8})} = 2\cos\frac{\pi}{4} = \sqrt{2}$$

【例 15】 求函数 $z = x^y$ 的偏导数 z_x', z_y'.

解 把 y 看作常量，对 x 求导数得

$$z_x' = yx^{y-1}$$

把 x 看作常量，对 y 求导数得

$$z_y' = x^y \ln x$$

【例 16】 求函数 $z = \ln(1 + x^2 + y^2)$ 在点 $(1,2)$ 处的偏导数.

解 先求偏导数

$$\frac{\partial z}{\partial x} = \frac{2x}{1 + x^2 + y^2}, \quad \frac{\partial z}{\partial y} = \frac{2y}{1 + x^2 + y^2}$$

所以

$$\left.\frac{\partial z}{\partial x}\right|_{(1,2)} = \frac{1}{3}$$

$$\left.\frac{\partial z}{\partial y}\right|_{(1,2)} = \frac{2}{3}$$

由偏导数的定义可以看出，对某一个自变量求偏导数，就是将另外一个变量看做常量而对该变量求导，所以求函数的偏导数不需要建立新的运算方法.

2. 偏导数的几何意义

一元函数 $y = f(x)$ 的导数的几何意义是曲线 $y = f(x)$ 在点 (x_0, y_0) 处切线的斜率,而二元函数 $z = f(x, y_0)$ 在点 (x_0, y_0) 处的偏导数,实际上就是二元函数 $z = f(x, y)$ 分别在点 $x = x_0, y = y_0$ 处的导数.因此,二元函数 $z = f(x, y)$ 的偏导数的几何意义也是曲线切线的斜率.如 $\dfrac{\partial z}{\partial x}\bigg|_{\substack{x = x_0 \\ y = y_0}}$ 是曲线 $\begin{cases} z = f(x, y) \\ y = y_0 \end{cases}$ 在点 $(x_0, y_0, f(x_0, y_0))$ 处的切线的斜率,即 $\dfrac{\partial z}{\partial x}\bigg|_{\substack{x = x_0 \\ y = y_0}} = \tan \alpha$,同理 $\dfrac{\partial z}{\partial y}\bigg|_{\substack{x = x_0 \\ y = y_0}}$ 是曲线 $\begin{cases} z = f(x, y) \\ x = x_0 \end{cases}$ 在点 $(x_0, y_0, f(x_0, y_0))$ 处的切线的斜率,即 $\dfrac{\partial z}{\partial y}\bigg|_{\substack{x = x_0 \\ y = y_0}} = \tan \beta$.

9.2.2 高阶偏导数

函数 $z = f(x, y)$ 的两个导数

$$\frac{\partial z}{\partial x} = f'_x(x, y), \quad \frac{\partial z}{\partial y} = f'_y(x, y)$$

一般来说仍然是 x, y 的函数,如果这两个函数关于 x, y 的偏导数也存在,则称它们的偏导数是 $f(x, y)$ 的二阶偏导数.

依照对变量的不同求导次序,二阶偏导数有以下 4 个:

$$\left(\frac{\partial z}{\partial x}\right)'_x = \frac{\partial}{\partial x}\left(\frac{\partial z}{\partial x}\right) = \frac{\partial^2 z}{\partial x^2} = f''_{xx}(x, y) = z''_{xx}$$

$$\left(\frac{\partial z}{\partial x}\right)'_y = \frac{\partial}{\partial y}\left(\frac{\partial z}{\partial x}\right) = \frac{\partial^2 z}{\partial x \partial y} = f''_{xy}(x, y) = z''_{xy}$$

$$\left(\frac{\partial z}{\partial y}\right)'_x = \frac{\partial}{\partial x}\left(\frac{\partial z}{\partial y}\right) = \frac{\partial^2 z}{\partial y \partial x} = f''_{yx}(x, y) = z''_{yx}$$

$$\left(\frac{\partial z}{\partial y}\right)'_y = \frac{\partial}{\partial y}\left(\frac{\partial z}{\partial y}\right) = \frac{\partial^2 z}{\partial y^2} = f''_{yy}(x, y) = z''_{yy}$$

其中, $f''_{xy}(x, y)$ 及 $f''_{yx}(x, y)$ 称为二阶混合偏导数.

类似地,可以定义三阶函数、四阶、…、n 阶偏导数.二阶及二阶以上的偏导数称为高阶偏导数,而 $f'_x(x, y), f'_y(x, y)$ 称为函数 $f(x, y)$ 的一阶偏导数.

【例 17】 设 $z = e^x \cos y$,求 $\dfrac{\partial^2 z}{\partial x^2}, \dfrac{\partial^2 z}{\partial y^2}, \dfrac{\partial^2 z}{\partial x \partial y}, \dfrac{\partial^2 z}{\partial y \partial x}$.

解
$$\frac{\partial z}{\partial x} = e^x \cos y, \quad \frac{\partial z}{\partial y} = -e^x \sin y$$

$$\frac{\partial^2 z}{\partial x^2} = e^x \cos y, \quad \frac{\partial^2 z}{\partial y^2} = -e^x \cos y$$

$$\frac{\partial^2 z}{\partial x \partial y} = -e^x \sin y, \quad \frac{\partial^2 z}{\partial y \partial x} = -e^x \sin y$$

【例 18】 设 $z = \arctan \dfrac{y}{x}$,试求 $\dfrac{\partial^2 z}{\partial x \partial y}, \dfrac{\partial^2 z}{\partial y \partial x}$.

解
$$\frac{\partial z}{\partial x} = \frac{1}{1 + \left(\frac{y}{x}\right)^2} \cdot \frac{-y}{x^2} = \frac{-y}{x^2 + y^2}$$

$$\frac{\partial z}{\partial y} = \frac{1}{1 + \left(\frac{y}{x}\right)^2} \cdot \frac{1}{x} = \frac{x}{x^2 + y^2}$$

$$\frac{\partial^2 z}{\partial x \partial y} = \frac{\partial}{\partial y}\left(\frac{-y}{x^2 + y^2}\right) = \frac{(-1)(x^2 + y^2) - (-y)(0 + 2y)}{(x^2 + y^2)^2} = \frac{y^2 - x^2}{(x^2 + y^2)^2}$$

$$\frac{\partial^2 z}{\partial y \partial x} = \frac{\partial}{\partial x}\left(\frac{x}{x^2 + y^2}\right) = \frac{1(x^2 + y^2) - x(2x + 0)}{(x^2 + y^2)^2} = \frac{y^2 - x^2}{(x^2 + y^2)^2}$$

【例 19】 设 $z = x^3 y + 2xy^2 - 3y^3$,求其二阶偏导数.

解 $\frac{\partial z}{\partial x} = 3x^2 y + 2y^2, \frac{\partial z}{\partial y} = x^3 + 4xy - 9y^2$

$$\frac{\partial^2 z}{\partial x^2} = 6xy, \quad \frac{\partial^2 z}{\partial x \partial y} = 3x^2 + 4y, \quad \frac{\partial^2 z}{\partial y^2} = 4x - 18y$$

【例 20】 设 $z = \arctan \frac{y}{x}$,求 $\frac{\partial^2 z}{\partial x^2}, \frac{\partial^2 z}{\partial x \partial y}, \frac{\partial^2 z}{\partial y^2}$.

解
$$\frac{\partial z}{\partial x} = \frac{y\left(-\frac{1}{x^2}\right)}{1 + \left(\frac{y}{x}\right)^2} = \frac{-y}{x^2 + y^2}$$

$$\frac{\partial z}{\partial y} = \frac{\frac{1}{x}}{1 + \left(\frac{y}{x}\right)^2} = \frac{x}{x^2 + y^2}$$

$$\frac{\partial^2 z}{\partial x^2} = \frac{\partial}{\partial x}\left(-\frac{y}{x^2 + y^2}\right) = \frac{2xy}{(x^2 + y^2)^2}$$

$$\frac{\partial^2 z}{\partial x \partial y} = \frac{\partial}{\partial y}\left(-\frac{y}{x^2 + y^2}\right) = \frac{y^2 - x^2}{(x^2 + y^2)^2}$$

$$\frac{\partial^2 z}{\partial y^2} = \frac{\partial}{\partial y}\left(\frac{x}{x^2 + y^2}\right) = \frac{-2xy}{(x^2 + y^2)^2}$$

【例 21】 证明:$T(x,t) = e^{-ab^2 t} \sin bx$ 满足热传导方程 $\frac{\partial T}{\partial t} = a \frac{\partial^2 T}{\partial x^2}$,其中 a 为正常数,b 为任意常数.

证明 因为
$$\frac{\partial T}{\partial t} = -ab^2 e^{-ab^2 t} \sin bx$$

$$\frac{\partial T}{\partial x} = b e^{-ab^2 t} \cos bx$$

$$\frac{\partial^2 T}{\partial x^2} = -b^2 e^{-ab^2 t} \sin bx$$

所以
$$a \frac{\partial^2 T}{\partial x^2} = -ab^2 e^{-ab^2 t} \sin bx = \frac{\partial T}{\partial t}$$

9.3 全微分

一元函数 $y = f(x)$ 在点 $x = x_0$ 的微分是指:如果函数在 $x = x_0$ 的增量 Δy 可以表示成 $\Delta y = A\Delta x + \alpha$,其中 α 是 Δx 的高阶无穷小,即 $\lim\limits_{\Delta x \to 0}\dfrac{\alpha}{\Delta x} = 0$,那么 $A\Delta x$ 是函数 $y = f(x)$ 在 $x = x_0$ 处的微分,这时称函数在点 x_0 处可微.类似的,这一结论可以推广到二元函数的情况.

【定义 9.6】 若函数 $z = f(x, y)$,在点 $P(x, y)$ 处的全增量 $\Delta z = f(x + \Delta x, y + \Delta y)$ 可表示为 $\Delta z = A\Delta x + B\Delta y + \Delta(\rho)$,其中 A, B 与 $\Delta x, \Delta y$ 无关,$\rho = \sqrt{(\Delta x)^2 + (\Delta y)^2}$,则称 $z = f(x, y)$ 在点 $\rho(x, y)$ 处可微,其中表达式 $A\Delta x + B\Delta y$ 叫做 $z = f(x, y)$ 在点 (x, y) 的全微分,记作 dz,则 $dz = A\Delta x + B\Delta y$ 或 $dz = Adx + Bdy$,可证明 $A = \dfrac{\partial f}{\partial x}, B = \dfrac{\partial f}{\partial y}$,则全微分可以表示为

$$dz = \frac{\partial f}{\partial x}dx + \frac{\partial f}{\partial y}dy$$

由此结论可知:计算函数 $z = f(x, y)$ 的全微分时,只需求出 $f'_x(x, y)$ 和 $f'_y(x, y)$ 再代入上式就可得到 dz,二元函数全微分概念可推广到三元及多元以上函数.例如,三元函数 $u = f(x, y, z)$ 有 3 个偏导数 $\dfrac{\partial u}{\partial x}, \dfrac{\partial u}{\partial y}, \dfrac{\partial u}{\partial z}$ 连续,则它可微且其全微分为

$$du = \frac{\partial u}{\partial x}dx + \frac{\partial u}{\partial y}dy + \frac{\partial u}{\partial z}dz$$

【例22】 求下列函数的全微分.

(1) $z = e^{xy}$;

(2) $z = \dfrac{1}{2}\ln(1 + x^2 + y^2)$.

解 (1) 因为 $\dfrac{\partial z}{\partial x} = ye^{xy}, \dfrac{\partial z}{\partial y} = xe^{xy}$,所以

$$dz = ye^{xy}dx + xe^{xy}dy$$

(2) 因为 $\dfrac{\partial z}{\partial x} = \dfrac{x}{1 + x^2 + y^2}, \dfrac{\partial z}{\partial y} = \dfrac{y}{1 + x^2 + y^2}$,所以

$$dz = \frac{x}{1 + x^2 + y^2}dx + \frac{y}{1 + x^2 + y^2}dy$$

【例23】 设 $z = \ln(x + y^2)$,求 $dz\Big|_{\substack{x=1 \\ y=0}}$

解 因为

$$\frac{\partial z}{\partial x}\Big|_{\substack{x=1 \\ y=0}} = \frac{1}{x + y^2}\Big|_{\substack{x=1 \\ y=0}} = 1$$

$$\frac{\partial z}{\partial y}\Big|_{\substack{x=1 \\ y=0}} = \frac{2y}{x + y^2}\Big|_{\substack{x=1 \\ y=0}} = 0$$

【例 24】 已知 $z = x^{y^2}$，求 $\mathrm{d}z$.

解 因为

$$\frac{\partial z}{\partial x} = y^2 x^{y^2-1},\quad \frac{\partial z}{\partial y} = 2yx^{y^2}\ln x$$

所以

$$\mathrm{d}z = \frac{\partial z}{\partial x}\mathrm{d}x + \frac{\partial z}{\partial y}\mathrm{d}y = y^2x^{y^2-1}\mathrm{d}x + 2yx^{y^2}\ln x\mathrm{d}y$$

9.4 复合函数与隐函数的微分法

$$\mathrm{d}z = \frac{1}{y}e^{\frac{x}{y}}\mathrm{d}x - \frac{x}{y^2}e^{\frac{x}{y}}\mathrm{d}y$$

9.4.1 复合函数的偏导数

解 先求偏导数

【法则 1】 若 $z = f[u(x), v(x)]$，即 u, v 是中间变量，x 是自变量(图 9.4)，则

$$\frac{\mathrm{d}z}{\mathrm{d}x} = \frac{\partial z}{\partial u}\frac{\mathrm{d}u}{\mathrm{d}x} + \frac{\partial z}{\partial v}\frac{\mathrm{d}v}{\mathrm{d}x}$$

【法则 2】 若 $z = f[u(x,y), v(x,y)]$，即 u, v 是中间变量，x, y 是自变量(图 9.5)，则

$$\frac{\partial z}{\partial x} = \frac{\partial z}{\partial u}\frac{\partial u}{\partial x} + \frac{\partial z}{\partial v}\frac{\partial v}{\partial x}$$

$$\frac{\partial z}{\partial y} = \frac{\partial z}{\partial u}\frac{\partial u}{\partial y} + \frac{\partial z}{\partial v}\frac{\partial v}{\partial y}$$

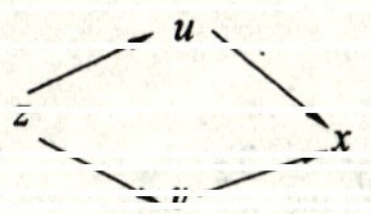

图 9.4

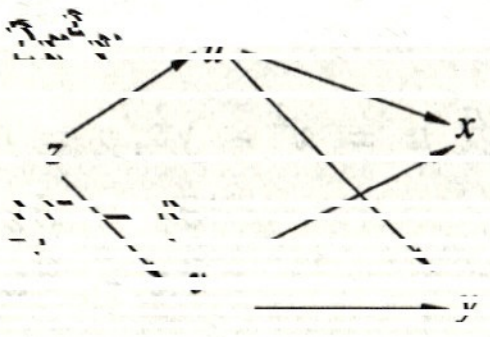

图 9.5

【例 29】 已知 $z = (x^2 - 2y)^{\sin xy}$，求 $\frac{\partial z}{\partial x}, \frac{\partial z}{\partial y}$.

二元以上函数的全微分类似于二元函数的全微分，如 $u = u(x,y,z)$，则

$$\mathrm{d}u = \frac{\partial u}{\partial x}\mathrm{d}x + \frac{\partial u}{\partial y}\mathrm{d}y + \frac{\partial u}{\partial z}\mathrm{d}z$$

$$\frac{\partial z}{\partial x} = \frac{\partial z}{\partial u}\frac{\partial u}{\partial x} + \frac{\partial z}{\partial v}\frac{\partial v}{\partial x} =$$
$$vu^{v-1}3x^2 + u^v \ln u(-y\sin xy) =$$
$$\cos xy(x^3-2y)^{\cos xy-1}3x^2 + (x^3-2y)^{\cos xy}\ln(x^3-2y)(-y\sin xy)$$

同理

$$\frac{\partial z}{\partial y} = \frac{\partial z}{\partial u}\frac{\partial u}{\partial y} + \frac{\partial z}{\partial v}\frac{\partial v}{\partial y} =$$
$$\cos xy(x^3-2y)^{\cos xy-1}(-2) + (x^3-2y)^{\cos xy}\ln(x^3-2y)(-x\sin xy)$$

【例30】 设 $z = f\left(\dfrac{y}{x}, x+2y, y\sin x\right)$,求 $\dfrac{\partial u}{\partial x}, \dfrac{\partial u}{\partial y}$.

解 令 $u = \dfrac{y}{x}, v = x+2y, w = y\sin x$,于是 $z = f(u,v,w)$

$$\frac{\partial u}{\partial x} = -\frac{y}{x^2}, \quad \frac{\partial v}{\partial x} = 1, \quad \frac{\partial w}{\partial x} = y\cos x$$

$$\frac{\partial u}{\partial y} = \frac{1}{x}, \quad \frac{\partial v}{\partial y} = 2, \quad \frac{\partial w}{\partial y} = \sin x$$

所以

$$\frac{\partial u}{\partial x} = f'_u\left(-\frac{y}{x^2}\right) + f'_v 1 + f'_w y\cos x = -\frac{y}{x^2}f'_1 + f'_2 + y\cos x f'_3$$

式中的 f_i 表示 z 对第 i 个中间变量的偏导数 ($i=1,2,3$).有了这个记法就不一定要明显地写出中间变量 u,v,w.同理可求 $\dfrac{\partial u}{\partial y}$.

【例31】 已知 $z = f(x^2+y^2, xy)$,求 $\dfrac{\partial z}{\partial x}, \dfrac{\partial z}{\partial y}$.

解 设 $u = x^2+y^2, v = xy$,则 $z = f(u,v)$,所以

$$\frac{\partial z}{\partial x} = \frac{\partial z}{\partial u}\frac{\partial u}{\partial x} + \frac{\partial z}{\partial v}\frac{\partial v}{\partial x} = 2xf'_u + yf'_v$$

$$\frac{\partial z}{\partial y} = \frac{\partial z}{\partial u}\frac{\partial u}{\partial y} + \frac{\partial z}{\partial v}\frac{\partial v}{\partial y} = 2yf'_u + xf'_v$$

【例32】 已知 $z = f((x^2-y^2), e^{\frac{y}{x}})$,求 $\dfrac{\partial z}{\partial x}, \dfrac{\partial z}{\partial y}$.

解 设 $u = x^2-y^2, v = e^{\frac{y}{x}}$,则 $z = f(u,v)$,所以

$$\frac{\partial z}{\partial x} = \frac{\partial z}{\partial u}\frac{\partial u}{\partial x} + \frac{\partial z}{\partial v}\frac{\partial v}{\partial x} = 2x\frac{\partial z}{\partial u} - \frac{y}{x^2}e^{\frac{y}{x}}\frac{\partial z}{\partial v}$$

$$\frac{\partial z}{\partial y} = \frac{\partial z}{\partial u}\frac{\partial u}{\partial y} + \frac{\partial z}{\partial v}\frac{\partial v}{\partial y} = -2y\frac{\partial z}{\partial u} + \frac{1}{x}e^{\frac{y}{x}}\frac{\partial z}{\partial v}$$

【例33】 设 $z = \ln(u^2+v), u = e^{x+y^2}, v = x^2+y$,求 $\dfrac{\partial z}{\partial x}, \dfrac{\partial z}{\partial y}$.

解 因为

$$\frac{\partial u}{\partial x} = e^{x+y^2}, \quad \frac{\partial v}{\partial x} = 2x, \quad \frac{\partial u}{\partial y} = 2ye^{x+y^2}$$

$$\frac{\partial v}{\partial y} = 1, \quad \frac{\partial z}{\partial u} = \frac{2u}{u^2+v}, \quad \frac{\partial z}{\partial v} = \frac{1}{u^2+v}$$

所以

$$\frac{\partial z}{\partial x} = \frac{\partial z}{\partial u}\frac{\partial u}{\partial x} + \frac{\partial z}{\partial v}\frac{\partial v}{\partial x} = \frac{2u}{u^2+v}e^{x+y^2} + \frac{1}{u^2+v}2x = \frac{2}{e^{2x+2y^2}+x^2+y}(e^{2x+2y^2}+x)$$

$$\frac{\partial z}{\partial y} = \frac{\partial z}{\partial u}\frac{\partial u}{\partial y} + \frac{\partial z}{\partial v}\frac{\partial v}{\partial y} = \frac{2u}{u^2+v}2ye^{x+y^2} + \frac{1}{u^2+v}1 = \frac{2}{e^{2x+2y^2}+x^2+y}(4ye^{2x+2y^2}+1)$$

注意：求复合函数的偏导数时，最后要将中间变量都换成自变量. 某些复杂的或不易直接求解的多元函数的偏导数问题，可以引进中间变量.

【例 34】 求 $z = (x^2+y^2)^{xy}$ 的偏导数.

解 设 $u = x^2 + y^2, v = xy$，则 $z = u^v$，因为

$$\frac{\partial u}{\partial x} = 2x, \quad \frac{\partial v}{\partial x} = y, \quad \frac{\partial u}{\partial y} = 2y$$

$$\frac{\partial v}{\partial y} = x, \quad \frac{\partial z}{\partial u} = vu^{v-1}, \quad \frac{\partial z}{\partial v} = u^v \ln u$$

所以

$$\frac{\partial z}{\partial x} = \frac{\partial z}{\partial u}\frac{\partial u}{\partial x} + \frac{\partial z}{\partial v}\frac{\partial v}{\partial x} = vu^{v-1}2x + (u^v \ln u)y = (x^2+y^2)^{xy}\left[\frac{2x^2 y}{x^2+y^2} + y\ln(x^2+y^2)\right]$$

【例 35】 设 $z = e^{u-2v}, u = \sin x, v = x^2$，求 $\frac{dz}{dx}$.

解 $\frac{dz}{dx} = \frac{\partial z}{\partial u}\frac{\partial u}{\partial x} + \frac{\partial z}{\partial v}\frac{\partial v}{\partial x}dy = e^{u-2v}\cos x + e^{u-2v}(-2)2x$

【例 36】 设 $w = f(x^2, xy, xyz)$，求 $\frac{\partial w}{\partial x}, \frac{\partial w}{\partial y}, \frac{\partial w}{\partial z}$.

解 设 $u = x^2, v = xy, t = xyz$，则

$$\frac{\partial w}{\partial x} = \frac{\partial w}{\partial u}\frac{du}{dx} + \frac{\partial w}{\partial v}\frac{\partial v}{\partial x} + \frac{\partial w}{\partial t}\frac{\partial t}{\partial x} = 2x\frac{\partial w}{\partial u} + y\frac{\partial w}{\partial v} + yz\frac{\partial w}{\partial t}$$

$$\frac{\partial w}{\partial y} = \frac{\partial w}{\partial u}\frac{du}{dy} + \frac{\partial w}{\partial v}\frac{\partial v}{\partial y} + \frac{\partial w}{\partial t}\frac{\partial t}{\partial y} = x\frac{\partial w}{\partial v} + xz\frac{\partial w}{\partial t}$$

$$\frac{\partial w}{\partial z} = \frac{\partial w}{\partial u}\frac{du}{dz} + \frac{\partial w}{\partial v}\frac{\partial v}{\partial z} + \frac{\partial w}{\partial t}\frac{\partial t}{\partial z} = xy\frac{\partial w}{\partial t}$$

【例 37】 设 $z = f(x, x\cos y)$，求 $\frac{\partial z}{\partial x}, \frac{\partial z}{\partial y}$.

解 设 $u = x\cos y$，则

$$\frac{\partial z}{\partial x} = \frac{\partial f}{\partial u}\frac{\partial u}{\partial x} + \frac{\partial f}{\partial x}1 = \cos y\frac{\partial f}{\partial u} + \frac{\partial f}{\partial x}$$

$$\frac{\partial z}{\partial y} = \frac{\partial f}{\partial u}\frac{\partial u}{\partial y} = -x\sin y\frac{\partial f}{\partial u}$$

9.4.2 隐函数的微分法

在一元函数中曾学习了隐函数的求导方法. 隐函数的求导法则是利用复合函数的求导法则，求导时把隐函数看成中间变量，$y = y(x)$ 是由方程 $F(x,y) = 0$ 确定的隐函数. 即可如下求导

$$\frac{\partial F}{\partial x} + \frac{\partial F}{\partial y}\frac{dy}{dx} = 0$$

于是得公式

$$\frac{dy}{dx} = -\frac{\frac{\partial F}{\partial x}}{\frac{\partial F}{\partial y}} \quad 或 \quad \frac{dy}{dx} = -\frac{F'_x}{F'_y}$$

其中 $F'_y \neq 0$.

类似地,可以得到二元隐函数的求导方法:

若 $z = f(x,y)$ 是由方程 $F(x,y,z) = 0$ 确定的隐函数,有

$$\frac{\partial F}{\partial x} + \frac{\partial F}{\partial z}\frac{\partial z}{\partial x} = 0, \quad \frac{\partial F}{\partial y} + \frac{\partial F}{\partial z}\frac{\partial z}{\partial y} = 0$$

即得

$$\frac{\partial z}{\partial x} = -\frac{\frac{\partial F}{\partial x}}{\frac{\partial F}{\partial z}} \quad 或 \quad \frac{\partial z}{\partial x} = -\frac{F'_x}{F'_z}$$

其中 $F'_z \neq 0$. 同理

$$\frac{\partial z}{\partial y} = -\frac{\frac{\partial F}{\partial y}}{\frac{\partial F}{\partial z}} \quad 或 \quad \frac{\partial z}{\partial y} = -\frac{F'_y}{F'_z}$$

【例38】 设 $x^2 + y^2 = 2x$,求 $\frac{dy}{dx}$.

解 令 $F(x,y) = x^2 + y^2 - 2x$,则

$$F'_x = 2x - 2, \quad F'_y = 2y$$

$$\frac{dy}{dx} = -\frac{2x-2}{2y} = \frac{1-x}{y}$$

【例39】 设 $x^3 + 2y^2 + 3z^3 = 6$,求 $\frac{\partial z}{\partial x}, \frac{\partial z}{\partial y}$.

解 令 $F(x,y,z) = x^3 + 2y^2 + 3z^3 - 6$,因为

$$F'_x = 3x^2, \quad F'_y = 4y, \quad F'_z = 9z^2$$

所以

$$\frac{\partial z}{\partial x} = -\frac{3x^2}{9z^2} = -\frac{x^2}{3z^2}, \quad \frac{\partial z}{\partial y} = -\frac{4y}{9z^2}$$

【例40】 已知方程 $e^z = xyz$ 确定隐函数 $z = f(x,y)$,求 $\frac{\partial z}{\partial x}, \frac{\partial z}{\partial y}$.

解 设 $F(x,y,z) = e^z - xyz$ 则

$$\frac{\partial F}{\partial x} = -yz, \quad \frac{\partial F}{\partial y} = -xz, \quad \frac{\partial F}{\partial z} = e^z - xy$$

于是

$$\frac{\partial Z}{\partial x} = -\frac{\dfrac{\partial F}{\partial x}}{\dfrac{\partial F}{\partial z}} = \frac{yz}{e^z - xy}$$

$$\frac{\partial Z}{\partial y} = -\frac{\dfrac{\partial F}{\partial y}}{\dfrac{\partial F}{\partial z}} = \frac{xz}{e^z - xy}$$

【例41】 设 $z = z(x,y)$ 是由 $e^{-xy} + 2z - e^z = 2$ 所确定的,求 $dz\Big|_{\substack{x=2\\y=-\frac{1}{2}}}$.

解 设 $F(x,y,z) = e^{-xy} + 2z - e^z - 2$,则

$$\frac{\partial F}{\partial x} = -ye^{-xy}, \quad \frac{\partial F}{\partial y} = -xe^{-xy}, \quad \frac{\partial F}{\partial z} = 2 - e^z$$

所以

$$\frac{\partial z}{\partial x} = -\frac{-ye^{-xy}}{2-e^z} = \frac{ye^{-xy}}{2-e^z}, \quad \frac{\partial z}{\partial y} = \frac{xe^{-xy}}{2-e^z}$$

由于 $e^{-xy} + 2z - e^z = 2$,所以当 $x = 2, y = -\frac{1}{2}$ 时,$z = 1$. 从而

$$dz\Big|_{\substack{x=2\\y=-\frac{1}{2}}} = \frac{e}{2(e-2)}dx + \frac{2e}{2-e}dy$$

【例42】 设 $x^2 + y^2 = 1$,求 $\dfrac{dy}{dx}$.

解 因为 $F(x,y) = x^2 + y^2 - 1$,$F'_x = 2x$,$F'_y = 2y$,由公式得

$$\frac{dy}{dx} = -\frac{F'_x}{F'_y} = -\frac{2x}{2y} = -\frac{x}{y}$$

【例43】 设 $x^2 + 2y^2 + 3z^2 = 4x$,求 $\dfrac{\partial z}{\partial x}, \dfrac{\partial z}{\partial y}, \dfrac{\partial^2 z}{\partial x \partial y}$.

解 令 $F(x,y,z) = x^2 + 2y^2 + 3z^2 - 4x$,则

$$F'_x = 2x - 4, \quad F'_y = 4y, \quad F'_z = 6z$$

代入公式得

$$\frac{\partial z}{\partial x} = -\frac{F'_x}{F'_z} = -\frac{2x-4}{6z} = \frac{2-x}{3z}$$

$$\frac{\partial z}{\partial y} = -\frac{F'_y}{F'_z} = -\frac{4y}{6z} = -\frac{2y}{3z}$$

$$\frac{\partial^2 z}{\partial x \partial y} = \frac{\partial}{\partial y}\left(\frac{2-x}{3z}\right) = \frac{2-x}{3}\left(\frac{1}{z}\right)'_y = \frac{2-x}{3}\left(-\frac{1}{z^2}\right)\frac{\partial z}{\partial y} =$$

$$-\frac{2-x}{3z^2}\left(-\frac{2y}{3z}\right) = \frac{2(2-x)y}{9z^3}$$

9.5 二元函数的极值

9.5.1 二元函数的无条件极值

【定义 9.7】 设函数 $z = f(x,y)$ 在 (x,y) 的某邻域内有定义,对于邻域内任何异于 (x_0,y_0) 的点 (x,y) 如果都有 $f(x_0,y_0) > f(x,y)$,则称函数 $f(x,y)$ 在点 (x_0,y_0) 有极大值 $f(x_0,y_0)$;反之,如果 $f(x,y) > f(x_0,y_0)$ 成立,则称函数 $f(x,y)$ 在点 (x_0,y_0) 有极小值 $f(x_0,y_0)$. 极大值、极小值统称为极值,使得函数取得极值的点称为极值点.

【定理 9.1】(极值存在的必要条件) 设函数 $z = f(x,y)$ 在点 $f(x_0,y_0)$ 有偏导数,且在点 (x_0,y_0) 处有极值,则在该点处的偏导数必为零,即 $f'_x(x_0,y_0) = 0, f'_y(x,y) = 0$ 或该点偏导不存在.(证明略)

【定理 9.2】(极值存在的充分条件) 设函数 $z = f(x,y)$ 在该点 (x_0,y_0) 的某邻域内连续,有一阶及二阶连续偏导数,点 (x_0,y_0) 为函数 $f(x,y)$ 的驻点,即 $f'_x(x_0,y_0) = f'_y(x,y) = 0$,记

$$f''_{xx}(x_0,y_0) = A, \quad f'_{xy}(x_0,y_0) = B, \quad f'_{yy}(x,y) = C$$

$$\Delta = \begin{vmatrix} A & B \\ B & C \end{vmatrix} = AC - B^2$$

则

(1) 当 $\Delta > 0, A$(或 C)< 0 时,函数在点 (x_0,y_0) 有极大值 $f(x_0,y_0)$;

(2) 当 $\Delta > 0, A$(或 C)> 0 时,函数在点 (x_0,y_0) 有极小值 $f(x_0,y_0)$;

(3) 当 $\Delta < 0, f(x,y)$ 时,函数在点 (x_0,y_0) 无极值;

(4) 当 $\Delta = 0$ 时,$f(x,y)$ 时,函数在点 (x_0,y_0) 可能有极值,也可能无极值,需另作判断.(证明略)

注意:求函数极值的步骤分为以下几步:

第一步,求偏导数,解方程组 $\begin{cases} f'_y(x,y) = 0 \\ f'_x(x,y) = 0 \end{cases}$,求出驻点.

第二步,对于求出的每个驻点 (x_0,y_0),求出二阶偏导数 A, B, C.

第三步,判断 Δ 的符号,依据充分条件的结论,判定 $f(x,y)$ 是否有极值,是极大值还是极小值.

【例 44】 求函数 $f(x,y) = x^3 - 4x^2 + 2xy - y^2 + 1$ 的极值.

解 (1) 求偏导数

$$f'_x(x,y) = 3x^2 - 8x + 2y, \quad f'_y(x,y) = 2x - 2y$$

$$f'_{xx}(x,y) = 6x - 8, \quad f'_{xy}(x,y) = 2, \quad f'_{yy}(x,y) = -2$$

(2) 解方程组 $\begin{cases} f'_x = 3x^2 - 8x + 2y = 0 \\ f'_y = 2x - 2y = 0 \end{cases}$ 得驻点 $(0,0)$ 及 $(2,2)$.

(3) 列表判定极值点(表 9.1).

表 9.1

驻点 (x_0, y_0)	A	B	C	$\Delta = AC - B^2$ 的符号	结论
(0,0)	-8	2	-2	+	极大值 $f(0,0) = 1$
(2,2)	4	2	-2	-	$f(2,2)$ 不是极值

9.5.2 条件极值

求函数 $z = f(x,y)$ 在条件 $\varphi(x,y) = 0$ 下的极值,称为条件极值.条件极值问题转化为无约束的极值问题,只需构造拉格朗日乘数

$$F(x,y,\lambda) = f(x,y) + \lambda\varphi(x,y)$$

解方程组

$$\begin{cases} F'_x = f'_x(x,y) + \lambda\varphi'_x(x,y) = 0 \\ F'_y = f'_y(x,y) + \lambda\varphi'_y(x,y) = 0 \end{cases}$$

且 $\varphi(x,y) = 0$.解出 x, y, λ,则 (x, y) 就是 $z = f(x,y)$ 在条件 $\varphi(x,y) = 0$ 下的可能极值点的坐标.

对于实际问题,判定 (x,y) 是否为极值点,可依据问题的实际意义判定.若实际问题存在最大值(或最小值),且所求出的驻点是唯一的,则所求出的驻点 (x,y) 就是极大值(或极小值)点,即实际问题的最大值(或最小值)点.

【例 45】 求函数 $v = xyz$ 在条件 $3xy + 2z(x + y) = 36$ 下的最大值.

解 按题意构造辅助函数

$$F(x,y,z) = xyz + \lambda[3xy + 2z(x + y) - 36]$$

求 $F(x,y,z)$ 的偏导数,令其为零并且由条件 $3xy + 2z(x + y) - 36 = 0$ 组成方程组

$$\begin{cases} F'_x = 0 \\ F'_y = 0 \\ \varphi(x,y) = 0 \end{cases}$$

即

$$\begin{cases} yz + 3\lambda y + 2\lambda z = 0 \\ xy + 3\lambda x + 2\lambda z = 0 \\ xy + 2\lambda(x + y) = 0 \\ 3xy + 2z(x + y) - 36 = 0 \end{cases}$$

解得 $z = 3, x = y = 2$.所以只有一个驻点,此点为极值点,也为最大值点.

【例 46】 求函数 $f(x,y) = x^3 + y^3 - 3xy$ 的极值.

解 先求偏导数

$$f'_x(x,y) = 3x^2 - 3y, \quad f'_y(x,y) = 3y^2 - 3x$$
$$f''_{xx} = 6x, \quad f''_{xy} = -3, \quad f''_{yy} = 6y$$

解方程组 $\begin{cases} 3x^2 - 3y = 0 \\ 3y^2 - 3x = 0 \end{cases}$,求得驻点为 $(0,0), (1,1)$.在驻点 $(0,0)$ 处,有

$$A = f''_{xx}(0,0) = 0, \quad B = f''_{xy}(0,0) = -3$$
$$C = f''_{yy}(0,0) = 0, \quad B^2 - AC = 9 > 0$$

于是(0,0)不是函数的极值点.

在驻点(1,1)处,有
$$A = f''_{xx}(1,1) = 6, \quad B = f''_{xy}(1,1) = -3$$
$$C = f''_{yy}(1,1) = 6, \quad B^2 - AC = -27 < 0$$

且 $A = 6 > 0$,所以点(1,1)是函数的极小值点,$f(1,1) = -1$ 为函数的极小值.

【例47】 求函数 $f(x,y) = \sqrt{4 - x^2 - y^2}$ 在 $D: x^2 + y^2 \leq 1$ 上的最大值.

解 在 D 内 $(x^2 + y^2 < 1)$,由
$$f'_x = \frac{-x}{\sqrt{4-x^2-y^2}} = 0, \quad f'_y = \frac{-y}{\sqrt{4-x^2-y^2}} = 0$$

解得驻点为(0,0),$f(0,0) = \sqrt{4} = 2$ 在 D 的边界上 $(x^2 + y^2 = 1)$,即
$$f(x,y) = \sqrt{4-x^2-y^2}\big|_{x^2+y^2=1} = \sqrt{3} < 2$$

所以函数 $f(x,y)$ 在 D 上的最大值为2.

【例48】 某公司每周生产 x 单位 A 产品和 y 单位 B 产品,其成本为
$$C(x,y) = x^2 + 2xy + 2y^2 + 1\,000$$

产品的单位售价分别为200元和300元.假设两种产品均很畅销,试求使公司得最大利润的这两种产品的生产水平及相应的最大利润.

解 依题意,公司的收益函数为
$$R(x,y) = 200x + 300y$$

因此,公司的利润函数为
$$P(x,y) = R(x,y) - C(x,y) =$$
$$200x + 300y - x^2 - 2xy - 2y^2 - 1\,000$$

令
$$\begin{cases} P'_x(x,y) = 200 - 2x - 2y = 0 \\ P'_y(x,y) = 300 - 2x - 4y = 0 \end{cases}$$

得驻点(50,50).

利用极值的充分条件,$P''_{xx}(x,y) = -2, P''_{xy}(x,y) = -2, P''_{yy}(x,y) = -4$,显然二阶偏导数在驻点(50,50)的值为 $A = -2, B = -2, C = -4, B^2 - AC = -4 < 0$,$A = -2 < 0$.

由此可见,当产品 A、B 的周产量均为50个单位时,公司可获得最大利润,其最大利润为 $P(50,50) = 11\,500$ 元.

9.6 二重积分的概念与性质

与定积分类似,二重积分的概念也是从实践中抽象出来的.它是定积分的推广,其中的数学思想与定积分一样,也是一种"和式的极限".所不同的是:定积分的被积函数是一

元函数,积分范围是一个区间;而二重积分的被积函数是二元函数,积分范围是平面上的一个区域.它们之间存在着密切的联系,二重积分可以通过定积分来计算.定积分是由计算曲边梯形的面积引入的,而二重积分是由计算曲顶柱体的体积引入的.

9.6.1 引例:曲顶柱体的体积

设有一立体,它的底是 xOy 面上的闭区域 D,它的侧面是以 D 的边界曲线为准线,母线平行于 z 轴的柱面为侧面,它的顶是曲面 $z = f(x,y)$,且 $f(x,y)$ 在 D 上连续(图9.6),这种立体图形叫做曲顶柱体.

现在来讨论如何定义并计算上述曲顶柱体的体积 V.平顶柱体的高是不变的,它的体积可以用公式

体积 = 高 × 底面积

来定义和计算.关于曲顶柱体,当点 (x,y) 在区域 D 上变动时,高度 $f(x,y)$ 是个变量.因此,它的体积不能直接用上式来定义和计算.

现在来讨论当 $z = f(x,y) \geq 0$ 时的曲顶柱体的体积.这里也使用"分割"、"求和"、"代替"、"取极限"的方法来求曲顶柱体的体积.

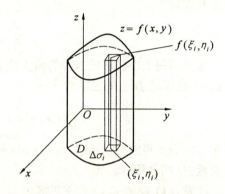

图9.6

(1) 把曲顶柱体的底——闭区域 D,分成 n 个小闭区域 $\Delta\sigma_1, \Delta\sigma_2, \cdots, \Delta\sigma_n$,分别以这些小闭区域的边界曲线为准线,作母线平行于 z 轴的柱面,这些柱面把原来的曲顶柱体分为 n 个小曲顶柱体.用 Δv_i 表示以 $\Delta\sigma_i$ 为底的第 i 个小曲顶柱体的体积,V 表示原曲顶柱体的体积,则

$$V = \sum_{i=1}^{n} \Delta v_i$$

(2) 当这些小闭区域 $\Delta\sigma_i (i = 1,2,\cdots,n)$ 的直径很小时,由于 $f(x,y)$ 连续,对同一个小闭区域来说,$f(x,y)$ 变化很小,这时小曲顶柱体可近似看作平顶柱体.在每个 $\Delta\sigma_i (i = 1,2,\cdots,n)$ 任取一点 (x_i, y_i),以 $f(x_i, y_i)$ 为高、$\Delta\sigma_i$ 为底的平顶柱体(图9.6)的体积为 $f(x_i, y_i)\Delta\sigma_i (i = 1,2,\cdots,n)$,可以近似地看作小曲顶柱体的体积 Δv_i,即

$$\Delta v_i \approx f(x_i, y_i)\Delta\sigma_i, \quad i = 1,2,\cdots,n$$

(3) 求和.若

$$V_n = \sum_{i=1}^{n} f(x_i, y_i)\Delta\sigma$$

则 V_n 是 V 的一个近似值.

(4) 令 n 个小闭区域的直径中的最大值(记作 λ)趋于零,取上述和的极限,所得的极限便自然地定义为所讨论的曲顶柱体的体积 V,即

$$V = \lim_{\lambda \to 0} \sum_{i=1}^{n} f(x_i, y_i)\Delta\sigma_i$$

9.6.2　二重积分的基本概念

1. 二重积分的定义

【定义9.8】　设二元函数$f(x,y)$是有界闭区域D上的有界函数．将D任意分成n个小区域$\Delta\sigma_1,\cdots,\Delta\sigma_n$，其中$\Delta\sigma_i$表示第$i$个小区域，也表示它的面积．在每个小区域$\Delta\sigma_i$上任取一点$(x_i,y_i)$，作乘积得

$$f(x_i,y_i)\Delta\sigma_i,\quad i=1,2,\cdots n$$

并作和式得

$$\sum_{i=1}^{n}f(x_i,y_i)\Delta\sigma_i$$

如果当每个小区域的直径的最大值λ趋于零时，和式的极限存在，则称此极限为函数$f(x,y)$在区域D上的二重积分，记作

$$\iint_D f(x,y)\,\mathrm{d}\sigma=\lim_{\lambda\to 0}\sum_{i=1}^{n}f(x_i,y_i)\Delta\sigma_i$$

其中，$f(x,y)$叫做被积函数；$f(x,y)\mathrm{d}\sigma$叫做被积表达式；$\mathrm{d}\sigma$叫做面积元素；x与y叫做积分变量；D叫做积分区域．

注意：(1) 若$f(x,y)$在有界区域D上连续，则$f(x,y)$在D上的二重积分一定存在．

(2) 因为二重积分的存在与对闭区域D的划分方式无关，所以可以用平行于x轴和y轴的直线划分区域D，即除了包含边界的一些小闭区域外，其余的小闭区域都是矩形闭区域．设矩形闭区域$\Delta\sigma_i$的边长为Δx_i和Δy_j，则$\Delta\sigma_i=\Delta x_i\Delta y_j$．因此在直角坐标系中，有时也把面积元素$\mathrm{d}\sigma$记作$\mathrm{d}x\mathrm{d}y$．$\mathrm{d}x\mathrm{d}y$叫做直角坐标系中的面积元素，而把二重积分记为

$$\iint_D f(x,y)\,\mathrm{d}\sigma=\iint_D f(x,y)\,\mathrm{d}x\mathrm{d}y$$

2. 二重积分的几何意义

由定义可知，如果$f(x,y)\geqslant 0$，二重积分的数值就是以区域D为底，以$f(x,y)$的函数值为顶，母线平行于z轴的曲顶柱体的体积；当$f(x,y)<0$时，柱体位于xOy平面的下方，这时二重积分的数值是以区域D为底，以$f(x,y)$的函数值为顶的曲顶柱体的体积的相反数；如果$f(x,y)$在某些部分上取正值，而在另一部分上取负值，那么二重积分的几何意义就是以D为底，以$z=f(x,y)$为顶，母线平行于z轴的曲顶柱体在各个部分上的体积的代数和．

9.6.3　二重积分的性质

比较定积分与二重积分的定义，二重积分与定积分有类似的性质，现叙述于下：

(1) $\iint_D kf(x,y)\,\mathrm{d}\sigma=k\iint_D f(x,y)\,\mathrm{d}\sigma$，$k$为常数．

(2) $\iint_D [f(x,y)\pm g(x,y)]\,\mathrm{d}\sigma=\iint_D f(x,y)\,\mathrm{d}\sigma\pm\iint_D g(x,y)\,\mathrm{d}\sigma$．

(3) 区域可加性：设区域D由D_1,D_2组成，且D_1,D_2除边界点外无其他交点，则有

$$\iint_D f(x,y)\,d\sigma = \iint_{D_1} f(x,y)\,d\sigma + \iint_{D_2} f(x,y)\,d\sigma, \quad D = D_1 + D_2$$

(4) 保号性:若在区域 D 内有 $f(x,y) \geq g(x,y)$,则有

$$\iint_D f(x,y)\,d\sigma \geq \iint_D g(x,y)\,d\sigma$$

特别地

$$\left| \iint_D f(x,y)\,d\sigma \right| \leq \iint_D |f(x,y)|\,d\sigma$$

(5) 介值性:设 m,M 分别是 $f(x,y)$ 在闭区域 D 上的最小值和最大值,则

$$m\sigma \leq \iint_D f(x,y)\,d\sigma \leq M\sigma$$

其中,σ 为表示区域 D 的面积.

(6) 中值定理:若 $f(x,y)$ 在闭区域 D 上连续,则在 D 内至少存在一点 (ξ,η),使得

$$\iint_D f(x,y)\,d\sigma = f(\xi,\eta) \cdot \sigma$$

其中,σ 为表示区域 D 的面积.

(7) 如果在 D 上有 $f(x,y) = 1,(x,y) \in D$,则

$$\iint_D f(x,y)\,d\sigma = \iint_D d\sigma = \sigma$$

其中,σ 为表示区域 D 的面积.

9.7 二重积分的计算

在实际应用时,用二重积分的定义和性质计算二重积分是十分复杂和困难的.下面介绍一种实用的计算方法,此种方法主要是把二重积分的计算化成连续两次计算的定积分,即二次积分.本章只讨论直角坐标系下的二重积分.

为了把二重积分化为两个二次积分,关键是如何把平面区域化为两个单重积分的上、下限.

若区域 D 是一个矩形,即

$$D:[a,b] \times [c,d]$$

则有以下定理.

【定理9.3】 若函数 $z = f(x,y)$ 在矩形区域 $D:[a,b] \times [c,d]$ 上可积,且对每个 $y \in [c,d]$,积分 $\int_a^b f(x)\,dx$ 存在,则二次积分也存在,且

$$\iint_D f(x,y)\,d\sigma = \int_c^d dy \int_a^b f(x,y)\,dx = \int_a^b dx \int_c^d f(x,y)\,dy$$

【例49】 计算 $\iint_D (x+y)^2 d\sigma$,其中 $D = [0,1] \times [0,1]$.

解 $\iint_D (x+y)^2 d\sigma = \int_0^1 dx \int_0^1 (x+y)^2 dy = \int_0^1 \left[\frac{(x+1)^3}{3} - \frac{x^3}{3} \right] dx = \frac{7}{6}.$

下面介绍两种一般区域：x 型区域和 y 型区域．

(1) x 型区域(图 9.7)．
$$D = \{(x,y) \mid y_1(x) \leqslant y \leqslant y_2(x), a \leqslant x \leqslant b\}$$

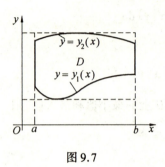

图 9.7　　　　　　　　　图 9.8

对于 x 型区域，D 为 $y_1(x) \leqslant y \leqslant y_2(x), a \leqslant x \leqslant b$．

在区间 $[a,b]$ 上任意选定一点 x_0，过该点作垂直于 x 轴的平面 $x = x_0$，截曲顶柱体得一截面，此截面为一个以区间 $[y_1(x_0), y_2(x_0)]$ 为底，以曲线 $z = f(x_0, y)$ 为曲边的曲边梯形，由定积分的几何意义可得截面积为
$$A(x_0) = \int_{y_1(x_0)}^{y_2(x_0)} f(x_0, y) \, dy$$

因为 x_0 是 a 与 b 之间的任意点，所以把 x_0 记为 x，可得在 x 处的截面面积为
$$A(x) = \int_{y_1(x)}^{y_2(x)} f(x, y) \, dy, \quad a \leqslant x \leqslant b$$

由已知平行截面面积计算体积的公式可得曲顶柱体的体积为
$$V = \int_a^b \left[\int_{y_1(x)}^{y_2(x)} f(x, y) \, dy \right] dx$$

即
$$\iint_D f(x, y) \, d\sigma = \int_a^b dx \int_{y_1(x)}^{y_2(x)} f(x, y) \, dy$$

上式表明，计算二重积分时，可化为先对 y 再对 x 的二次积分来计算．先对 y 积分时把 x 看作常量，$f(x,y)$ 只看作 y 的函数，并对 y 计算从 $y_1(x)$ 到 $y_2(x)$ 的定积分，然后把计算结果(关于 x 的函数)再对 x 计算从 a 到 b 的定积分．从而得到把二重积分化为先对 y 再对 x 的二次积分．

(2) y 型区域(图 9.8)．
$$D = \{(x, y) \mid x_1(y) \leqslant x \leqslant x_2(y), c \leqslant y \leqslant d\}$$

若函数 $f(x,y)$ 在 y - 型区域
$$D = \{(x, y) \mid x_1(y) \leqslant x \leqslant x_2(y), c \leqslant y \leqslant d\}$$
上连续，其中 $x_1(y), x_2(y)$ 在 $[c, d]$ 上连续，即二重积分可化为先对 x 后对 y 的二次积分，则
$$\iint_D f(x, y) \, d\sigma = \int_c^d dy \int_{x_1(y)}^{x_2(y)} f(x, y) \, dx$$

(3) 一般区域.

一般区域分割为若干个无公共内点的 x 型区域或 y 型区域的并.

【例 50】 计算二重积分 $\iint\limits_{D}(4-\dfrac{x}{2}-y)\mathrm{d}x\mathrm{d}y$,其中 D 为矩形区域.
$$D: -2 \leqslant x \leqslant 2, \quad -1 \leqslant y \leqslant 1$$

解 由 x,y 在区域 D 上的变化范围可得
$$\iint\limits_{D}(4-\dfrac{x}{2}-y)\mathrm{d}x\mathrm{d}y = \int_{-2}^{2}\mathrm{d}x\int_{-1}^{1}(4-\dfrac{x}{2}-y)\mathrm{d}y =$$
$$\int_{-2}^{2}\left[4y-\dfrac{1}{2}xy-\dfrac{1}{2}y^2\right]_{-1}^{1}\mathrm{d}x =$$
$$\int_{-2}^{2}(8-x)\mathrm{d}x = 32$$

【例 51】 设 D 是由直线 $x=0, y=1$ 及 $y=x$ 围成的区域,试计算:
$$I = \iint\limits_{D} x^2 \mathrm{e}^{-y^2} \mathrm{d}\sigma$$

解 画出积分区域 D(图 9.9),可表示为 $x \leqslant y \leqslant 1, 0 \leqslant x \leqslant 1$,则二重积分可化为先对 y 后对 x 的二次积分,即
$$I = \iint\limits_{D} x^2 \mathrm{e}^{-y^2} \mathrm{d}\sigma = \int_{0}^{1} x^2 \mathrm{d}x \int_{x}^{1} \mathrm{e}^{-y^2} \mathrm{d}y \tag{1}$$

也可化为
$$I = \iint\limits_{D} x^2 \mathrm{e}^{-y^2} \mathrm{d}\sigma = \int_{0}^{1} \mathrm{e}^{-y^2} \mathrm{d}y \int_{0}^{y} x^2 \mathrm{d}x \tag{2}$$

比较式(1)和式(2)可知,式(2)的计算更简单,所以
$$I = \iint\limits_{D} x^2 \mathrm{e}^{-y^2} \mathrm{d}\sigma = \int_{0}^{1} \mathrm{e}^{-y^2} \mathrm{d}y \int_{0}^{y} x^2 \mathrm{d}x = \dfrac{1}{3}\int_{0}^{1} y^3 \mathrm{e}^{-y^2} \mathrm{d}y = \dfrac{1}{6} - \dfrac{1}{3\mathrm{e}}$$

由此例可以看出,选择积分次序是否恰当将直接影响计算的难易程度,恰当地选择积分次序将使运算简洁易行.

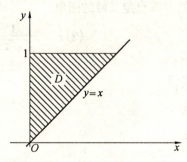

图 9.9

【例 52】 计算二重积分 $\iint\limits_{D} \mathrm{d}\sigma$,其中 D 是由直线 $y=2x, x=2y$ 及 $x+y=3$ 围成的三角形区域.

解 画出积分区域 D(图 9.10),于是

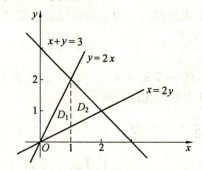

图 9.10

$$\iint_D d\sigma = \iint_{D_1} d\sigma + \iint_{D_2} d\sigma = \int_0^1 dx \int_{\frac{x}{2}}^{2x} dy + \int_1^2 dx \int_{\frac{x}{2}}^{3-x} dy =$$

$$\int_0^1 \left(2x - \frac{x}{2}\right) dx + \int_1^2 \left(3 - x - \frac{x}{2}\right) dx =$$

$$\frac{3}{4} x^2 \Big|_0^1 + \left(3x - \frac{3}{4} x^2\right) \Big|_1^2 = \frac{3}{2}$$

习 题

1. 求下列函数的定义域.

(1) $z = \sqrt{y - x^2 + 1}$

(2) $z = \dfrac{1}{\ln(x + y)}$

(3) $z = \sqrt{y - x^2} + \arccos(x^2 + y^2)$

2. 设 $f(u, v) = u^v$, 求 $f(x, x^2)$ 及 $f\left(\dfrac{1}{y}, x - y\right)$.

3. 已知函数 $f(x, y) = x^2 + y^2 - xy \tan \dfrac{x}{y}$, 试求 $f(tx, ty)$.

4. 求下列函数的定义域,并画出定义域的图象.

(1) $z = \ln(y^2 - 2x + 1)$

(2) $z = \dfrac{1}{\sqrt{x + y}} + \dfrac{1}{\sqrt{x - y}}$

(3) $f(x, y) = \dfrac{\sqrt{4x - y^2}}{1 - x^2 - y^2}$

(4) $f(x, y) = \ln(y - x) + \dfrac{\sqrt{x}}{\sqrt{4 - x^2 - y^2}}$

5. 求下列函数的定义域.

(1) $u = \dfrac{1}{\sqrt{x}} + \dfrac{1}{\sqrt{y}} + \dfrac{1}{\sqrt{z}}$

(2) $u = \sqrt{R^2 - x^2 - y^2 - z^2} + \dfrac{1}{\sqrt{x^2 + y^2 + z^2 - r^2}} \; (R > r > 0)$

6. 求下列极限.

(1) $\lim\limits_{\substack{x \to 0 \\ y \to 0}} \dfrac{2 - \sqrt{xy + 4}}{xy}$

(2) $\lim\limits_{\substack{x \to 0 \\ y \to 2}} \dfrac{\sin xy}{x}$

7. 求下列函数的二阶偏导数.

(1) $z = x^3 + y^3 - 3x^2y^2$ (2) $z = \dfrac{x-y}{x+y}$

(3) $z = \cos^2(x+2y)$ (4) $z = x^y$

8. 设 $f(x,y,z) = x^2y + y^2z + z^2x$,求 $f''_{xy}(1,0,1)$, $f''_{yz}(1,0,2)$, $f'''_{xxy}(1,1,1)$.

9. 证明:$u = z\arctan\dfrac{x}{y}$ 满足拉普拉斯方程 $\dfrac{\partial^2 u}{\partial x^2} + \dfrac{\partial^2 u}{\partial y^2} + \dfrac{\partial^2 u}{\partial z^2} = 0$.

10. 求下列函数的一阶偏导数.

(1) $z = e^{\sin xy}$ (2) $z = e^x \cos y$

(3) $z = \ln\sqrt{x^2 + y^2}$ (4) $z = e^{\sin xy}$

(5) $z = e^{x^2-y^2} + x^2y$ (6) $z = xy\ln(x+y)$

11. 求下列函数的二阶偏导数.

(1) $z = x^4 - 4x^2y^2 + y^4$ (2) $z = \sin^2(ax + by)$

(3) $z = \arccos\sqrt{\dfrac{x}{y}}$ (4) $z = 5x^2 + 6xy + 7y^3$

12. 求下列函数的全微分.

(1) $z = e^{x^2y}$ (2) $z = xy + \dfrac{x}{y}$

(3) $z = \sqrt{x^2 + y^2}$ (4) $z = \arcsin xy$

13. 求当 $x = 2, y = 1, \Delta x = 0.1, \Delta y = -0.2$ 时,函数 $z = \dfrac{y}{x}$ 的全增量和全微分.

14. 求函数 $f(x,y) = \ln\sqrt{1 + x^2 + y^2}$ 在点 $(1,2)$ 处的全微分.

15. 求下列函数的全微分.

(1) $z = \ln(x + y^2)$ (2) $z = e^{\frac{x}{y}}$

(3) $z = \sin xy + \cos^2 xy$ (4) $u = x^{yz}$

16. 求复合函数的偏导数.

(1) $z = (x + 3y)^x$,求 $\dfrac{\partial z}{\partial x}, \dfrac{\partial z}{\partial y}$.

(2) $z = f(u,v), u = xy, v = \dfrac{x}{y}$,求 $\dfrac{\partial z}{\partial x}, \dfrac{\partial z}{\partial y}$.

(3) $z = \dfrac{x^2}{y}, x = s - 2t, y = 2s + t$,求 $\dfrac{\partial z}{\partial s}, \dfrac{\partial z}{\partial t}$.

(4) $y = e^w, u = \ln\sqrt{x^2 + y^2}, v = \arctan\dfrac{y}{x}$,求 $\dfrac{\partial z}{\partial x}, \dfrac{\partial z}{\partial y}$.

17. 求隐函数的偏导数.

(1) $\dfrac{x}{z} = \ln\dfrac{z}{y}$ (2) $z^3 + 3xyz = 14$

(3) $x^3 + y^3 + z^3 + xyz = 6$ (4) $e^{xy} - \arctan z + xyz = 0$

18. 证明题.

(1) 设 $u = \dfrac{1}{\sqrt{x^2 + y^2 + z^2}}$,证明:$\dfrac{\partial^2 u}{\partial x^2} + \dfrac{\partial^2 u}{\partial y^2} + \dfrac{\partial^2 u}{\partial z^2} = 0$.

(2) 设 $2\sin(x+2y-3z) = x+2y-3z$,证明:$\dfrac{\partial z}{\partial x} + \dfrac{\partial z}{\partial y} = 1$.

19. 求函数 $f(x,y) = x^2 + y^2 - xy$ 的极值点和极值.

20. 变换二次积分的次序.

(1) $\displaystyle\int_0^{\frac{1}{2}} dx \int_x^{1-x} f(x,y) dy$ (2) $\displaystyle\int_0^1 dy \int_{y-1}^{1-y} f(x,y) dx$

(3) $\displaystyle\int_{-a}^a dx \int_0^{\sqrt{a^2-x^2}} f(x,y) dy$

21. 化二重积分 $\displaystyle\iint_D f(x,y) d\sigma$ 为二次积分(写出两种积分次序).

(1) $D = \{(x,y) \mid |x| \leqslant 1, |y| \leqslant 1\}$.

(2) D 是以 $(0,0),(1,0),(1,1)$ 为顶点的三角形内部.

(3) D 是由 x 轴,圆 $x^2 + y^2 - 2x = 0$ 在第一象限的部分及直线 $x + y = 2$ 围成的区域.

22. 已知 xOy 平面第一象限内的区域 D 是由直线 $x = 0, y = 2$ 和抛物线 $y = \dfrac{x^2}{2}$ 所围成.

(1) 求区域 D 的面积 δ.

(2) 求以曲面 $z = f(x,y) = xy$ 为顶,以 D 为底的曲顶柱体的体积 V.

23. 计算下列二重积分.

(1) 计算二重积分 $\displaystyle\iint_D xy d\sigma$,其中 D 是由直线 $y = 1, x = 2$ 及 $y = x$ 所围成的闭区域.

(2) 计算二重积分 $\displaystyle\iint_D xy d\sigma$,其中 D 是有抛物线 $y^2 = x$ 及 $y = x - 2$ 所围成的有界闭区域.

(3) $\displaystyle\iint_D (x^2 + y^2 - x) d\sigma$,其中 D 是由直线 $y = 2, y = x$ 及 $y = 2x$ 所围成的闭区域.

(4) $\displaystyle\iint_D x^3 y^2 dx dy, D = \{(x,y) \mid 0 \leqslant x \leqslant 2, -x \leqslant y \leqslant x\}$.

(5) $\displaystyle\iint_D e^{\frac{x}{y}} dx dy, D = \{(x,y) \mid 1 \leqslant y \leqslant 2, y \leqslant x \leqslant y^3\}$.

第 10 章　无穷级数

无穷级数是高等数学的一个重要组成部分,它是表示函数、研究函数的性质以及进行数值计算的一种工具.本章先讨论常数项级数,介绍无穷级数的一些基本内容,然后讨论函数项级数,着重讨论如何将函数展开成幂级数与三角级数的问题.

10.1　数项级数

10.1.1　常数项级数的概念

一般的,如果给定一个数列
$$u_1, u_2, u_3, \cdots, u_n, \cdots$$
则由这个数列构成的表达式
$$u_1 + u_2 + u_3 + \cdots + u_n + \cdots$$
叫做(常数项)无穷级数,简称(常数项)级数,记为 $\sum_{n=1}^{\infty} u_n$,即
$$\sum_{n=1}^{\infty} u_n = u_1 + u_2 + u_3 + \cdots + u_n + \cdots$$
其中第 n 项 u_n 叫做级数的一般项.

显然,当级数收敛时,其部分和 s_n 是级数的和 s 的近似值,它们之间的差值
$$r_n = s - s_n = u_{n+1} + u_{n+2} + \cdots$$
叫做级数的余项,用近似值 s_n 代替和 s 所产生的误差是这个余项的绝对值,即误差是 $|r_n|$.

从上述定义可知,级数与数列极限有着紧密的联系.给定级数 $\sum_{n=1}^{\infty} u_n$,就有部分和数列 $s_n = \sum_{i=1}^{n} u_i$;反之,给定数列 $\{s_n\}$,就有以 $\{s_n\}$ 为部分和数列的级数
$$s_1 + (s_2 - s_1) + \cdots + (s_n - s_{n-1}) + \cdots = s_1 + \sum_{n=2}^{\infty}(s_n - s_{n-1}) = \sum_{n=1}^{\infty} u_n$$
其中 $u_1 = s_1, u_n = s_n - s_{n-1}(n \geq 2)$,按定义,级数 $\sum_{n=1}^{\infty} u_n$ 与数列 $\{s_n\}$ 同时收敛同时发散,且在收敛时,有
$$\sum_{n=1}^{\infty} u_n = \lim_{n \to \infty} s_n$$
即

$$\sum_{n=1}^{\infty} u_n = \lim_{n \to \infty} \sum_{i=1}^{n} u_i$$

【例 1】 无穷级数

$$\sum_{n=0}^{\infty} aq^n = a + aq + aq^2 + \cdots + aq^n + \cdots$$

叫做等比级数(又称为几何级数).其中 $a \neq 0$; q 叫做级数的公比.试讨论级数的敛散性.

解 如果 $q \neq 1$,则部分和

$$s_n = a + aq + \cdots aq^{n-1} = \frac{a - aq^n}{1 - q}$$

当 $|q| < 1$ 时,由于 $\lim_{n \to \infty} q^n = 0$,从而 $\lim_{n \to \infty} s_n = \frac{a}{1-q}$,此时级数收敛,其和为 $\frac{a}{1-q}$.当 $|q| > 1$ 时,由于 $\lim_{n \to \infty} q^n = \infty$,从而 $\lim_{n \to \infty} s_n = \infty$,此时级数发散.

如果 $|q| = 1$,则当 $q = 1$ 时,$s_n = na \to \infty$,因此级数发散;当 $q = -1$ 时,级数成为

$$a - a + a - a + \cdots$$

显然 s_n 随着 n 为奇数或为偶数而等于 a 或等于零,从而 s_n 的极限不存在,此时级数也发散.

综合上述结果,如果等比级数的公比的绝对值 $|q| < 1$,则级数收敛;如果 $|q| \geq 1$,则级数发散.

【例 2】 证明:级数

$$1 + 2 + 3 + \cdots + n + \cdots$$

是发散的.

证明 这个级数的部分和为

$$s_n = 1 + 2 + 3 + \cdots + n = \frac{n(n+1)}{2}$$

显然, $\lim_{n \to \infty} s_n = \infty$,因此所给级数是发散的.

【例 3】 判定无穷级数

$$\frac{1}{1 \cdot 2} + \frac{1}{2 \cdot 3} + \cdots + \frac{1}{n(n+1)} + \cdots$$

的收敛性.

解 由于

$$s_n = \left(1 - \frac{1}{2}\right) + \left(\frac{1}{2} - \frac{1}{3}\right) + \cdots + \left(\frac{1}{n} - \frac{1}{n+1}\right) = 1 - \frac{1}{n+1}$$

$$s = \lim_{n \to \infty} s_n = \lim_{n \to \infty} \left(1 - \frac{1}{n+1}\right) = 1$$

因此级数是收敛的.

10.1.2 数项级数的基本性质

【性质 1】 用一个非零常数 C 乘以级数 $\sum_{n=1}^{\infty} u_n$ 的每一项,所得级数的敛散性与原级数相同.

【性质 2】 两个收敛级数的代数和仍为收敛级数.

性质 2 也可说成:两个收敛级数可以逐项相加与逐项相减.

【性质 3】 在级数中去掉、加上或改变有限项时,不会改变级数的敛散性.

证明 只需证明"在级数的前面部分去掉或加上有限项,不会改变级数的收敛性",因为其他情形(即在级数中任意去掉、加上或改变有限项的情形)都可看成在级数的前面部分先去掉有限项,然后再加上有限项的结果.

设将级数
$$u_1 + u_2 + \cdots + u_k + u_{k+1} + \cdots + u_{k+n} + \cdots$$
的前 k 项去掉,则得级数
$$u_{k+1} + u_{k+2} + \cdots + u_{k+n} + \cdots$$
于是新得的级数的部分和为
$$\sigma_k = u_{k+1} + u_{k+2} + \cdots + u_{k+1} = s_{k+n} - s_k$$
其中 s_{k+n} 是原来级数的前 $k+n$ 项的和. 因为 s_k 是常数,所以当 $n \to \infty$ 时,σ_n 与 s_{k+n} 或者同时具有极限,或者同时没有极限.

类似地,可以证明在级数的前面加上有限项,不会改变级数的敛散性.

【性质 4】 如果级数 $\sum_{n=1}^{\infty} u_n$ 收敛,则对这个级数的某些项任意加括号后所成的级数
$$(u_1 + \cdots + u_{n_1}) + (u_{n_1+1} + \cdots + u_{n_2}) + \cdots + (u_{n_{k-1}} + \cdots + u_{n_k}) + \cdots$$
仍收敛,且其和不变.

证明 设级数 $\sum_{n=1}^{\infty} u_n$(相应于前 n 项)的部分和为 s_n,加括号后所成的级数(相应于前 k 项)的部分和为 A_k,则
$$A_1 = u_1 + \cdots + u_{n_1} = s_{n_1}$$
$$A_2 = (u_1 + \cdots + u_{n_1}) + (u_{n_1+1} + \cdots + u_{n_2}) = s_{n_2}$$
$$\vdots$$
$$A_k = (u_1 + \cdots + u_{n_1}) + (u_{n_1+1} + \cdots + u_{n_2}) + \cdots + (u_{n_{k-1}} + \cdots + u_{n_k}) = s_{n_k}$$

可见,数列 $\{A_k\}$ 是数列 $\{s_n\}$ 的一个子数列. 由数列 $\{s_n\}$ 的收敛性以及收敛数列与其子数列的关系可知,数列 $\{A_k\}$ 必定收敛,且有
$$\lim_{k \to \infty} A_k = \lim_{n \to \infty} s_n$$
即加括号后所成的级数收敛,且其和不变.

【性质 5】(级数收敛的必要条件) 如果级数 $\sum_{n=1}^{\infty} u_n$ 收敛,则它的一般项 u_n 趋于零,即
$$\lim_{n \to \infty} u_n = 0$$

证明 设级数 $\sum_{n=1}^{\infty} u_n$ 的部分和为 s_n,且 $s_n \to s(n \to \infty)$,则
$$\lim_{n \to \infty} u_n = \lim_{n \to \infty} (s_n - s_{n-1}) = \lim_{n \to \infty} s_n - \lim_{n \to \infty} s_{n-1} = s - s = 0$$

由性质 5 可知,如果级数的一般项不趋于零,则该及数必定发散. 例如,级数

$$\frac{1}{2} - \frac{2}{3} + \frac{3}{4} - \cdots + (-1)^{n-1}\frac{n}{n+1} + \cdots$$

它的一般项 $u_n = (-1)^{n-1}\frac{n}{n+1}$,当 $n \to \infty$ 时不趋于零,因此该级数是发散的.

10.2 数项级数敛散性判别方法

10.2.1 正项级数的敛散性判别法

一般的常数项级数,它的各项可以是正数、负数或者零.各项都是正数或零的级数,称为正项级数.这种级数特别重要.许多级数的敛散性问题都可归结为正项级数的敛散性问题.这里只讨论正项级数.

设级数
$$u_1 + u_2 \cdots + u_n + \cdots \tag{10.1}$$

是一个正项级数($u_n \geq 0$),它的部分和为 s_n,显然,数列$\{s_n\}$是一个单调增加数列:

$$s_1 \leq s_2 \leq \cdots \leq s_n \leq \cdots$$

如果数列$\{s_n\}$有界,即 s_n 总不大于某一常数 M,根据单调有界的数列必有极限的准则得到:级数(10.1)必收敛于和 s,且 $s_n \leq s \leq M$.反之,如果正项级数(10.1)收敛于和 s,即 $\lim_{n\to\infty} s_n = s$,根据有极限的数列是有界数列的性质可知,数列$\{s_n\}$有界.因此得到如下重要的结论:

【定理 10.1】(比较审敛法) 设 $\sum_{n=1}^{\infty} u_n$ 和 $\sum_{n=1}^{\infty} v_n$ 都是正项级数,且 $u_n \leq v_n (n = 1, 2, \cdots)$.若级数 $\sum_{n=1}^{\infty} v_n$ 收敛,则级数 $\sum_{n=1}^{\infty} u_n$ 收敛;反之,若级数 $\sum_{n=1}^{\infty} u_n$ 发散,则级数 $\sum_{n=1}^{\infty} v_n$ 发散.

证明 设级数 $\sum_{n=1}^{\infty} v_n$ 收敛于和 σ,则级数 $\sum_{n=1}^{\infty} u_n$ 的部分和

$$s_n = u_1 + u_2 + \cdots + u_n \leq v_1 + v_2 + \cdots + v_n \leq \sigma, \quad n = 1, 2, \cdots$$

即部分和数列$\{s_n\}$有界,级数 $\sum_{n=1}^{\infty} u_n$ 收敛.

反之,设级数 $\sum_{n=1}^{\infty} u_n$ 发散,则级数 $\sum_{n=1}^{\infty} v_n$ 必发散.因为若级数 $\sum_{n=1}^{\infty} v_n$ 收敛,由上面已证明的结论,将有级数 $\sum_{n=1}^{\infty} u_n$ 也收敛,与假设矛盾.

注意到级数的每一项同乘不为零的常数 k,以及去掉级数前面部分的有限项不会影响级数的敛散性,可得如下推论:

【推论】 设 $\sum_{n=1}^{\infty} u_n$ 和 $\sum_{n=1}^{\infty} v_n$ 都是正项级数,如果级数 $\sum_{n=1}^{\infty} v_n$ 收敛,且存在自然数 N,使当 $n \geq N$ 时,有 $u_n \leq kv_n (k > 0)$ 成立,则级数 $\sum_{n=1}^{\infty} u_n$ 收敛;如果级数 $\sum_{n=1}^{\infty} v_n$ 发散,且当 $n \geq$

N 时,有 $u_n \geq kv_n(k > 0)$ 成立,则级数 $\sum_{n=1}^{\infty} u_n$ 发散.

【例 4】 证明:级数 $\sum_{n=1}^{\infty} \frac{1}{\sqrt{n(n+1)}}$ 是发散的.

证明 因为 $n(n+1) < (n+1)^2$,所以 $\frac{1}{\sqrt{n(n+1)}} > \frac{1}{n+1}$. 而级数

$$\sum_{n=1}^{\infty} \frac{1}{n+1} = \frac{1}{2} + \frac{1}{3} + \cdots + \frac{1}{n+1} + \cdots$$

是发散的.根据比较审敛法可知所给级数也是发散的.

为应用上的方便,下面给出比较审敛法的极限形式.

【定理 10.2】(比较审敛法的极限形式) 设 $\sum_{n=1}^{\infty} u_n$ 和 $\sum_{n=1}^{\infty} v_n$ 都是正项级数,

(1) 如果 $\lim_{n \to \infty} \frac{u_n}{v_n} = l(0 \leq l < +\infty)$,且级数 $\sum_{n=1}^{\infty} v_n$ 收敛,则级数 $\sum_{n=1}^{\infty} u_n$ 收敛;

(2) 如果 $\lim_{n \to \infty} \frac{u_n}{v_n} = l > 0$ 或 $\lim_{n \to \infty} \frac{u_n}{v_n} = +\infty$,且级数 $\sum_{n=1}^{\infty} v_n$ 发散,则级数 $\sum_{n=1}^{\infty} u_n$ 发散.

证明 (1) 由极限定义可知,对 $\varepsilon = 1$,存在自然数 N,当 $n > N$ 时,有

$$\frac{u_n}{v_n} < l + 1$$

即

$$u_n < (l+1)v_n$$

而级数 $\sum_{n=1}^{\infty} v_n$ 收敛,根据比较审敛法的推论,可知级数 $\sum_{n=1}^{\infty} u_n$ 收敛.

(2) 按已知条件知极限 $\lim_{n \to \infty} \frac{v_n}{u_n}$ 存在,如果级数 $\sum_{n=1}^{\infty} u_n$ 收敛,则由(1)必有级数 $\sum_{n=1}^{\infty} v_n$ 收敛,但已知级数 $\sum_{n=1}^{\infty} v_n$ 发散,因此级数 $\sum_{n=1}^{\infty} u_n$ 不可能收敛,即级数 $\sum_{n=1}^{\infty} u_n$ 发散.

【例 5】 判定级数 $\sum_{n=1}^{\infty} \sin \frac{1}{n}$ 的收敛性.

解 因为

$$\lim_{n \to \infty} \frac{\sin \frac{1}{n}}{\frac{1}{n}} = 1 > 0$$

而级数 $\sum_{n=1}^{\infty} \frac{1}{n}$ 发散,根据定理 10.2 知此级数发散.

【定理 10.3】(达朗贝尔判别法) 比值审敛法 设 $\sum_{n=1}^{\infty} u_n$ 为正项级数,如果

$$\lim_{n \to \infty} \frac{u_{n+1}}{u_n} = \rho$$

则当 $\rho < 1$ 时,级数收敛;当 $\rho > 1$ $\left(\text{或}\lim\limits_{n\to\infty}\dfrac{u_{n+1}}{u_n} = \infty\right)$ 时,级数发散;当 $\rho = 1$ 时,级数可能收敛也可能发散.

证明 (i) $\rho < 1$. 取一个适当小的正数 ε,使得 $\rho + \varepsilon = r < 1$,根据极限定义,存在自然数 m,当 $n \geq m$ 时有不等式

$$\dfrac{u_{n+1}}{u_n} < \rho + \varepsilon = r$$

因此

$$u_{m+1} < ru_m, u_{m+2} < ru_{m+1} < r^2 u_m, \cdots, u_{m+k} < r^k u_m, \cdots$$

而级数 $\sum\limits_{k=1}^{\infty} r^k u_m$ 收敛 $(r < 1)$,根据定理,可知级数 $\sum\limits_{n=1}^{\infty} u_n$ 收敛.

(ii) $\rho > 1$. 取一个适当小的正数 ε,使得 $\rho - \varepsilon > 1$. 根据极限定义,当 $n \geq m$ 时有不等式

$$\dfrac{u_{n+1}}{u_n} > \rho - \varepsilon > 1$$

也就是

$$u_{n+1} > u_n$$

所以当 $n \geq m$ 时,级数的一般项 u_n 是逐渐增大的,从而 $\lim\limits_{n\to\infty} u_n \neq 0$. 根据级数收敛的必要条件可知级数 $\sum\limits_{n=1}^{\infty} u_n$ 发散.

类似地,可以证明当 $\lim\limits_{n\to\infty}\dfrac{u_{n+1}}{u_n} = \infty$ 时,级数 $\sum\limits_{n=1}^{\infty} u_n$ 发散.

(iii) 当 $\rho = 1$ 时,级数可能收敛也可能发散. 例如 p 级数,即 $\sum\limits_{n=1}^{\infty}\dfrac{1}{n^p}$,不论 p 为何值,都有

$$\lim_{n\to\infty}\dfrac{u_{n+1}}{u_n} = \lim_{n\to\infty}\dfrac{\dfrac{1}{(n+1)^p}}{\dfrac{1}{n^p}} = 1$$

但是,当 $p > 1$ 时级数收敛,当 $p \leq 1$ 时级数发散,因此只根据 $\rho = 1$ 不能判定级数的收敛性.

【例6】 判定级数

$$\dfrac{1}{10} + \dfrac{1\cdot 2}{10^2} + \dfrac{1\cdot 2\cdot 3}{10^3} + \cdots + \dfrac{n!}{10^n} + \cdots$$

的收敛性.

解 因为

$$\dfrac{u_{n+1}}{u_n} = \dfrac{(n+1)!}{10^{n+1}} \cdot \dfrac{10^n}{n!} = \dfrac{n+1}{10}$$

$$\lim_{n\to\infty}\dfrac{u_{n+1}}{u_n} = \lim_{n\to\infty}\dfrac{n+1}{10} = \infty$$

根据比值审敛法可知所给级数发散.

10.2.2 交错级数与莱布尼兹判别法

所谓交错级数是它的各项正负交错,从而可以写成

$$u_1 - u_2 + u_3 - u_4 + \cdots \tag{10.2}$$

或

$$-u_1 + u_2 - u_3 + u_4 - \cdots \tag{10.3}$$

其中 $u_1, u_2, \cdots$ 都是正数. 现按级数(10.2)的形式来证明关于交错级数的一种审敛法.

【定理 10.4】(莱布尼茨定理) 如果交错级数 $\sum\limits_{n=1}^{\infty}(-1)^{n-1}u_n$ 满足以下条件

(1) $u_n \geqslant u_{n+1}(n = 1,2,3,\cdots)$;

(2) $\lim\limits_{n\to\infty} u_n = 0$.

则级数收敛,且其和 $s \leqslant u_1$,其余项 r_n 的绝对值小于 u_{n+1},即

$$|r_n| \leqslant u_{n+1}$$

例如,交错级数

$$1 - \frac{1}{2} + \frac{1}{3} - \frac{1}{4} + \cdots + (-1)^{n-1}\frac{1}{n} + \cdots$$

满足以下条件:

(1) $u_n = \dfrac{1}{n} > \dfrac{1}{n+1} = u_{n+1}(n = 1,2,\cdots)$;

(2) $\lim\limits_{n\to\infty} u_n = \lim\limits_{n\to\infty}\dfrac{1}{n} = 0$.

所以它是收敛的,且其和 $s < 1$. 如果取前 n 项和

$$s_n = 1 - \frac{1}{2} + \frac{1}{3} - \cdots + (-1)^{n-1}\frac{1}{n}$$

作为 s 的近似值,所产生的误差为

$$|r_n| \leqslant \frac{1}{n+1}$$

10.2.3 任意项级数的绝对收敛与条件收敛

现在讨论一般项的级数

$$u_1 + u_2 + \cdots + u_n + \cdots$$

它的各项为任意实数. 如果级数 $\sum\limits_{n=1}^{\infty} u_n$ 各项的绝对值所构成的正项级数 $\sum\limits_{n=1}^{\infty}|u_n|$ 收敛,则称级数 $\sum\limits_{n=1}^{\infty} u_n$ 绝对收敛;如果级数 $\sum\limits_{n=1}^{\infty} u_n$ 收敛,而级数 $\sum\limits_{n=1}^{\infty}|u_n|$ 发散,则称级数 $\sum\limits_{n=1}^{\infty} u_n$ 条件收敛. 容易知道,级数 $\sum\limits_{n=1}^{\infty}(-1)^{n-1}\dfrac{1}{n^2}$ 是绝对收敛级数,而级数 $\sum\limits_{n=1}^{\infty}(-1)^{n-1}\dfrac{1}{n}$ 是条件收敛级数.

级数绝对收敛与级数收敛有以下重要关系：

【定理 10.5】 如果级数 $\sum_{n=1}^{\infty} u_n$ 绝对收敛，则级数 $\sum_{n=1}^{\infty} u_n$ 必定收敛.

证明 令

$$v_n = \frac{1}{2}(u_n + |u_n|), \quad n = 1, 2, \cdots$$

显然 $v_n \geq 0$ 且 $v_n \leq |u_n|$ ($n = 1, 2, \cdots$). 因为级数 $\sum_{n=1}^{\infty} |u_n|$ 收敛，故由比较审敛法知道，级数 $\sum_{n=1}^{\infty} v_n$ 收敛，从而级数 $\sum_{n=1}^{\infty} 2v_n$ 也收敛. 而 $u_n = 2v_n - |u_n|$，由收敛级数的基本性质可知

$$\sum_{n=1}^{\infty} u_n = \sum_{n=1}^{\infty} 2v_n - \sum_{n=1}^{\infty} |u_n|$$

所以级数 $\sum_{n=1}^{\infty} u_n$ 收敛. 定理证毕.

【例 7】 判断级数 $\sum_{n=1}^{\infty} \frac{\sin n\alpha}{n^2}$ 的敛散性.

解 因为 $\left|\frac{\sin n\alpha}{n^2}\right| \leq \frac{1}{n^2}$，而级数 $\sum_{n=1}^{\infty} \frac{1}{n^2}$ 收敛，所以级数 $\sum_{n=1}^{\infty} \left|\frac{\sin n\alpha}{n^2}\right|$ 也收敛. 由定理 10.5 可知，级数 $\sum_{n=1}^{\infty} \frac{\sin n\alpha}{n^2}$ 绝对收敛.

【例 8】 判断级数 $\sum_{n=1}^{\infty} (-1)^{n-1} \frac{2n-1}{n^2}$ 的敛散性.

解 由 $|u_n| = \frac{2n-1}{n^2}$，有 $\sum_{n=1}^{\infty} \frac{2n-1}{n^2}$ 发散. 但交错级数 $\sum_{n=1}^{\infty} (-1)^{n-1} \frac{2n-1}{n^2}$ 收敛，由定理 10.5 可知，级数 $\sum_{n=1}^{\infty} (-1)^{n-1} \frac{2n-1}{n^2}$ 条件收敛.

10.3 幂级数

10.3.1 函数项级数

如果给定一个定义在区间 I 上的函数列

$$u_1(x), u_2(x), u_3(x), \cdots, u_n(x), \cdots$$

则由该函数列构成的表达式

$$u_1(x) + u_2(x) + u_3(x) + \cdots + u_n(x) + \cdots$$

称为定义在区间 I 上的(函数项)无穷级数，简称(函数项)级数.

10.3.2 幂级数

函数项级数中简单而常见的一类级数就是各项都是幂函数的函数项级数，即所谓幂

级数.它的形式是

$$\sum_{n=0}^{\infty} a_n x^n = a_0 + a_1 x + a_2 x^2 + \cdots + a_n x^n + \cdots$$

其中常数 $a_0, a_1, a_2, \cdots, a_n, \cdots$ 叫做幂级数的系数.例如

$$1 + x + x^2 + \cdots + x^n + \cdots$$

$$1 + x + \frac{1}{2!}x^2 + \cdots + \frac{1}{n!}x^n + \cdots$$

都是幂级数.

现在来讨论:对于一个给定的幂级数,它的收敛域与发散域是怎样的?即 x 取数轴上哪些点时幂级数收敛?取哪些点时幂级数发散?这就是幂级数的敛散性问题.

【定理10.6】(阿贝尔定理) 如果当 $x = x_0(x_0 \neq 0)$ 时级数 $\sum_{n=0}^{\infty} a_n x^n$ 收敛,则适合不等式 $|x| < |x_0|$ 的一切 x 使这个幂级数绝对收敛.反之,如果当 $x = x_0$ 时级数 $\sum_{n=0}^{\infty} a_n x^n$ 发散,则适合不等式 $|x| > |x_0|$ 的一切 x 使这个幂级数发散.

证明略.

【推论】 如果幂级数 $\sum_{n=0}^{\infty} a_n x^n$ 不是仅在 $x = 0$ 一点收敛,也不是在整个数轴上都收敛,则必有一个确定的正数 R 存在,使得

(1) 当 $|x| < R$ 时,幂级数绝对收敛;

(2) 当 $|x| > R$ 时,幂级数发散;

(3) 当 $x = R$ 与 $x = -R$ 时,幂级数可能收敛也可能发散.

正数 R 通常叫做幂级数的收敛半径,开区间 $(-R, R)$ 叫做幂级数的收敛区间.再由幂级数在 $x = \pm R$ 处的收敛性就可以决定它的收敛域是 $(-R, R)$,$[-R, R)$,$(-R, R]$ 或 $[-R, R]$ 这4个区间之一.

如果幂级数只在 $x = 0$ 处收敛,这时收敛域只有一点 $x = 0$,但为了方便起见,规定此时收敛半径 $R = 0$;如果幂级数对一切 x 都收敛,则规定收敛半径 $R = +\infty$,此时收敛域是 $(-\infty, +\infty)$.这两种情形确实都是存在的,详见例9及例10.

关于幂级数的收敛半径求法,有下面的定理.

【定理10.7】 如果

$$\lim_{n \to \infty} \left| \frac{a_{n+1}}{a_n} \right| = \rho$$

其中 a_n, a_{n+1} 是幂级数 $\sum_{n=0}^{\infty} a_n x^n$ 的相邻两项的系数,则这个幂级数的收敛半径为

$$R = \begin{cases} \dfrac{1}{\rho}, \rho \neq 0 \\ +\infty, \rho = 0 \\ 0, \rho = +\infty \end{cases}$$

【例9】 求幂级数

$$x - \frac{x^2}{2} + \frac{x^3}{3} - \cdots + (-1)^{n-1}\frac{x^n}{n} + \cdots$$

的收敛半径与收敛域.

解 因为

$$\rho = \lim_{n \to \infty}\left|\frac{a_{n+1}}{a_n}\right| = \lim_{n \to \infty}\frac{\frac{1}{n+1}}{\frac{1}{n}} = 1$$

所以收敛半径为

$$R = \frac{1}{\rho} = 1$$

对于端点 $x = 1$,级数成为交错级数

$$1 - \frac{1}{2} + \frac{1}{3} - \cdots + (-1)^{n-1}\frac{1}{n} + \cdots$$

即级数收敛.

对于端点 $x = -1$,级数成为

$$-1 - \frac{1}{2} - \frac{1}{3} - \cdots - \frac{1}{n} - \cdots$$

即级数发散.因此,收敛域是 $(-1, 1]$.

【例 10】 求幂级数

$$1 + x + \frac{1}{2!}x^2 + \cdots + \frac{1}{n!}x^n + \cdots$$

的收敛域.

解 因为

$$\rho = \lim_{n \to \infty}\left|\frac{a_{n+1}}{a_n}\right| = \lim_{n \to \infty}\frac{\frac{1}{(n+1)!}}{\frac{1}{n!}} = \lim_{n \to \infty}\frac{1}{n+1} = 0$$

所以收敛半径 $R = +\infty$,从而收敛域是 $(-\infty, +\infty)$.

10.3.3 幂级数的运算

设幂级数 $\sum_{n=0}^{\infty}a_n x^n$ 与 $\sum_{n=0}^{\infty}b_n x^n$ 的收敛半径分别为 R_1, R_2,它们的和函数分别为 $s_1(x)$, $s_2(x)$,那么对于收敛的幂级数可以进行如下的运算.

1. 加法与减法

$$\sum_{n=0}^{\infty}a_n x^n \pm \sum_{n=0}^{\infty}b_n x^n = \sum_{n=0}^{\infty}(a_n \pm b_n)n = s_1(x) \pm s_2(x)$$

收敛半径 $R = \min\{R_1, R_2\}$.

2. 乘法

$$\left(\sum_{n=0}^{\infty}a_n x^n\right)\left(\sum_{n=0}^{\infty}b_n x^n\right) = \sum_{n=0}^{\infty}c_n x^n, \quad c_n = a_0 b_n + a_1 b_{n-1} + \cdots + a_n b_0$$

收敛半径 $R = \min\{R_1, R_2\}$.

3. 逐项求导数

设幂级数 $\sum\limits_{n=0}^{\infty} a_n x^n$ 的收敛半径为 R，且在 $(-R, +R)$ 内和函数可导，则有

$$s'_1(x) = \left(\sum_{n=0}^{\infty} a_n x^n\right)' = \sum_{n=0}^{\infty}(a_n x^n)' = \sum_{n=0}^{\infty} a_n n x^{n-1}$$

收敛半径仍为 R.

4. 逐项积分

设幂级数 $\sum\limits_{n=0}^{\infty} a_n x^n$ 的收敛半径为 R，且在 $(-R, +R)$ 内和函数可积，则有

$$\int_0^x s_1(x) dx = \int_0^x \sum_{n=0}^{\infty} a_n x^n dx = \sum_{n=0}^{\infty} \int_0^x a_n x^n dx = \sum_{n=0}^{\infty} \frac{a_n}{n+1} x^{n+1}$$

收敛半径仍为 R.

以上结论证明从略.

注意：逐项求导与逐项积分后，收敛半径不变，但收敛域可能改变.

【例11】 讨论幂级数 $\sum\limits_{n=0}^{\infty} x^n$ 逐项积分后所得幂级数的收敛域.

解 幂级数 $\sum\limits_{n=0}^{\infty} x^n = 1 + x + x^2 + \cdots + x^n + \cdots$，收敛半径 $R = 1$，逐项积分后得到

$$\sum_{n=0}^{\infty} \frac{x^{n+1}}{n+1} = x + \frac{x^2}{2} + \frac{x^3}{3} + \cdots + \frac{x^{n+1}}{n+1} + \cdots$$

它的收敛半径仍为 1，当 $x = 1$ 时，幂级数为调和级数，它是发散的. 当 $x = -1$ 时，幂级数为交错级数，它是收敛的. 故幂级数的收敛域为 $[-1, 1)$.

【例12】 求幂级数 $\sum\limits_{n=0}^{\infty}(n+1)x^n$ 的和函数.

解 所给幂级数的收敛半径 $R = 1$，收敛区间为 $(-1, 1)$，注意到 $(n+1)x^n = (x^{n+1})'$，而

$$\sum_{n=0}^{\infty}(n+1)x^n = \left(\sum_{n=0}^{\infty} x^{n+1}\right)'$$

在收敛区间 $(-1, 1)$ 内，幂级数 $\sum\limits_{n=0}^{\infty} x^{n+1} = \dfrac{x}{1-x}$，所以

$$\sum_{n=0}^{\infty}(n+1)x^n = \left(\sum_{n=0}^{\infty} x^{n+1}\right)' = \left(\frac{x}{1-x}\right)' = \frac{1}{(1-x)^2}$$

10.4 函数的幂级数展开

前面已讨论了幂级数的敛散性，在其收敛域内，幂级数收敛于一个和函数. 反之，也可以认为和函数可以展开成一个幂级数. 是不是任意一个函数都可以展开成幂级数的形式，以及展开成的幂级数是否以所给函数为和函数？这是下面要讨论的问题.

10.4.1 泰勒级数

【定理 10.8】(泰勒定理) 设函数 $f(x)$ 在点 x_0 某邻域内有任意阶导数,则对此邻域内的任意点 x,有

$$f(x) = \sum_{k=0}^{n} \frac{f^{(k)}(x_0)}{k!}(x-x_0)^k + R_n(x) =$$

$$f(x_0) + f'(x_0)(x-x_0) + \frac{f''(x_0)}{2!}(x-x_0)^2 + \cdots +$$

$$\frac{f^{(n)}(x_0)}{n!}(x-x_0)^n + R_n(x) \tag{10.4}$$

$R_n(x)$ 称为拉格朗日余项.式(10.4)称为泰勒公式.其中

$$R_n(x) = \frac{f^{(n+1)}(\xi)}{(n+1)!}(x-x_0)^{n+1}$$

ξ 在 x 与 x_0 之间.

证明略.

如果令 $x_0 = 0$,则

$$f(x) = f(0) + \frac{f'(0)}{1!}x + \frac{f''(0)}{2!}x^2 + \cdots + \frac{f^{(n)}(0)}{n!}x^n + \cdots$$

称为麦克劳林公式.

公式(10.4)说明,任一函数只要有 $n+1$ 阶导数,就等于某个 n 次多项式和一个余项的和.具备什么条件的函数 $f(x)$,它的泰勒级数才能收敛于 $f(x)$ 本身呢?余项对确定函数能展开为幂级数是极为重要的.

【定理 10.9】 若函数 $f(x)$ 在点 x_0 具有任意阶导数,那么 $f(x)$ 在区间 (x_0-r, x_0+r) 内等于它的泰勒级数的和函数的充分条件是:对一切满足不等式 $|x-x_0| < r$ 的 x,有

$$\lim_{n \to \infty} R_n(x) = 0$$

证明略.

10.4.2 把函数展开成幂级数

1. 直接展开法

利用麦克劳林公式,依据定理,就可以把一个 $n+1$ 阶可导的函数 $f(x)$ 展开成幂级数的形式.其步骤为:

(1) 求出函数 $f(x)$ 的 n 阶导数 $f^{(n)}(x)$,计算 $f(0), f'(0), f''(0), \cdots, f^{(n)}(0)$;

(2) 写出麦克劳林级数 $f(0) + \frac{f'(0)}{1!}x + \frac{f''(0)}{2!}x^2 + \cdots + \frac{f^{(n)}(0)}{n!}x^n + \cdots$,求其收敛区间;

(3) 证明在收敛区间内

$$\lim_{n \to \infty} R_n(x) = 0$$

【例 13】 求函数 $f(x) = e^x$ 的展开式.

解 由于 $f^{(n)}(x) = e^x, f^{(n)}(0) = 1$,其中 $n = 1, 2, \cdots$.所以 $f(x)$ 的拉格朗日余项为

$$R_n(x) = \frac{e^{\theta x}}{(n+1)!} x^{n+1}, \quad 0 \leq \theta \leq 1$$

即

$$|R_n(x)| \leq \frac{e^{|x|}}{(n+1)!} |x|^{n+1}$$

它对任何实数 x,根据幂级数的审敛法知级数 $\sum\limits_{n=1}^{\infty} \frac{|x|^{n+1}}{(n+1)!}$ 收敛,所以

$$\lim_{n \to \infty} \frac{e^{|x|}}{(n+1)!} |x|^{n+1} = 0$$

从而 $\lim\limits_{n \to \infty} R_n(x) = 0$.由定理得到

$$e^x = 1 + \frac{1}{1!}x + \frac{1}{2!}x^2 + \cdots + \frac{1}{n!}x^n + \cdots, \quad x \in (-\infty, +\infty)$$

运用麦克劳林公式将函数展开成幂级数,虽然有明确的程序,但实际运算往往很繁琐,不给出相应的例题,直接给出用此方法展开的几个函数展开式:

(1) $e^x = \sum\limits_{n=0}^{\infty} \frac{x^n}{n!} = 1 + x + \frac{x^2}{2!} + \frac{x^3}{3!} + \cdots + \frac{x^n}{n!} + \cdots (x \in (-\infty, +\infty))$.

(2) $\sin x = \sum\limits_{n=0}^{\infty} (-1)^n \frac{x^{2n+1}}{(2n+1)!} = x - \frac{x^3}{3!} + \frac{x^5}{5!} - \cdots + (-1)^n \frac{x^{2n+1}}{(2n+1)!} + \cdots (x \in (-\infty, +\infty))$.

$\cos x = \sum\limits_{n=0}^{\infty} (-1)^n \frac{x^{2n}}{(2n)!} = 1 - \frac{x^2}{2!} + \frac{x^4}{4!} - \frac{x^6}{6!} + \cdots + (-1)^n \frac{x^{2n}}{(2n)!} + \cdots (x \in (-\infty, +\infty))$.

(3) $\frac{1}{1-x} = \sum\limits_{n=0}^{\infty} x^n = 1 + x + x^2 + \cdots + x^n + \cdots (x \in (-1, 1))$.

(4) $\ln(1+x) = \sum\limits_{n=0}^{\infty} (-1)^n \frac{x^{n+1}}{n+1} = x - \frac{x^2}{2} + \frac{x^3}{3} - \cdots + (-1)^n \frac{x^{n+1}}{n+1} + \cdots (x \in (-1, 1])$.

同样也可以把函数 $(1+x)^\alpha$ 展开成 x 的幂级数如下:

$$(1+x)^\alpha = 1 + \alpha x + \frac{\alpha(\alpha-1)}{2} x^2 + \cdots + \frac{\alpha(\alpha-1)\cdots(\alpha-n+1)}{n!} x^n + \cdots, x \in (-1, 1)$$

此式叫做二项式展开式,右端级数叫做二项式级数.当 α 为正整数时,上式就是二项式公式.

下面给出当 $\alpha = \frac{1}{2}, \alpha = -\frac{1}{2}$ 时,几个常见的二项式级数,以备后用:

$$\sqrt{1+x} = 1 + \frac{1}{2}x - \frac{1}{2 \cdot 4}x^2 + \frac{1 \cdot 3}{2 \cdot 4 \cdot 6}x^3 - \frac{1 \cdot 3 \cdot 5}{2 \cdot 4 \cdot 6 \cdot 8}x^4 + \cdots, \quad -1 \leq x \leq 1$$

$$\frac{1}{\sqrt{1+x}} = 1 - \frac{1}{2}x + \frac{1 \cdot 3}{2 \cdot 4}x^2 - \frac{1 \cdot 3 \cdot 5}{2 \cdot 4 \cdot 6}x^3 + \frac{1 \cdot 3 \cdot 5 \cdot 7}{2 \cdot 4 \cdot 6 \cdot 8}x^4 + \cdots, \quad -1 \leq x \leq 1$$

10.4.3 间接展开法

如果一个函数能展开成幂级数,可以证明这个展开式是唯一的,并且还可以证明幂级

数在收敛区间内可以逐项求导和积分,求导和积分后的幂级数的收敛半径与原幂级数的收敛半径相同,只是端点处的敛散性需要另加讨论.据此可以利用一些已知函数的幂级数展开式及幂级数的性质,将某些函数展开成幂级数,这种方法称为间接展开法.

【例 14】 试将函数 $f(x) = \ln 3x$ 展开成 x 的幂级数.

解 注意到

$$f(x) = \ln 3x = \ln(3x - 6 + 6) = \ln 6\left(1 + \frac{x-2}{2}\right) = \ln 6 + \ln\left(1 + \frac{x-2}{2}\right)$$

利用函数 $\ln(1 + x)$ 的展开式,有

$$\ln(1 + x) = x - \frac{x^2}{2} + \frac{x^3}{3} - \cdots + (-1)^n \frac{x^{n+1}}{n+1} + \cdots, \quad x \in (-1, 1]$$

得

$$f(x) = \ln 3x = \ln 6 + \sum_{n=0}^{\infty} (-1)^n \frac{\left(\frac{x-2}{2}\right)^{n+1}}{n+1} =$$

$$\ln 6 + \sum_{n=0}^{\infty} (-1)^n \frac{1}{2^{n+1}(n+1)} (x-2)^{n+1}$$

又 $\frac{x-2}{2} \in (-1, 1]$,即,$0 < x \leqslant 4$.

【例 15】 展开函数 $f(x) = \dfrac{1}{3x^2 - 4x + 1}$.

解 因为 $f(x) = \dfrac{1}{2}\left(\dfrac{3}{1-3x} - \dfrac{1}{1-x}\right)$,又因为 $\dfrac{1}{1-3x} = \sum_{n=0}^{\infty}(3x)^n$, $3x \in (-1, 1)$,即 $x \in \left(-\dfrac{1}{3}, \dfrac{1}{3}\right)$,所以

$$f(x) = \frac{1}{2}\left(\frac{3}{1-3x} - \frac{1}{1-x}\right) =$$

$$\frac{1}{2}\left[3\sum_{n=0}^{\infty}(3x)^n - \sum_{n=0}^{\infty} x^n\right] =$$

$$\frac{1}{2}\left(\sum_{n=0}^{\infty} 3^{n+1} x^n - \sum_{n=0}^{\infty} x^n\right) =$$

$$\frac{1}{2}\sum_{n=0}^{\infty}(3^{n+1} - 1)x^n$$

习 题

1. 判定下列级数的敛散性.

(1) $\sum_{n=1}^{\infty}(-1)^{n-1}$

(2) $\sum_{n=1}^{\infty} \dfrac{1}{(3n-2)(3n+1)}$

(3) $\sum_{n=1}^{\infty} n^2$

(4) $\sum_{n=1}^{\infty} \dfrac{7n-1}{2n+1}$

2. 用比较审敛法,判别下列级数的敛散性.

(1) $\sum_{n=1}^{\infty} \dfrac{1}{2n^2 + 1}$

(2) $\sum_{n=1}^{\infty} \dfrac{1}{(2n-1)2n}$

(3) $\sum_{n=1}^{\infty} \dfrac{1}{n\sqrt{n+1}}$ (4) $\sum_{n=1}^{\infty} \dfrac{3n^2}{n(\sqrt{n}+1)}$

3. 用比值审敛法,判别下列级数的敛散性.

(1) $1 + \dfrac{1}{1\cdot 2} + \dfrac{1}{1\cdot 2\cdot 3} + \cdots + \dfrac{1}{1\cdot 2\cdot 3\cdots(n-1)} + \cdots$

(2) $\sum_{n=1}^{\infty} \dfrac{4^n}{5^n}$ (3) $\sum_{n=1}^{\infty} \dfrac{3n-1}{2n^2}$

(4) $\sum_{n=1}^{\infty} \dfrac{2^n}{n3^n}$ (5) $\sum_{n=1}^{\infty} \dfrac{5^n}{n!}$

4. 判别下列级数的敛散性,如果收敛,说明是绝对收敛还是条件收敛.

(1) $\sum_{n=1}^{\infty} (-1)^{n+1} \dfrac{1}{n!}$ (2) $\sum_{n=1}^{\infty} \dfrac{(-1)^{n-1}}{n2^n}$

(3) $\sum_{n=1}^{\infty} (-1)^{2n-1} \dfrac{2n}{3n+2}$

5. 求下列幂级数的收敛区间及收敛域.

(1) $\sum_{n=1}^{\infty} \dfrac{(-1)^{n-1} x^n}{2n+1}$ (2) $\sum_{n=1}^{\infty} \dfrac{n}{2^n} x^n$

(3) $\sum_{n=1}^{\infty} \dfrac{2^n}{n^2+1} x^n$ (4) $\sum_{n=1}^{\infty} \dfrac{n!}{n^n} x^n$

6. 直接将函数 $f(x) = \sin 4x$ 展开成幂级数.

7. 利用已知展开式展开下列函数为幂级数,并求出相应的收敛区间和收敛域.

(1) $f(x) = e^{3x^2}$ (2) $y = \sin^2 x$

(3) $y = \ln(2+x)$ (4) $y = \dfrac{1}{1+x}$

附录 A MATLAB 基础知识

A.1 MATLAB 概论

数学实验是高职学院数学教学改革的一部分.该内容的开设使得学生学会使用计算机中的数学软件去做计算和应用工作,而不再是花大量的时间去钻研计算技巧.现介绍用 MATLAB 软件进行数学实验的方法.

一、MATLAB 绘图基本运算与函数

在 MATLAB 下进行基本数学运算,只需将运算式直接打入提示号(>>)之后,并按入 Enter 键即可.

【例 1】 求解 $[12+2\times(7-4)]\div 3^3$.

>>(12+2*(7-4))/3^3

ans = 0.6667

MATLAB 会将运算结果直接存入一变数 ans,代表 MATLAB 运算后的答案(Answer),并显示其数值于荧幕上.由上例可知,MATLAB 认识所有一般常用到的加(+)、减(-)、乘(*)、除(/)的数学运算符号,以及幂次运算(^).

注:">>"是 MATLAB 的提示符号(Prompt),但在 PC 中文视窗系统下,由于编码方式不同,此提示符号常会消失不见,但这并不会影响到 MATLAB 的运算结果.

若不想让 MATLAB 每次都显示运算结果,只需在运算式最后加上分号";"即可.例如:

y = sin(10)*exp(-0.3*4^2);

若要显示变数 y 的值,直接键入 y 即可.

>> y

y =

-0.0045

在上例中,sin 是正弦函数,exp 是指数函数,这些都是 MATLAB 常用到的数学函数.表 A.1、表 A.2 所示,为 MATLAB 常用的基本数学函数及三角函数.

表 A.1

MATLAB 常用的基本数学函数
abs(x):纯量的绝对值或向量的长度
angle(z):复数 z 的相角(Phase angle)
sqrt(x):开平方
real(z):复数 z 的实部

续表 A.1

imag(z):复数 z 的虚部
conj(z):复数 z 的共轭复数
round(x):四舍五入至最近整数
fix(x):无论正负,舍去小数至最近整数
floor(x):地板函数,即舍去正小数至最近整数
ceil(x):天花板函数,即加入正小数至最近整数
rat(x):将实数 x 化为分数表示
rats(x):将实数 x 化为多项分数展开
sign(x):符号函数(Signum Function) 当 $x<0$ 时,sign(x) = -1; 当 $x=0$ 时,sign(x) = 0; 当 $x>0$ 时,sign(x) = 1
rem(x,y):求 x 除以 y 的余数
gcd(x,y):整数 x 和 y 的最大公因数
lcm(x,y):整数 x 和 y 的最小公倍数
exp(x):自然指数 e^x
pow2(x):2 的指数 2^x
log(x):以 e 为底的对数,即自然对数或 $\ln x$
log2(x):以 2 为底的对数 $\log_2 x$
log10(x):以 10 为底的对数 $\lg x$

表 A.2

MATLAB 常用的三角函数
sin(x):正弦函数
cos(x):余弦函数
tan(x):正切函数
asin(x):反正弦函数
acos(x):反余弦函数
atan(x):反正切函数
atan2(x,y):四象限的反正切函数
sinh(x):超越正弦函数
cosh(x):超越余弦函数
tanh(x):超越正切函数

续表 A.2

MATLAB 常用的三角函数
asinh(x):反超越正弦函数
acosh(x):反超越余弦函数
atanh(x):反超越正切函数

【例 2】 设 $a = 5.67, b = 7.811$,计算:$\dfrac{e^{(a+b)}}{\log_{10}^{(a+b)}}$.

```
>> a = 5.67;b = 7.811;
>> exp(a + b)/log10(a + b)
ans =
6.3351e + 005
```

【例 3】 已知函数 $f(x) = \begin{cases} x+1, & -1 \leqslant x < 0 \\ 1, & 0 \leqslant x < 1 \\ x^3, & 1 \leqslant x \leqslant 2 \end{cases}$,计算 $f(-0.5), f(0.5), f(1.5)$,并画出该函数的曲线图.(图 A.1)

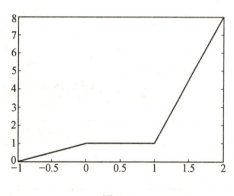

图 A.1

程序:
```
clear;
y = [ ];
for x = -1:0.1:2
        if   x > = - 1&x < 0
                y = [y,x + 1];
        if   x = = - 0.5
                f0 = x + 1
            end
    elseif x > = 0&x < 1
            y = [y,1];
        if   x = = 0.5
                f = 1
            end
    else
            y = [y,x^3];
        if   x = = 1.5
             f2 = x^3
            end
    end
```

```
end
x = -1:0.1:2
plot(x,y)
```
运行结果
f0 =
    0.5000
f1 =
    1
f2 =
    3.3750

二、数值运算与符号运算

前面所做的运算都是针对数值进行的,数值运算的特点是运算前必须先对变量赋值,然后才能参加运算.例如:

```
>> clear
>> f = x^2 + 4 * x + 4              %数值计算中未对变量 x 赋值会出错
??? undefined function or variable 'x'.
```

数值运算具有简单、实用等优点,适用于工程实践及科学研究等各个方面,但同时它也有一些缺点,如无法得到无误差的最终解,不适于非数值运算的场合等.引入符号运算就能解决这方面的问题.例如:

```
>> clear
>> f = sym('x^2 + 4 * x + 4')
    f =
    x^2 + 4 * x + 4
```

在这里,操作对象不是数值,而是由字符串组成的数学符号.符号运算是对字符串进行数学分析,允许变量不赋值而参与运算,运算结果以标准的符号形式表达.就像平时进行数学公式推导一样,可用于解代数方程、微积分、二重积分、有理函数、微分方程、泰勒级数展开、寻优等.

三、符号变量和符号表达式

在数值计算中,使用数值、数值变量和各种操作符来完成数值的存储及各种数值计算.同样,在符号运算中,也要有符号常数、符号变量、符号函数、符号操作符等元素.

与数值计算中变量和表达式直接参与运算的方式不同:符号变量和符号表达式在使用前必须对其进行说明.在创建了相关的符号变量和表达式后,才能进一步对其进行操作,这项工作可由 sym 函数来完成.其调用格式为:

符号变量名 = sym('表达式')

下面的例子就创建了两个符号变量 f1 和 f2,同时建立了两个符号表达式:

>> f1 = sys('a * x^2 + b * x + c')　　　%建立二次三项的符号表达式

>> f1 = sys('a * x^2 + b * x + c = 0')　　%建立一元二次方程的符号表达式

符号表达式或符号方程可以赋给符号变量,以便以后调用,当然,也可以不赋给符号变量直接参与运算.

另外,也可以使用 syms 函数来生成符号变量:

>> clear

>> syms　a　b　c　x

>> whos

Name	Size	Bytes	Class
a	1x1	126	sym object
b	1x1	126	sym object
c	1x1	126	sym object
x	1x1	126	sym object

Grand total is 8 elements using 504 bytes

可以看到,syms 和 sym 有同样的功能,但 syms 输入更简单,它一次可以生成多个变量.一旦定义好了符号变量和符号表达式,就可以很方便地使用它们进行符号运算了.

【例 4】 练习一些表达式的使用方法.

>> clear

>> f1 = sys('a * x^2 + b * x + c')

>> df = diff(f)　　　　　　　　　　　　　　%微分

Df =

　　2 * a * x + b

>> nf = int(f)　　　　　　　　　　　　　　%积分

Nf =

　　1/3 * a * x^3 + 1/2 * b * x^2 + c * x

>> solve(f)　　　　　　　　　　　　　　　%对应一元二次方程的根

Ans =

　　1/2/a * (- b + (b^2 - 4 * a * c)^(1/2))

　　1/2/a * (- b - (b^2 - 4 * a * c)^(1/2))

在上面的符号表达式中,系统会自动将 x 作为自变量来处理,而将 a、b、c 等作为常量参数.这是因为在 MATLAB 中,x 一般被视为默认的自变量,若符号表达式中含有多于一个的符号变量时,如果没有事先特别指定某一个为自变量,MATLB 会基于如下规则自行决定:自变量为除了 i 和 j 之外并且在字母表达位置上最接近 x 的小写字母,

四、符号表示式的运算

在早期的 MATLAB 版本中,有专门的符号运算函数来完成算术运算功能.而现在的

MATLAB 由于采用了重载技术,使得用来构成计算表达式的运算符名称和用法,都与数值计算中的运算符几乎完全相同,极大地方便了用户编写程序.

【例5】 求运算表达式的值.

程序:

```
>> clear
>> f1 = sym('1/(a - b)');
>> f2 = sym('2 * a/(a + b)');
>> f3 = sym('(a + 1) * (b - 1) * (a - b)');
>> f1 + f2                              %和
ans =
      1/(a - b) + 2 * a/(a + b)
>> f1 - f2                              %差
ans =
1/(a - b) - 2 * a/(a + b)
>> f1 * f3                              %积
ans =
      (a + 1) * (b - 1)
>> f1/f3                                %商
ans =
      1/(a - b)^2/(a + 1)/(b - 1)
>> f1^2                                 %幂
ans =
      1/(a - b)^2
```

A2 微积分运算实验

一、微积分运算的注意事项

非数值的微积分运算,在 MATLAB 中称为符号运算,使用时有以下要求:

(1)均需使用命令"sym"或"syms"创建符号变量和符号表达式,然后才能进行符号运算;

(2)先创建符号变量,然后才能创建符号表达式.

【例6】 用导数定义求函数 $f(x) = \cos x$ 的导数.

```
>> clear
>> symst x
>> limit((cos(x + t) - cos (x)/t,t,0)
ans = - sin(x)
```

二、极限

求极限是微积分的基础.在 MATLAB 中,求表达式极限是由函数 limit 实现的,其主要格式为:

(1) limit(f):求符号表达式 f 在默认自变量趋于 0 时的极限: $\lim\limits_{x \to 0} f(x)$;

(2) limit(f,x,a):求符号表达式 f 在自变量 x 趋于 a 时的极限: $\lim\limits_{x \to a} f(x)$;

(3) limit(f,x,a,'left'):求符号表达式 f 在自变量 x 趋于 a 时的左极限: $\lim\limits_{x \to a^-} f(x)$;

(4) limit(f,x,a,'right'):求符号表达式 f 在自变量 x 趋于 a 时的右极限: $\lim\limits_{x \to a^+} f(x)$.

【例 7】 分别计算 $\lim\limits_{x \to 0} \dfrac{1}{x}, \lim\limits_{x \to 0^-} \dfrac{1}{x}, \lim\limits_{x \to 0^+} \dfrac{1}{x}$ 和 $\lim\limits_{x \to \infty} \left(\dfrac{x+a}{x-a}\right)^2$.

```
>> clear
>> syms a x
>> limit(1/x,x,0)
ans =
    NaN
>> limit(1/x,x,0,   'left')
ans =
    - inf
>> limit(1/x,x,0,   'right')
ans =
    inf
>> limit(((x+a)/(x-a))^x,inf)
ans =
    exp(2*a)
```

【例 8】 求极限 $\lim\limits_{n \to \infty}\left(1 + \dfrac{1}{2} + \dfrac{1}{2^2} + \cdots + \dfrac{1}{2^n}\right)$.

```
>> clear
>> syms k n
>> limit(symsum(1/2^k,k,0,n), n, inf)
ans =
    2
```

【例 9】 求极限 $\lim\limits_{n \to \infty} \cdot \lim\limits_{x \to \infty}\left(1 + \dfrac{2t}{x}\right)^{3x}$.

```
>> clear
>> syms x t
>> A = sym('[exp(-x),(1+2*t/x)^(3*x)]')
A =
    [exp(-x), (1+2*t/x)^(3*x)]
```

```
>> limit(a,x,inf)
ans =
    [ 0, exp(6*t) ]
```

【例10】 若有

$$f(t) = \lim_{x \to \infty}\left(1 + \frac{1}{x}\right)^{2tx}$$

则 $f(t)$ 等于什么？

```
>> clear
>> syms t x
>> f = limit((1 + 1/x)^(2*t*x),x,inf)
f =
    exp(2*t)*t
>> diff(f,t)
ans =
    2*exp(2*t)*t + exp(2*t)
```

三、微分与导数运算

求导数用命令"diff"，相关的语法见表 A.3。

表 A.3

输入格式	含 义
diff(f)	求表达式 f 对默认自变量的一次微分值
diff(f,t)	求表达式 f 对自变量 t 的一次微分值
diff(f,n)	求表达式 f 对自变量的 n 次微分值
diff(f,t,n)	求表达式 f 对自变量 t 的 n 次微分值

【例11】 求函数 $f(x) = ax^2 + bx + c$ 的微分。

```
>> clear
>> syms a b c x
>> f = sym('a*x^2 + b*x + c')
>> diff(f)                    %对默认自变量 x 求微分
ans =
    2*a*x + b
>> diff(f,2)                  %对 x 求二次微分
ans =
    2*a
>> diff(f,a)                  %对 a 求微分
ans =
```

```
                x^2
>> diff(f,a,2)                    %对 a 求二次微分
ans =
     0
>> diff(diff(f),a)                %对 x 和 a 求偏导
ans =
     2^x
```

【例 12】 已知函数 $f(x) = \dfrac{\sin x}{x^2 + 4x + 3}$，求 $f(x)$ 的一阶、二阶、三阶导数，并画出该函数和其一阶导数的图形.

```
>> clear
>> syms x
>> f = sin(x)/(x^2 + 4*x + 3)          %函数
f =
    sin(x)/(x^2 + 4*x + 3)
>> f1 = diff(f)                         %一阶导数
f1 =
    cos(x)/(x^2 + 4*x + 3) - sin(x)/(x^2 + 4*x + 3)^2 * (2*x + 4)
>> f2 = diff(f,x,2)                     %二阶导数
f2 =
    - sin(x)/(x^2 + 4*x + 3) - 2*cos(x)/(x^2 + 4*x + 3)^2 * (2*x + 4) + 2*sin(x)/
(x^2 + 4*x + 3)^3 * (2*x + 4)^2 - 2*sin(x)/(x^2 + 4*x + 3)^2
>> f3 = diff(f,x,3)                     %三阶导数
f3 =
    - cos(x)/(x^2 + 4*x + 3) + 3*sin(x)/(x^2 + 4*x + 3)^2 * (2*x + 4) + 6*cos(x)/
(x^2 + 4*x + 3)^3 * (2*x + 4)^2 - 6*cos(x)/(x^2 + 4*x + 3)^2 - 6sin(x)/(x^2 + 4*x + 3)^
4 * (2*x + 4)^3 + 12*sin(x)/(x^2 + 4*x + 3)^3 * (2*x + 4)
>> hold on
>> ezplot(f,[0 5])                      %绘制函数的图形(图 A.2)
>> ezplot(f1,[0 5])                     %绘制函数一阶导数的图形(图 A.2)
>> title('函数及其一阶导数')             %给图形加标题
>> gtext('f(x)')                        %用鼠标选择位置给曲线加标注
>> gtext('df(x)/dx')                    %用鼠标选择位置给曲线加标注
```

四、积分

在高等数学中，求解积分是一个难点，但利用 MATLAB 就很简单，它提供了一个可求解不定积分的函数 int，其调用格式为：

(1) int(f):求表达式 f 对默认自变量的积分值；

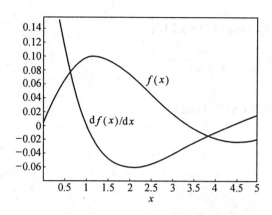

图 A.2　函数及其一阶导数

(2)int(f,t):求表达式 f 对自变量 t 的不定积分值；

(3)int(f,a,b):求表达式 f 对默认自变量的定积分值,积分区间为$[a,b]$；

(4)int(f,t,a,b):求表达式 f 对自变量 t 的定积分值,积分区间为$[a,b]$.

【例 13】　已知 $f(x)=ax^2+bx+c$,求 $f(x)$ 的积分.

```
>> clear
>> syms a  b  c  x
>> f = a * x^2 + b * x + c
>> int(f)                          % 表达式 f 的不定积分,自变量是 x
ans =
1/3 * a * x^3 + 1/2 * a * b * x^2 + c * x
>> int(f,x,0,,2)                   % 表达式 f 在(0,2)的定积分,自变量是 x
ans =
8/3 * a + 2 * b + c
>> int(f)                          表达式 f 的不定积分,自变量是 a
ans =
1/2 * a^2 * x^2 + b * x * a + c * a
>> int(int(f,a),x)
ans =
1/6 * a^2 * x^3 + 1/2 * b * a * x^2 + c * a * x
```

与微分相比,积分要复杂得多.这是因为有的函数本身就是不可积分的,当然 MAT-LAB 也就不可能找到它的积分值.此时,系统会提示不可积分信息,并返回原函数表达式,如：

```
>> int(x * sin(a * x^4) * exp(x^2/2))
Warning: Explicit integral could not be found
> In sym.int at 58
In char.int at 9
ans =
```

int(x * sin(a * x^4) * exp(1/2 * x^2),x)

【例 14】 求积分 $\int_0^{+\infty} \dfrac{\sqrt{x}}{(1+x)^2}\mathrm{d}x$.

\>\> clear
\>\> int(sqrt(x)/(1 + x)^2,1,int)
ans =
1/4 * pi + 1/2

五、方程求解

1. 代数方程

代数方程的求解是由函数 solve 实现的,其一般形式为:
(1) solve('代数方程','未知变量')
(2) [未知变量组] = solve('代数方程组','未知变量组')

【例 15】 求代数方程 $ax^2 + bx + c = 0$ 的根.

\>\> syms a b c x
\>\> f = sym('a * x * x * + b * x + c = 0')
\>\> solve(f)
ans =
[1/2/a * (- b + (b^2 - 4 * c * a *)^(1/2))]
[1/2/a * (- b - (b^2 - 4 * c * a *)^(1/2))]
\>\> solve(f,a)   %指定要求解的变量是 a
ans =
 - (b * x + c)/x^2
\>\> solve('1 + x = sin(x)')   %对有等号的符号方程求解
ans =
 - 1.9345632107520242675632614537689
\>\> solve('sin(x) = 1/2')   %对有无穷多个解的周期函数方程,只给出零附近的解
ans =
1/6 * pi

【例 16】 求方程组 $\begin{cases} x + y + z = 10 \\ x - y + z = 0 \\ 2^x x - y - z = -4 \end{cases}$ 的解.

\>\> eq1 = sys('x + y + z = 10');
\>\> eq1 = sys('x - y + z = 0');
\>\> eq1 = sys('2 * x - y - z = -4');
\>\> [x,y,z] = solve(eq1,eq2,eq3)   %解 3 个连立方程式
x =
2

y = 5

z =

3

2. 常微分方程

MATLAB 使用函数 dsolve 来求解常微分方程,其一般格式为:

dsolve('eq1,eq2,…','cond1,cond2,…','v')

其中 eq1,eq2…代表常微分方程式;cond1,cond2…为初始条件,如果初始条件没有给出,则给出通解形式. v 为自变量,在默认情况下,所有这些变量都是对自变量 t 求导.

在函数 dsolve 所包含的表达式中,用字母 D 来表示求微分,其后的数字表示几重微分,后面的变量为因变量,如以 Dy 代表一阶微分项 y',D2y 代表二阶微分项 y'' 等.

【例 17】 求解下列常微分方程.

(1) $y' = 7$;

(2) $y' = x$;

(3) $y'' = 1 + y'$.

解 (1) >> dsolve('Dy = 7')   %求微分方程 $y' = 7$ 的通解

ans =

7 * t + c1

(2) >> dsolve('Dy = x','x')   %求微分方程 $y' = x$ 的通解指定 x 为自变量

ans =

1/2 * x^2 + c1

(3) >> dsolve('D2y = 1 + Dy')   %求微分方程 $y'' = 1 + y'$ 的通解

ans =

$-t + c1 + c2 * \exp(t)$

【例 18】 求微分方程 $\dfrac{d^2 y}{dx^2} - \dfrac{dy}{dx} - 1 = 0$,满足 $y(0) = 1, y'(0) = 0$ 的解.

>> dsolve('D2y = 1 + Dy','y(0) = 1','Dy(0) = 0')   %求微分方程的解,加初始条件

ans =

$-t + \exp(t)$

>> [x,y] = dsolve('Dx = y + x,Dy = 2 * x')   %微分方程组的通解

x =

$-1/2 * c1 * \exp(-t) + c2 * \exp(2 * t)$

y = c1 * exp(- t) + c2 * exp(2 * t)

>> [x,y] = dsolve('Dx = x + y,Dy = 2 * x','x(0) = 0,y(0) = 1')%给定初始条件

$-1/3 * \exp(-t) + 1/3 * \exp(2 * t)$

y = 2/3 * exp(- t) + 1/3 * exp(2 * t)

【例 19】 求微分方程 $\dfrac{d^2 y}{dx^2} + 2\dfrac{dy}{dx} + 2y = 0$ 满足 $y(0) = 1, y'(0) = 0$ 的解.

```
>> clear
>> y = dsolve('D2y + 2 * Dy + 2 * y = 0','y(0) = 1','Dy(0) = 0')
y =
exp( - x) * sin( x) + exp( - x) * cos( x)
>> ezplot( y)
```

【例20】 求微分方程 $\begin{cases} \dfrac{dx}{dt} = 2x + 3y \\ \dfrac{dy}{dt} = x - 3y \end{cases}$ 满足 $x(0) = 1, y(0) = 1$.

```
>> clear
>> [x,y] = dsolve('Dx = 2 * x + 3 * y','Dy = x - 3 * y','x(0) = 1','y(0) = 2')
x =
    (1/2 + 4/7 * 7^(1/2) * exp(7^(1/2) * t) + (1/2 - 4/7 * 7^(1/2) * exp( - 7^(1/2) * t)
y =
    1/3(1/2 + 4/7 * 7^(1/2)) * 7^(1/2) * exp(7^(1/2) * t) - 1/3(1/2 - 4/7 * 7^(1/2)) *
7^(1/2) * exp( - 7^(1/2) * t) - (1/2) * exp( - 7^(1/2) * t) - 2/3 * (1/2 + 4/7 * 7^(1/2)) *
exp(7^(1/2) * t) - 2/3 * (1/2 - 4/7 * 7^(1/2)) * exp( - 7^(1/2) * t)
```

六、级数及多元函数偏导数的求法

级数是高等数学的重要内容之一,广泛应用于很多工程问题中,在 MATLAB 中可以很方便地对级数问题进行求解.如级数求和及泰勒级数展开问题就可以用以下函数完成:

(1) symsum(s,v,a,b):自变量 v 在 $[a,b]$ 之间取值时,对通项 s 求和.

(2) toylor(F,v,n):求函数 F 对自变量 v 的泰勒级数展开,至 n 阶小.

【例21】 计算级数 $\sum\limits_{n=1}^{\infty} \dfrac{1}{n^2}$ 的和 s,以及前10项的部分和 S_1.

```
>> clear
>> syms n
>> s = symsum(1/n^2,1,inf)
>> s_1 = symsam(1/n^2,1,10)
ans =
    s = 1/6 * pi^2
    s_1 = 1968329/1270080
```

【例22】 计算级数 $\sum\limits_{k=1}^{\infty} \dfrac{1}{k}$ 及 $\sum\limits_{n=1}^{\infty} \dfrac{1}{k \cdot (k+1)}$ 的和.

```
>> clear
>> syms  k
>> synsum(1/k,k,1,inf)
ans =
    inf
```

```
>> synsum(1/(k*(k+1)),k,1,inf))    %级数求和 1/2 + 1/(2×3) + 1/(3×4) + ⋯ + 1/k×(k+1)
ans =
    1
```

【例 23】 展开函数 $f(x) = \cos x$，至 11 阶小

```
>> clear
>> taylor(cos(x),11)              %cos x 的泰勒级数展开
ans =
1 - 1/2*x^2 + 1/24*x^4 - 1/720*x^6 + 1/40320*x^8 - 1/3628800*x^10
```

【例 24】 已知

$$f(x,y,z) = \sqrt{x^2 + y^2 + z^2} + \cos(x^2 + z^2)$$

分别对变量 x, y, z 求一阶偏导.

```
>> clear
>> syms x y z
>> f = sqrt(x^2 + y^2 + z^2) + cos(x^2 + z^2)
f =
    (x^2 + y^2 + z^2)^(1/2) + cos(x^2 + z^2)
>> dfdx = diff(f,x)
dfdx =
    1/(x^2 + y^2 + z^2)^(1/2)*x - 2sin(x^2 + z^2)*x
>> dfdy = diff(f,y)
dfdy =
    1/(x^2 + y^2 + z^2)^(1/2)*y
>> dfdz = diff(f,z)
dfdz =
    1/(x^2 + y^2 + z^2)^(1/2)*z - 2sin(x^2 + z^2)*z
```

【例 25】 已知二元函数 $f(x,y) = (x^2 - 2x)e^{-x^2-y^2-xy}$，求 $\dfrac{\partial f}{\partial x}$.

分析：这是一个对隐函数 $f(x_1, x_2, x_3, \cdots, x_n)$ 自变量之间求偏导的例子，可以通过以下公式求出

$$\frac{\partial x_i}{\partial x_j} = \frac{\dfrac{\partial}{\partial x_j}f(x_1, x_2, x_3, \cdots, x_n)}{\dfrac{\partial}{\partial x_i}f(x_1, x_2, x_3, \cdots, x_n)}$$

程序：

```
>> clear
>> syms x y
>> f = (x^2 - 2*x)*exp(-x^2 - y^2 - x*y)
f =
```

$$(x^2 - 2*x)*\exp(-x^2 - y^2 - x*y)$$
```
>> g = diff(f,x)/diff(f,y)
g =
```
$$((2*x - 2)*\exp(-x^2 - y^2 - x*y) + (x^2 - 2*x)*(-2*x - y)*\exp(-x^2 - y^2 - x*y))/(x^2 - 2*x)/(-2*y - x)/\exp(-x^2 - y^2 - x*y)$$
```
>> simplify(g)                    %化简
ans =
```
$$(-2*x + 2 + 2*x^3 + x^2*y - 4*x^2 - 2*x*y)/x/(x-2)/(2*y+x)$$

A3 MATLAB 的三维图形

MATLAB 的三维绘图功能很强,可以绘制三维曲线图、等高线图、伪彩色图、三维网格图、三维曲面图、柱面图、球面图等复杂图形,下面将介绍几种常见的曲线图.

一、三维曲线图

Plot3 函数可以在三维空间中绘制三维曲线,它的格式类似 plot,不过多了 z 方向的数据.其调用格式为

$$\text{Plot3}(x1,y1,z1,'s1',x2,y2,z2,'s2',\cdots)$$

其中 x1,y1,z1,x2,y2,z2…分别为维数相同的向量,分别存储着曲线的 3 个坐标值,开关量字符串's1','s2'…设定了图形曲线的颜色、线型及标示符号.

【例 26】 绘制三维曲线(图 A.3).

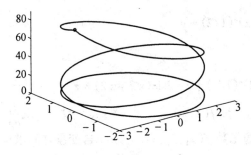

图 A.3

```
clear
t = 0:pi/50:10*pi;
plot3(t,sin(t),cos(t),'r:')
grid on
```

二、三维网格图

mesh 函数为数据点绘制网格线,图形中的每一个已知点和邻近的点用直线连接.其

调用格式如下.

(1)mesh(z):z 为 $n \times m$ 的矩阵,x 与 y 坐标为元素的下标位置;

(2)mesh(x,y,z):x,y,z 分别为三维空间的坐标位置.

另外,在三维绘图中还有一个重要的函数是 meshgrid,它用来创建网格矩阵,其一般引用格式为

$$[X,Y] = \text{meshgrid}(x,y)$$

其中 **x** 和 **y** 是向量,通过该函数就可将 **x** 和 **y** 指定的区域转换成为矩阵 **x** 和 **y**.因此在绘图时就可以先用 meshgrid 函数产生在 xy 平面上的二维网格数据,再以一组 z 轴的数据对应到这个二维的网格,就可画出三维的曲面.

【例 27】 画出由函数 $z = x\mathrm{e}^{-(x^2+y^2)}$ 形成的立体图(图 A.4).

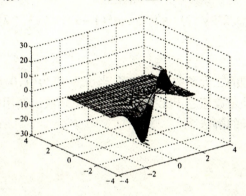

图 A.4

```
clear
x = -2:0.2:2;y = x;                    %产生 x 及 y 二个向量
[xx,yy] = meshgrid(x,y);                %meshgrid 形成二维的网格数据
zz = xx.*exp(-xx.^2-yy.^2);            %产生 z 轴的数据
mesh(xx,yy,zz);
```

【例 28】 绘制函数 $z = \dfrac{1}{\sqrt{(1+x)^2+y^2}} + \dfrac{1}{\sqrt{(1-x)^2+y^2}}$(图 A.5).

解法 1:等步长.

```
clear
[x,y] = meshgrid(-2:0.1:2);
z = 1./(sqrt((1+x).^2+y.^2)) + 1./(sqrt((1-x).^2+y.^2));
surf(x,y,z)
```

解法 2:变步长.

```
clear
xx = [-2:0.1:-1.2,-1.1:0.02:-0.9,-0.8:0.1:0.8,0.9:0.02:1.1,1.2:0.1:2]
yy = [-1:0.1:-0.2,-0.1:0.02:0.1,0.2:0.1:1];
[x,y] = meshgrid(xx,yy);
```

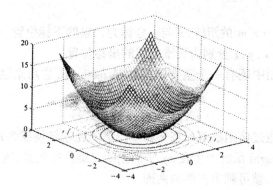

图 A.5

z = 1./(sqrt((1 + x).^2 + y.^2)) + 1./(sqrt((1 - x).^2 + y.^2));
surf(x,y,z)

分析:仔细研究本题的二元函数就会发现,当 x,y 值为(1,0)和(-1,0)时,会出现除数为 0 的情况,即在该处函数值趋于无穷大.由此可见解法 1 使用等步长方式所得的是不准确的,应该采用变步长的解法 2.

附录 B　积分公式

(一) 含有 $a + bx$ 的积分

1. $\int \dfrac{\mathrm{d}x}{a + bx} = \dfrac{1}{b} \ln |a + bx| + C$

2. $\int (a + bx)^\mu \mathrm{d}x = \dfrac{(a + bx)^{\mu+1}}{b(\mu + 1)} + C \quad (\mu \neq -1)$

3. $\int \dfrac{x \mathrm{d}x}{a + bx} = \dfrac{1}{b^2}[a + bx - a\ln(a + bx)] + C$

4. $\int \dfrac{x^2 \mathrm{d}x}{a + bx} = \dfrac{1}{b^3}\left[\dfrac{1}{2}(a + bx)^2 - 2a(a + bx) + a^2\ln(a + bx)\right] + C$

5. $\int \dfrac{\mathrm{d}x}{x(a + bx)} = -\dfrac{1}{a}\ln\left|\dfrac{a + bx}{x}\right| + C$

6. $\int \dfrac{\mathrm{d}x}{x^2(a + bx)} = -\dfrac{1}{ax} + \dfrac{b}{a^2}\ln\dfrac{a + bx}{x} + C$

7. $\int \dfrac{x \mathrm{d}x}{(a + bx)^2} = \dfrac{1}{b^2}\left(\ln|a + bx| + \dfrac{a}{a + bx}\right) + C$

8. $\int \dfrac{x^2 \mathrm{d}x}{(a + bx)^2} = \dfrac{1}{b^3}\left[a + bx - 2a\ln|(a + bx)| - \dfrac{a^2}{a + bx}\right]$

9. $\int \dfrac{\mathrm{d}x}{x(a + bx)^2} = \dfrac{1}{a(a + bx)} - \dfrac{1}{a^2}\ln\left|\dfrac{a + bx}{x}\right| + C$

(二) 含有 $\sqrt{a + bx}$ 的积分

10. $\int \sqrt{a + bx} \, \mathrm{d}x = \dfrac{2}{3b}\sqrt{(a + bx)^3} + C$

11. $\int x\sqrt{a + bx} \, \mathrm{d}x = -\dfrac{2(2a - 3bx)\sqrt{(a + bx)^3}}{15b^2} + C$

12. $\int x^2 \sqrt{a + bx} \, \mathrm{d}x = \dfrac{2(8a^2 - 12abx + 15b^2x^2)\sqrt{(a + bx)^3}}{105b^3} + C$

13. $\int \dfrac{x \mathrm{d}x}{\sqrt{a + bx}} = -\dfrac{2(2a - bx)}{3b^2}\sqrt{a + bx} + C$

14. $\int \dfrac{x^2 \mathrm{d}x}{\sqrt{a + bx}} = \dfrac{2(8a^2 - 4abx + 3b^2x^2)}{15b^3}\sqrt{a + bx} + C$

15. $\int \dfrac{\mathrm{d}x}{x\sqrt{a + bx}} = \begin{cases} \dfrac{1}{\sqrt{a}}\ln\left|\dfrac{\sqrt{a + bx} - \sqrt{a}}{\sqrt{a + bx} + \sqrt{a}}\right| + C & (a > 0) \\ \dfrac{2}{\sqrt{-a}}\arctan\sqrt{\dfrac{a + bx}{-a}} + C & (a < 0) \end{cases}$

16. $\int \dfrac{dx}{x^2 \sqrt{a+bx}} = -\dfrac{\sqrt{a+bx}}{ax} - \dfrac{b}{2a} \int \dfrac{dx}{x\sqrt{a+bx}}$

17. $\int \dfrac{\sqrt{a+bx}}{x} dx = 2\sqrt{a+bx} + a \int \dfrac{dx}{x\sqrt{a+bx}}$

(三) 含有 $a^2 \pm x^2$ 的积分

18. $\int \dfrac{dx}{a^2 + x^2} = \dfrac{1}{a} \arctan \dfrac{x}{a} + C$

19. $\int \dfrac{dx}{(x^2+a^2)^n} = \dfrac{x}{2(n-1)a^2(x^2+a^2)^{n-1}} + \dfrac{2n-3}{2(n-1)a^2} \int \dfrac{dx}{(x^2+a^2)^{n-1}}$

20. $\int \dfrac{dx}{a^2 - x^2} = \dfrac{1}{2a} \ln \left| \dfrac{a+x}{a-x} \right| + C \quad (|x| < a)$

21. $\int \dfrac{dx}{x^2 - a^2} = \dfrac{1}{2a} \ln \left| \dfrac{x-a}{x+a} \right| + C \quad (|x| > a)$

(四) 含有 $a \pm bx^2$ 的积分

22. $\int \dfrac{dx}{a+bx^2} = \dfrac{1}{\sqrt{ab}} \arctan \sqrt{\dfrac{b}{a}} x + C \quad (a>0, b>0)$

23. $\int \dfrac{dx}{a-bx^2} = \dfrac{1}{2\sqrt{ab}} \ln \left| \dfrac{\sqrt{a}+\sqrt{b}x}{\sqrt{a}-\sqrt{b}x} \right| + C$

24. $\int \dfrac{x\,dx}{a+bx^2} = \dfrac{1}{2b} \ln |(a+bx^2)| + C$

25. $\int \dfrac{x^2\,dx}{a+bx^2} = \dfrac{x}{b} - \dfrac{a}{b} \int \dfrac{dx}{a+bx^2}$

26. $\int \dfrac{dx}{x(a+bx^2)} = \dfrac{1}{2a} \ln \left| \dfrac{x^2}{a+bx^2} \right| + C$

27. $\int \dfrac{dx}{x^2(a+bx^2)} = -\dfrac{1}{ax} - \dfrac{b}{a} \int \dfrac{dx}{a+bx^2}$

28. $\int \dfrac{dx}{(a+bx^2)^2} = \dfrac{x}{2a(a+bx^2)} + \dfrac{1}{2a} \int \dfrac{dx}{a+bx^2}$

(五) 含有 $\sqrt{x^2+a^2}$ 的积分

29. $\int \sqrt{x^2+a^2}\, dx = \dfrac{x}{2}\sqrt{x^2+a^2} + \dfrac{a^2}{2} \ln |x + \sqrt{x^2+a^2}| + C$

30. $\int \sqrt{(x^2+a^2)^3}\, dx = \dfrac{x}{8}(2x^2+5a^2)\sqrt{x^2+a^2} + \dfrac{3a^4}{8} \ln |x + \sqrt{x^2+a^2}| + C$

31. $\int x\sqrt{x^2+a^2}\, dx = \dfrac{\sqrt{(x^2+a^2)^3}}{3} + C$

32. $\int x^2\sqrt{x^2+a^2}\, dx = \dfrac{x}{8}(2x^2+a^2)\sqrt{x^2+a^2} - \dfrac{a^4}{8} \ln |x + \sqrt{x^2+a^2}| + C$

33. $\int \dfrac{dx}{\sqrt{x^2+a^2}} = \ln |x + \sqrt{x^2+a^2}| + C_1 = \operatorname{arsh} \dfrac{x}{a} + C$

34. $\int \dfrac{dx}{\sqrt{(x^2+a^2)^3}} = \dfrac{x}{a^2\sqrt{x^2+a^2}} + C$

35. $\int \dfrac{x\,dx}{\sqrt{x^2+a^2}} = \sqrt{x^2+a^2} + C$

36. $\int \dfrac{x^2\,dx}{\sqrt{x^2+a^2}} = \dfrac{x}{2}\sqrt{x^2+a^2} - \dfrac{a^2}{2}\ln|x+\sqrt{x^2+a^2}| + C$

37. $\int \dfrac{x^2\,dx}{\sqrt{(x^2+a^2)^3}} = -\dfrac{x}{\sqrt{x^2+a^2}} + \ln|x+\sqrt{x^2+a^2}| + C$

38. $\int \dfrac{dx}{x\sqrt{x^2+a^2}} = \dfrac{1}{a}\ln\left|\dfrac{x}{a+\sqrt{x^2+a^2}}\right| + C$

39. $\int \dfrac{dx}{x^2\sqrt{x^2+a^2}} = -\dfrac{\sqrt{x^2+a^2}}{a^2 x} + C$

40. $\int \dfrac{\sqrt{x^2+a^2}}{x}dx = \sqrt{x^2+a^2} - a\ln\left|\dfrac{a+\sqrt{x^2+a^2}}{x}\right| + C$

41. $\int \dfrac{\sqrt{x^2+a^2}}{x^2}dx = -\dfrac{\sqrt{x^2+a^2}}{x} + \ln|x+\sqrt{x^2+a^2}| + C$

(六) 含有 $\sqrt{x^2-a^2}$ 的积分

42. $\int \dfrac{dx}{\sqrt{x^2-a^2}} = \ln|x+\sqrt{x^2-a^2}| + C_1 = \operatorname{arch}\dfrac{x}{a} + C$

43. $\int \dfrac{dx}{\sqrt{(x^2-a^2)^3}} = -\dfrac{x}{a^2\sqrt{x^2-a^2}} + C$

44. $\int \dfrac{x\,dx}{\sqrt{x^2-a^2}} = \sqrt{x^2-a^2} + C$

45. $\int \sqrt{x^2-a^2}\,dx = \dfrac{x}{2}\sqrt{x^2-a^2} - \dfrac{a^2}{2}\ln|x+\sqrt{x^2-a^2}| + C$

46. $\int \sqrt{(x^2-a^2)^3}\,dx = \dfrac{x}{8}(2x^2-5a^2)\sqrt{x^2-a^2} + \dfrac{3a^4}{8}\ln|x+\sqrt{x^2-a^2}| + C$

47. $\int x\sqrt{x^2-a^2}\,dx = \dfrac{\sqrt{(x^2-a^2)^3}}{3} + C$

48. $\int x\sqrt{x^2-a^2}\,dx = \dfrac{\sqrt{(x^2-a^2)^5}}{5} + C$

49. $\int x^2\sqrt{x^2-a^2}\,dx = \dfrac{x}{8}(2x^2-a^2)\sqrt{x^2-a^2} - \dfrac{a^4}{8}\ln|x+\sqrt{x^2-a^2}| + C$

50. $\int \dfrac{x^2\,dx}{\sqrt{x^2-a^2}} = \dfrac{x}{2}\sqrt{x^2-a^2} + \dfrac{a^2}{2}\ln|x+\sqrt{x^2-a^2}| + C$

51. $\int \dfrac{x^2\,dx}{\sqrt{(x^2-a^2)^3}} = -\dfrac{x}{\sqrt{x^2-a^2}} + \ln|x+\sqrt{x^2-a^2}| + C$

52. $\int \dfrac{dx}{x\sqrt{x^2-a^2}} = \dfrac{1}{a}\arccos\dfrac{a}{x} + C$

53. $\int \dfrac{dx}{x^2\sqrt{x^2-a^2}} = \dfrac{\sqrt{x^2-a^2}}{a^2 x} + C$

54. $\int \dfrac{\sqrt{x^2-a^2}}{x^2} dx = \sqrt{x^2-a^2} - \arccos\dfrac{a}{x} + C$

55. $\int \dfrac{\sqrt{x^2-a^2}}{x^2} dx = -\dfrac{\sqrt{x^2-a^2}}{x} + \ln|x+\sqrt{x^2-a^2}| + C$

(七) 含有 $\sqrt{a^2-x^2}$ 的积分

56. $\int \dfrac{dx}{\sqrt{a^2-x^2}} = \arcsin\dfrac{x}{a} + C$

57. $\int \dfrac{dx}{\sqrt{(a^2-x^2)^3}} = \dfrac{x}{a^2\sqrt{a^2-x^2}} + C$

58. $\int \dfrac{x\,dx}{\sqrt{a^2-x^2}} = -\sqrt{a^2-x^2} + C$

59. $\int \dfrac{x\,dx}{\sqrt{(a^2-x^2)^3}} = \dfrac{1}{\sqrt{a^2-x^2}} + C$

60. $\int \dfrac{x^2 dx}{\sqrt{a^2-x^2}} = -\dfrac{x}{2}\sqrt{a^2-x^2} + \dfrac{a^2}{2}\arcsin\dfrac{x}{a} + C$

61. $\int \sqrt{a^2-x^2}\,dx = \dfrac{x}{2}\sqrt{a^2-x^2} + \dfrac{a^2}{2}\arcsin\dfrac{x}{a} + C$

62. $\int \sqrt{(a^2-x^2)^3}\,dx = \dfrac{x}{8}(5a^2 - 2x^2)\sqrt{a^2-x^2} + \dfrac{3a^4}{8}\arcsin\dfrac{x}{a} + C$

63. $\int x\sqrt{a^2-x^2}\,dx = -\dfrac{\sqrt{(a^2-x^2)^3}}{3} + C$

64. $\int x\sqrt{(a^2-x^2)^3}\,dx = -\dfrac{\sqrt{(a^2-x^2)^5}}{5} + C$

65. $\int x^2\sqrt{a^2-x^2}\,dx = \dfrac{x}{8}(2x^2-a^2)\sqrt{a^2-x^2} + \dfrac{a^4}{8}\arcsin\dfrac{x}{a} + C$

66. $\int \dfrac{x^2 dx}{\sqrt{(a^2-x^2)^3}} = \dfrac{x}{\sqrt{a^2-x^2}} - \arcsin\dfrac{x}{a} + C$

67. $\int \dfrac{dx}{x\sqrt{a^2-x^2}} = \dfrac{1}{a}\ln\left|\dfrac{x}{a+\sqrt{a^2-x^2}}\right| + C$

68. $\int \dfrac{dx}{x^2\sqrt{a^2-x^2}} = -\dfrac{\sqrt{a^2-x^2}}{a^2 x} + C$

69. $\int \dfrac{\sqrt{a^2-x^2}}{x} dx = \sqrt{a^2-x^2} - a\ln\left|\dfrac{a+\sqrt{a^2-x^2}}{x}\right| + C$

70. $\int \dfrac{\sqrt{a^2-x^2}}{x^2} dx = -\dfrac{\sqrt{a^2-x^2}}{x} - \arcsin\dfrac{x}{a} + C$

(八) 含有 $a + bx \pm cx^2 (c > 0)$ 的积分

71. $\displaystyle\int \frac{\mathrm{d}x}{a + bx - cx^2} = \frac{1}{\sqrt{b^2 + 4ac}} \ln \left| \frac{\sqrt{b^2 + 4ac} + 2cx - b}{\sqrt{b^2 + 4ac} - 2cx + b} \right| + C$

72. $\displaystyle\int \frac{\mathrm{d}x}{a + bx + cx^2} = \begin{cases} \dfrac{2}{\sqrt{4ac - b^2}} \arctan \dfrac{2cx + b}{\sqrt{4ac - b^2}} + C & (b^2 < 4ac) \\ \dfrac{1}{\sqrt{b^2 - 4ac}} \ln \left| \dfrac{2cx + b - \sqrt{b^2 - 4ac}}{2cx + b + \sqrt{b^2 - 4ac}} \right| + C & (b^2 < 4ac) \end{cases}$

(九) 含有 $\sqrt{a + bx \pm cx^2}\,(c > 0)$ 的积分

73. $\displaystyle\int \frac{\mathrm{d}x}{\sqrt{a + bx + cx^2}} = \frac{1}{\sqrt{c}} \ln \left| 2cx + b + 2\sqrt{c}\sqrt{a + bx + cx^2} \right| + C$

74. $\displaystyle\int \sqrt{a + bx + cx^2}\,\mathrm{d}x = \frac{2cx + b}{4c} \sqrt{a + bx + cx^2} - \frac{b^2 - 4ac}{8\sqrt{c^3}} \ln \left| 2cx + b + 2\sqrt{c}\sqrt{a + bx + cx^2} \right| + C$

75. $\displaystyle\int \frac{x\,\mathrm{d}x}{\sqrt{a + bx + cx^2}} = \frac{\sqrt{a + bx + cx^2}}{c} - \frac{b}{2\sqrt{c^3}} \ln \left| 2cx + b + 2\sqrt{c}\sqrt{a + bx + cx^2} \right| + C$

76. $\displaystyle\int \frac{\mathrm{d}x}{\sqrt{a + bx - cx^2}} = \frac{1}{\sqrt{c}} \arcsin \frac{2cx - b}{\sqrt{b^2 + 4ac}} + C$

77. $\displaystyle\int \sqrt{a + bx - cx^2}\,\mathrm{d}x = \frac{2cx - b}{4c} \sqrt{a + bx - cx^2} + \frac{b^2 + 4ac}{8\sqrt{c^3}} \arcsin \frac{2cx - b}{\sqrt{b^2 + 4ac}} + C$

78. $\displaystyle\int \frac{x\,\mathrm{d}x}{\sqrt{a + bx - cx^2}} = -\frac{\sqrt{a + bx - cx^2}}{c} + \frac{b}{2\sqrt{c^3}} \arcsin \frac{2cx - b}{\sqrt{b^2 + 4ac}} + C$

(十) 含有 $\sqrt{\dfrac{a \pm x}{b \pm x}}$ 的积分、含有 $\sqrt{(x - a)(b - x)}$ 的积分

79. $\displaystyle\int \sqrt{\frac{a + x}{b + x}}\,\mathrm{d}x = \sqrt{(a + x)(b + x)} + (a - b) \ln \left| \sqrt{a + x} + \sqrt{b + x} \right| + C$

80. $\displaystyle\int \sqrt{\frac{a - x}{b + x}}\,\mathrm{d}x = \sqrt{(a - x)(b + x)} + (a + b) \arcsin \sqrt{\frac{x + b}{a + b}} + C$

81. $\displaystyle\int \sqrt{\frac{a + x}{b - x}}\,\mathrm{d}x = -\sqrt{(a + x)(b - x)} - (a + b) \arcsin \sqrt{\frac{b - x}{a + b}} + C$

82. $\displaystyle\int \frac{\mathrm{d}x}{\sqrt{(x - a)(b - x)}} = 2\arcsin \sqrt{\frac{x - a}{b - a}} + C \quad (a < b)$

(十一) 含有三角函数的积分

83. $\displaystyle\int \sin x\,\mathrm{d}x = -\cos x + C$

84. $\displaystyle\int \cos x\,\mathrm{d}x = \sin x + C$

85. $\displaystyle\int \tan x\,\mathrm{d}x = -\ln |\cos x| + C$

86. $\int \cot x\,dx = \ln |\sin x| + C$

87. $\int \sec x\,dx = \ln |\sec x + \tan x| + C = \ln \left|\tan\left(\dfrac{\pi}{4} + \dfrac{x}{2}\right)\right| + C$

88. $\int \csc x\,dx = \ln |\csc x - \cot x| + C = \ln \left|\tan \dfrac{x}{2}\right| + C$

89. $\int \sec^2 x\,dx = \tan x + C$

90. $\int \csc^2 x\,dx = -\cot x + C$

91. $\int \sec x \tan x\,dx = \sec x + C$

92. $\int \csc x \cot x\,dx = -\csc x + C$

93. $\int \sin^2 x\,dx = \dfrac{x}{2} - \dfrac{1}{4}\sin 2x + C$

94. $\int \cos^2 x\,dx = \dfrac{x}{2} + \dfrac{1}{4}\sin 2x + C$

95. $\int \sin^n x\,dx = -\dfrac{\sin^{n-1}x \cos x}{n} + \dfrac{n-1}{n}\int \sin^{n-2}x\,dx$

96. $\int \cos^n x\,dx = \dfrac{\cos^{n-1}x \sin x}{n} + \dfrac{n-1}{n}\int \cos^{n-2}x\,dx$

97. $\int \dfrac{dx}{\sin^n x} = -\dfrac{1}{n-1}\dfrac{\cos x}{\sin^{n-1}x} + \dfrac{n-2}{n-1}\int \dfrac{dx}{\sin^{n-2}x}$

98. $\int \dfrac{dx}{\cos^n x} = \dfrac{1}{n-1}\dfrac{\sin x}{\cos^{n-1}x} + \dfrac{n-2}{n-1}\int \dfrac{dx}{\cos^{n-2}x}$

99. $\int \cos^m x \sin^n x\,dx = \dfrac{\cos^{m-1}x \sin^{n+1}x}{m+n} + \dfrac{m-1}{m+n}\int \cos^{m-2}x \sin^n x\,dx =$
$\qquad -\dfrac{\sin^{n-1}x \cos^{m+1}x}{m+n} + \dfrac{m-1}{m+n}\int \cos^m x \sin^{n-2}x\,dx$

100. $\int \sin mx \cos nx\,dx = -\dfrac{\cos(m+n)x}{2(m+n)} - \dfrac{\cos(m-n)x}{2(m-n)} + C \quad (m \neq n)$

101. $\int \sin mx \sin nx\,dx = -\dfrac{\sin(m+n)x}{2(m+n)} + \dfrac{\sin(m-n)x}{2(m-n)} + C \quad (m \neq n)$

102. $\int \cos mx \cos nx\,dx = \dfrac{\sin(m+n)x}{2(m+n)} + \dfrac{\sin(m-n)x}{2(m-n)} + C \quad (m \neq n)$

103. $\int \dfrac{dx}{a + b\sin x} = \dfrac{2}{a}\sqrt{\dfrac{a^2}{a^2 - b^2}}\arctan\left[\sqrt{\dfrac{a^2}{a^2 - b^2}}\tan\left(\dfrac{x}{2} + \dfrac{b}{a}\right)\right] + C \quad (a^2 < b^2)$

104. $\int \dfrac{dx}{a + b\sin x} = \dfrac{1}{a}\sqrt{\dfrac{a^2}{b^2 - a^2}}\ln \left|\dfrac{\tan \dfrac{x}{2} + \dfrac{b}{a} - \sqrt{\dfrac{b^2 - a^2}{a^2}}}{\tan \dfrac{x}{2} + \dfrac{b}{a} + \sqrt{\dfrac{b^2 - a^2}{a^2}}}\right| + C \quad (a^2 < b^2)$

105. $\int \dfrac{dx}{a + b\cos x} = \dfrac{2}{a - b}\sqrt{\dfrac{a - b}{a + b}}\arctan\left(\sqrt{\dfrac{a - b}{a + b}}\tan \dfrac{x}{2}\right) + C \quad (a^2 > b^2)$

106. $\int \dfrac{\mathrm{d}x}{a+b\cos x} = \dfrac{1}{b+a}\sqrt{\dfrac{b-a}{b+a}}\ln\left|\dfrac{\tan\dfrac{x}{2}+\sqrt{\dfrac{b+a}{b-a}}}{\tan\dfrac{x}{2}-\sqrt{\dfrac{b+a}{b-a}}}\right| + C \quad (a^2 < b^2)$

107. $\int \dfrac{\mathrm{d}x}{a^2\cos^2 x + b^2\sin^2 x} = \dfrac{1}{ab}\arctan\left(\dfrac{b\tan x}{a}\right) + C$

108. $\int \dfrac{\mathrm{d}x}{a^2\cos^2 x - b^2\sin^2 x} = \dfrac{1}{2ab}\ln\left|\dfrac{b\tan x + a}{b\tan x - a}\right| + C$

109. $\int x\sin ax\,\mathrm{d}x = \dfrac{1}{a^2}\sin ax - \dfrac{1}{a}x\cos ax + C$

110. $\int x^2\sin ax\,\mathrm{d}x = -\dfrac{1}{a}x^2\cos ax + \dfrac{2}{a^2}x\sin ax + \dfrac{2}{a^3}\cos ax + C$

111. $\int x\cos ax\,\mathrm{d}x = \dfrac{1}{a^2}\cos ax + \dfrac{1}{a}x\sin ax + C$

112. $\int x^2\cos ax\,\mathrm{d}x = \dfrac{1}{a}x^2\sin ax + \dfrac{2}{a^2}x\cos ax - \dfrac{2}{a^3}\sin ax + C$

(十二) 含有反三角函数的积分

113. $\int \arcsin\dfrac{x}{a}\mathrm{d}x = x\arcsin\dfrac{x}{a} + \sqrt{a^2-x^2} + C$

114. $\int x\arcsin\dfrac{x}{a}\mathrm{d}x = \left(\dfrac{x^2}{2}-\dfrac{a^2}{4}\right)\arcsin\dfrac{x}{a} + \dfrac{x}{4}\sqrt{a^2-x^2} + C$

115. $\int x^2\arcsin\dfrac{x}{a}\mathrm{d}x = \dfrac{x^3}{3}\arcsin\dfrac{x}{a} + \dfrac{1}{9}(x^2+2a^2)\sqrt{a^2-x^2} + C$

116. $\int \arccos\dfrac{x}{a}\mathrm{d}x = x\arccos\dfrac{x}{a} - \sqrt{a^2-x^2} + C$

117. $\int x\arccos\dfrac{x}{a}\mathrm{d}x = \left(\dfrac{x^2}{2}-\dfrac{a^2}{4}\right)\arccos\dfrac{x}{a} - \dfrac{x}{4}\sqrt{a^2-x^2} + C$

118. $\int x^2\arccos\dfrac{x}{a}\mathrm{d}x = \dfrac{x^3}{3}\arccos\dfrac{x}{a} - \dfrac{1}{9}(x^2+2a^2)\sqrt{a^2-x^2} + C$

119. $\int \arctan\dfrac{x}{a}\mathrm{d}x = x\arctan\dfrac{x}{a} - \dfrac{a}{2}\ln(a^2+x^2) + C$

120. $\int x\arctan\dfrac{x}{a}\mathrm{d}x = \dfrac{1}{2}(x^2+a^2)\arctan\dfrac{x}{a} - \dfrac{ax}{2} + C$

121. $\int x^2\arctan\dfrac{x}{a}\mathrm{d}x = \dfrac{x^3}{3}\arctan\dfrac{x}{a} - \dfrac{ax^2}{6} + \dfrac{a^3}{6}\ln(a^2+x^2) + C$

(十三) 含有指数函数的积分

122. $\int a^x\mathrm{d}x = \dfrac{a^x}{\ln a} + C$

123. $\int e^{ax}\mathrm{d}x = \dfrac{e^{ax}}{a} + C$

124. $\int e^{ax}\sin bx\,\mathrm{d}x = \dfrac{e^{ax}(a\sin bx - b\cos bx)}{a^2+b^2} + C$

125. $\int e^{ax}\cos bx\,\mathrm{d}x = \dfrac{e^{ax}(b\sin bx + a\cos bx)}{a^2+b^2} + C$

126. $\int x e^{ax} dx = \dfrac{e^{ax}}{a^2}(ax-1) + C$

127. $\int x^n e^{ax} dx = \dfrac{x^n e^{ax}}{a} - \dfrac{n}{a}\int x^{n-1} e^{ax} dx$

128. $\int x a^{mx} dx = \dfrac{x a^{mx}}{m\ln a} - \dfrac{a^{mx}}{(m\ln a)^2} + C$

129. $\int x^n a^{mx} dx = \dfrac{a^{mx} x^n}{m\ln a} - \dfrac{n}{m\ln a}\int x^{n-1} a^{mx} dx$

130. $\int e^{ax} \sin^n bx\, dx = \dfrac{e^{ax}\sin^{n-1} bx}{a^2 + b^2 n^2}(a\sin bx - nb\cos bx) + \dfrac{n(n-1)}{a^2 + b^2 n^2} b^2 \int e^{ax} \sin^{n-2} bx\, dx$

131. $\int e^{ax} \cos^n bx\, dx = \dfrac{e^{ax}\cos^{n-1} bx}{a^2 + b^2 n^2}(a\cos bx + nb\sin bx) + \dfrac{n(n-1)}{a^2 + b^2 n^2} b^2 \int e^{ax} \cos^{n-2} bx\, dx$

(十四) 含有对数函数积分

132. $\int \ln x\, dx = x\ln x - x + C$

133. $\int \dfrac{dx}{x\ln x} = \ln(\ln x) + C$

134. $\int x^n \ln x\, dx = x^{n+1}\left[\dfrac{\ln x}{n+1} - \dfrac{1}{(n+1)^2}\right] + C$

135. $\int \ln^n x\, dx = x\ln^n x - n\int \ln^{n-1} x\, dx$

136. $\int x^m \ln^n x\, dx = \dfrac{x^{m+1}}{m+1}\ln^n x - \dfrac{n}{m+1}\int x^m \ln^{n-1} x\, dx$

(十五) 含有双曲线的积分

137. $\int \operatorname{sh} x\, dx = \operatorname{ch} x + C$

138. $\int \operatorname{ch} x\, dx = \operatorname{sh} x + C$

139. $\int \operatorname{th} x\, dx = \ln|\operatorname{ch} x| + C$

140. $\int \operatorname{sh}^2 x\, dx = -\dfrac{x}{2} + \dfrac{1}{4}\operatorname{sh} 2x + C$

141. $\int \operatorname{ch}^2 x\, dx = \dfrac{x}{2} + \dfrac{1}{4}\operatorname{sh} 2x + C$

(十六) 定积分

142. $\int_{-\pi}^{\pi} \cos nx\, dx = \int_{-\pi}^{\pi} \sin nx\, dx = 0$

143. $\int_{-\pi}^{\pi} \cos mx \sin bx\, dx = 0$

144. $\int_{-\pi}^{\pi} \cos mx \cos nx\, dx = \begin{cases} 0, & m \neq n \\ \pi, & m = n \end{cases}$

145. $\int_{-\pi}^{\pi} \sin mx \sin nx \, dx = \begin{cases} 0, m \neq n \\ \pi, m = n \end{cases}$

146. $\int_{0}^{\pi} \sin mx \sin nx \, dx = \int_{0}^{\pi} \cos mx \cos nx \, dx = \begin{cases} 0, m \neq n \\ \dfrac{\pi}{2}, m = n \end{cases}$

147. $I_n = \int_{0}^{\frac{\pi}{2}} \sin^n x \, dx = \int_{0}^{\frac{\pi}{2}} \cos^n x \, dx$

$I_n = \dfrac{n-1}{n} I_{n-2} \begin{cases} \dfrac{n-1}{n} \cdot \dfrac{n-3}{n-2} \cdot \cdots \cdot \dfrac{4}{5} \cdot \dfrac{2}{3} & (n \text{ 为大于 1 的正奇数}, I_1 = 1) \\ \dfrac{n-1}{n} \cdot \dfrac{n-3}{n-2} \cdot \cdots \cdot \dfrac{3}{4} \cdot \dfrac{1}{2} \cdot \dfrac{\pi}{2} & (n \text{ 为正偶数}, I_0 = \dfrac{\pi}{2}) \end{cases}$

主要参考文献

[1] 盛祥耀. 高等数学[M]. 北京:高等教育出版社,1992.
[2] 李天然. 高等数学[M]. 北京:高等教育出版社,2008.
[3] 同济大学数学系. 高等数学[M]. 北京:高等教育出版社,2007.
[4] 孔祥华. 高等数学[M]. 北京:中国建筑工业出版社,2009.
[5] 王富彬. 高等数学基础[M]. 哈尔滨:黑龙江教育出版社,2007.
[6] 刘严. 新编高等数学[M]. 大连:大连理工大学出版社,2008.